なっとく！
AIアルゴリズム

Grokking Artificial Intelligence Algorithms

実践的かつ具体的なサンプルで理解を促す
ディープラーニングと
AIのコアアルゴリズム

Rishal Hurbans =著

株式会社クイープ =監訳

SE
SHOEISHA

本書内容に関するお問い合わせについて

このたびは翔泳社の書籍をお買い上げいただき、誠にありがとうございます。弊社では、読者の皆様からのお問い合わせに適切に対応させていただくため、以下のガイドラインへのご協力をお願い致しております。下記項目をお読みいただき、手順に従ってお問い合わせください。

●ご質問される前に

弊社 Web サイトの「正誤表」をご参照ください。これまでに判明した正誤や追加情報を掲載しています。

　　　正誤表　　　　　　https://www.shoeisha.co.jp/book/errata/

●ご質問方法

弊社 Web サイトの「刊行物 Q & A」をご利用ください。

　　　刊行物 Q & A　　https://www.shoeisha.co.jp/book/qa/

インターネットをご利用でない場合は、FAX または郵便にて、下記"翔泳社愛読者サービスセンター"までお問い合わせください。

電話でのご質問は、お受けしておりません。

●回答について

回答は、ご質問いただいた手段によってご返事申し上げます。ご質問の内容によっては、回答に数日ないしはそれ以上の期間を要する場合があります。

●ご質問に際してのご注意

本書の対象を越えるもの、記述箇所を特定されないもの、また読者固有の環境に起因するご質問等にはお答えできませんので、あらかじめご了承ください。

●郵便物送付先および FAX 番号

送付先住所 〒160-0006 東京都新宿区舟町 5

FAX 番号 03-5362-3818

宛先　　（株）翔泳社愛読者サービスセンター

私の両親 Pranil と Rekha に捧げる。ポジティブな変化をもたらすために。

まえがき

ここでは、テクノロジの進歩、自動化に対するニーズ、そして未来を創るための人工知能の利用と倫理的な決断を下すことの責任について説明する。

テクノロジと自動化への飽くなき追求

歴史を振り返ってみると、私たちは肉体労働や人的ミスを減らしながら問題を解決することを渇望してきた。私たちは道具を開発して作業を自動化することで常にエネルギーの保存に努めてきた。私たちはイノベーションを求めて独創的な問題解決や独創的な文学、音楽、芸術作品を作り出すというすばらしい知性を有していると説く人もいるが、本書を執筆したのは私たちという存在の哲学的問題を議論するためではない。本書は現実の問題に実践的に対処するために利用できる人工知能的なアプローチのオーバービューである。私たちが難しい問題を解くのは、暮らしをもっとよいもの（もっと楽で、安全で、健康的で、充実した、楽しいもの）にするためである。歴史を彩り、この瞬間も世界中で起きている進歩はすべて、人工知能（AI）を含め、個人、地域社会、国家のニーズに応えるものだ。

過去の重要な出来事を理解せずして、未来を形作ることはできない。多くの革命的な出来事では、人間のイノベーションが私たちの生活様式を変化させ、人々の交流の仕方やそれについての考え方を方向付けた。私たちはイノベーションを繰り返し、道具を改良し続ける。それにより、未来の可能性が開かれる（図 0-1）。

歴史と哲学をざっとまとめてみたが、これはひとえに、テクノロジと AI を基本的に理解してもらい、プロジェクトを始めるときに責任ある意思決定について考えてもらうためだ。

図 0-1 の年表を見ると、近代になるほど画期的出来事の間隔が狭まっていることがわかる。この 30 年間で最も注目すべき進歩は、マイクロチップの改良、パーソナルコンピュータの普及、ネットワークデバイスの急増、そして産業のデジタル化による物理的境界線の崩壊と世界のつながりである。AI は追求することが可能かつ妥当な領域となったが、その背景には次のような理由もある。

- インターネットによって世界が結ばれた結果、ほぼどのようなことについてもデータを大量に集めることが可能になった。
- コンピュータハードウェアの進歩により、これまでに蓄積してきた膨大な量のデータを使って既知のアルゴリズムを計算する手段が提供されている。その過程で新しいアルゴリズムも発見されている。

- より適切な決定を行い、より困難な問題を解決し、より適切な解を提供するためにデータとアルゴリズムを活用することの必要性を産業界が理解している。人類が誕生したときから暮らしを最適化するために行ってきたことと同じである。

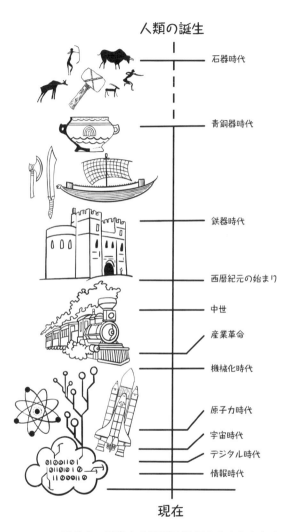

図 0-1：歴史上の技術的進歩の大まかな年表

　私たちは技術の進歩を線形的なものとして捉えがちだが、歴史を調べてみると、進歩はむしろ幾何級数的であることがわかる（図 0-2）。技術の進歩は年を追うごとに加速していく。新しいツールや手法を学ぶ必要があるが、すべての根底にあるのは**問題解決のファンダメンタルズ**である。

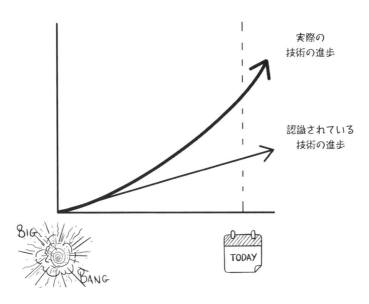

図 0-2：認識されている技術の進歩と実際の技術の進歩

　本書には、難しい問題を解くのに役立つ基礎レベルの概念が含まれているが、少し複雑な概念をやさしく学べるようにすることも目指している。

　自動化の捉え方は人それぞれである。技術者にとっての自動化は、ソフトウェアの開発・デプロイ・配付をシームレスでエラーが起きにくいものにするスクリプトの記述を意味する。エンジニアにとっては、製造ラインを合理化してスループットを向上させたり、欠陥を減らしたりすることを意味するかもしれない。農業従事者にとっては、自動トラクターや灌漑システムなど、収穫高を最適化するツールの導入を意味するかもしれない。自動化とは、生産性を向上させるために、あるいは手作業で行うときよりも高い価値が得られるようにするために、人的エネルギーの必要性を減らすあらゆるソリューションのことである（図 0-3）。

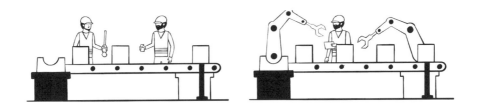

単調な手作業の工程　　　　　　　　　　　　自動工程

図 0-3：手作業の工程と自動工程

　自動化に踏み切らないとしたら、それはなぜだろうか。最大の理由の1つは、単に人間のほうが作業をうまくこなせることである。その作業がさまざまな見地からの洞察を必要とするものであったり、抽象的かつ創造的に考えることが求められたり、社会的交流や人間の本質を理解していることが重要だったりする状況では、人間のほうが失敗する可能性が低く、より正確に作業を行うことができる。

　看護師は仕事を行うだけではなく、患者と交流し、患者の世話もする。看護を通じた交流は回復過程の因子の1つであることが調査で明らかになっている。教師は知識を授けるだけではなく、生徒の能力、性格、興味に基づいて生徒を指導する（生徒に知識を与え、相談相手となる）ための独創的な方法を模索する。とはいえ、適材適所というように、テクノロジを使って自動化するのに適しているものと、人が行うほうが適しているものがある。現在のイノベーションからするに、テクノロジによる自動化はどのような業種とも相性がよいだろう。

倫理、法的な問題、責任

　なぜ技術書に倫理と責任の節があるのか不思議に思っているかもしれない。テクノロジと生活様式が複雑に絡み合う世界に進むに従い、テクノロジを作り出す人々は、自分たちが思っている以上の力を持つようになる。小さな貢献のつもりが、大きな波及効果を生むことがある。私たちの意図が善意によるものであること、そして私たちの作業から作り出されるものが無害であることが重要となる（図0-4）。

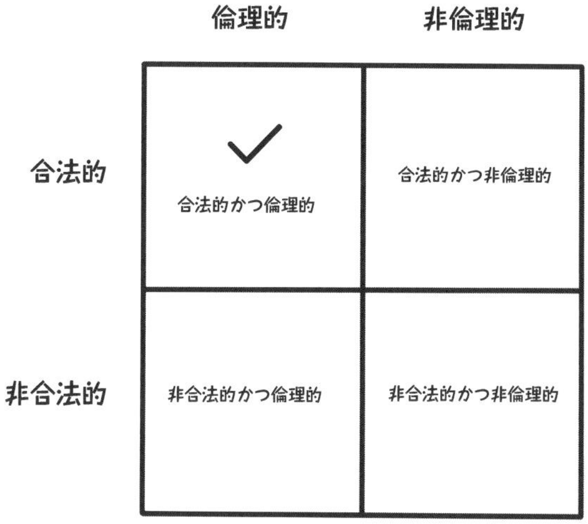

	倫理的	非倫理的
合法的	✓ 合法的かつ倫理的	合法的かつ非倫理的
非合法的	非合法的かつ倫理的	非合法的かつ非倫理的

図0-4：目標はテクノロジの倫理的かつ合法的な活用

意図と影響：ビジョンとゴールを理解する

何かを開発するときには —— 物理的な製品でも、サービスでも、ソフトウェアでもいい —— その背景にある意図が常に問われる。あなたが開発しているソフトウェアは世界によい影響を与えるものだろうか。それとも、悪意を持つものだろうか。あなたが開発しているものの影響を広い視野で捉えてみたことはあるだろうか。企業は利益と影響力を拡大する方法を常に模索している。それは企業の成長にとって肝心なことである。ライバル企業に打ち勝ち、より多くの顧客を獲得し、さらに影響力を増すための最も効果的な方法を突き止めるために、企業は戦略を立てる。とはいえ、その意図が純然たるもので、企業の存続だけではなく、顧客や社会全般の利益を追求するものかどうかを内省しなければならない。数多くの名だたる科学者、工学者、技術者から AI の悪用を阻止するための規制の必要性を指摘する声が上がっている。私たちにも、個人として正しいことを行い、核となるしっかりとした価値観を確立する倫理的義務がある。あなたの信条に反することを求められたときは、それらの信条を表明することが重要である。

目的外使用：悪意のある使い方を防ぐ

目的外の使い方を明らかにし、防ぐことが重要である。そんなことはわかっているし、簡単なことだと思っているかもしれないが、あなたが作っているものを人々がどのように使うのかを理解するのはそう簡単ではない。あなたや組織の価値観と一致するかどうかを予測するとなれば、なおさらだ。

1915 年に Peter Jensen が発明した拡声器はその例である。この拡声器は、当初はMagnavox と呼ばれ、最初はサンフランシスコで大勢の観衆に向けてオペラ音楽を演奏するために使われた。この使い方はまったくの善意に基づいている。しかし、ドイツのナチス政権には別の思惑があった。彼らは公共の場所に拡声器を配置して、ヒトラーの演説や声明が誰にでも聞こえるようにした。延々と流れてくる説法から逃れられなかった人々はヒトラーの思想に感化されやすくなり、これ以降、ナチス政権はドイツで過半数の支持を獲得するようになった。Jensen はまさか自分の発明品がこのような目的に使われるとは想像していなかったが、彼にできることはほとんどなかった。

時代は変わり、私たちは自分が作ったもの（特にソフトウェア）に対してより大きな権利を持つようになった。自分が作ったものがどのように使われるのかを想像するのはやはり難しいが、その結果がよいにしろ悪いにしろ、あなたが意図していなかった使い方を誰かが見つけることはほぼ間違いない。このことを踏まえて、テクノロジ業界のプロフェッショナルである私たちや、私たちとともに働く組織は、悪意のある使い方をできるだけ抑制する方法を考えなければならない。

意図しない先入観：誰もが使えるソリューションを作る

　AIシステムを構築するときには、コンテキストと問題領域に関する知識を用いる。また、データからパターンを見つけ出し、それらのパターンに従って処理を行うアルゴリズムも用いる。至るところに先入観が存在することは否定できない。先入観は人または人々の集団に対する偏見であり、性別、人種、信仰などを含むが、それだけに限られない。こうした先入観の多くは、社会的交流における創発的行動、歴史的な出来事、世界各地での文化的・政治的見解に起因する。これらの先入観は私たちが集めるデータに影響を与える。AIアルゴリズムはこのデータを扱うため、機械がこれらの先入観を「学習する」という問題がつきまとう。技術的な観点からシステムを完璧に設計することは可能だが、これらのシステムを操作するのは結局のところ人間であり、先入観や偏見をできるだけ排除するのは私たちの責任である。私たちが使うアルゴリズムの良し悪しは、アルゴリズムに与えるデータによって決まる。データとそのデータを使うコンテキストを理解することが先入観と戦うための第一歩となる。よりよいソリューションを構築する上で、この知識が助けになるだろう。なぜなら、問題空間への理解を深めることになるからだ。先入観ができるだけ少ない公平なデータを提供することがよりよいソリューションにつながるはずだ。

法律、プライバシー、同意：基本的価値の重要性を知る

　私たちが行うことの法律的な側面は非常に重要である。社会全体の利益のために私たちができることとできないことを規定するのが法律である。多くの法律が書かれたのは、コンピュータやインターネットが現在ほど人々の生活において重要ではなかった時代である。このため、テクノロジをどのように開発するのか、そのテクノロジを使って何を実行することが許されるのかについては、多くのグレーゾーンがある。とはいえ、急速な技術革新に対応するために法律も少しずつ変化している。

　たとえば、私たちはコンピュータや携帯電話などのデバイスを操作することでほぼ四六時中プライバシーを危険にさらしている。私たちは自分に関する膨大な量の情報を送信しており、その中にはかなり個人的な情報もある。そのデータはどのように処理され、格納されるのだろうか。ソリューションを構築するときには、このような点も考慮に入れるべきである。自分に関するデータのうち取得、処理、格納の対象になるのはどれか、そのデータがどのように使われるか、そのデータにアクセスする可能性があるのは誰かについて人々に選択肢を与えるべきである。筆者の経験では、人々が一般に受け入れるソリューションは、自分たちが使っている製品を改善し、生活の価値を向上させるために自分たちのデータを使うソリューションである。最も重要なのは、人々がより寛容であるのは、人々が選択肢を与えられ、その選択が尊重されるときであることだ。

シンギュラリティ：未知の探索

　シンギュラリティ（singularity）とは、かなり汎用的な知能を持つ AI を私たちが作り出すという概念のことである。この AI は自律的に能力を向上させ、やがて超知能になる段階まで知能を高めていく。懸念されているのは、このような規模になると人間には理解できないことである。このため、私たちには理解することすらできないような理由で、私たちが知っている文明を変えてしまうかもしれない。この知能が人間を脅威と見なすのではないかと危惧する人もいれば、超知能にとって私たちは蟻のような存在かもしれないと言う人もいる。私たちは蟻を特に意識していないし、蟻の暮らしに関心を持ったりしないが、目障りだと思えば各々で対処するだろう。

　これらの仮説が未来の正確な描写かどうかにかかわらず、私たちには責任があり、私たちが行う決定について考えなければならない。そうした決定が最終的には人、人々の集団、あるいは世界全体に影響をおよぼすことになるからだ。

謝辞

　本書の執筆は、私がこれまでに行ってきたものの中で最も困難ではあるがやりがいのあるものの 1 つだった。何とか時間をやりくりし、あれこれ掛け持ちしながら正しい精神状態を保ち、現実に飲み込まれながらモチベーションを見つける必要があった。大勢のすばらしい人々がいなければとても無理だった。この経験を通して私は学び、成長した。優秀な編集者であり、よき師でもあった Bert Bates、ありがとう。効果的な指導法と文書で何かを伝えることについて、私は Bert から多くのことを学んだ。Bert との話し合いや議論、そしていつも感じていた Bert の思いやりは、本書を現在の形にする上で助けとなった。どのプロジェクトにも、現状を正確に把握した上で作業を進行させる人が必要である。この点に関して、Development Editor を務めてくれた Elesha Hyde に感謝したい。一緒に仕事ができて本当に光栄に思っている。Elesha は常に方向性を示し、私の作業について興味深い知見を与えてくれた。意見をぶつけあう相手はいつだって必要であり、うるさく言ってくれる点で友達に勝る者はいない。すばらしい相談相手であり、常に頼りになる存在だった Hennie Brink に特に感謝したい。また、文章と技術的な面について建設的な批評と客観的な意見を提供してくれた Frances Buontempo と Krzysztof Kamyczek に感謝したい。おかげで内容の不備を補い、わかりやすい内容にすることができた。Project Manager の Deirdre Hiam、Review Editor の Ivan Martinovic、Copy Editor の Kier Simpson、Proofreader の Jason Everett にも感謝したい。

　最後になったが、私の原稿を読むために時間を割き、貴重な意見を寄せてくれた方々全員に感謝したい。おかげで本書はどうにかこうにかよいものになった：Andre Weiner、Arav Agarwal、Charles Soetan、Dan Sheikh、David Jacobs、Dhivya Sivasubramanian、Domingo Salazar、GandhiRajan、Helen Mary Barrameda、James Zhijun Liu、Joseph Friedman、Jousef Murad、Karan Nih、Kelvin D. Meeks、Ken Byrne、Krzysztof Kamyczek、Kyle Peterson、Linda Ristevski、Martin Lopez、Peter Brown、Philip Patterson、Rodolfo Allendes、Tejas Jain、Weiran Deng

本書について

　本書は、人工知能アルゴリズムと問題解決におけるその用途を理解して実装する方法をわかりやすく説明するために書かれている。関連するたとえ、実例、イラストを交えた、テクノロジ業界の一般的な人にとってよりわかりやすい内容になっている。

本書の対象読者

　本書は人工知能の裏側にある概念とアルゴリズムを知りたいと考えているソフトウェア開発者とソフトウェア業界のあらゆる人々を対象としており、詳細な理論と数学的な証明に基づく実例とイラストを使った説明で構成されている。

　本書では、コンピュータプログラミングの基本概念（変数、データ型、配列、条件文、イテレータ、クラス、関数など。いずれかのプログラミング言語の経験があれば十分である）を理解している人と、数学の基本概念（データ変数、関数の表現、データと関数のグラフ化など）を理解している人を対象としている。

本書の構成：ロードマップ

　本書は 10 の章で構成されている。各章はそれぞれ異なる人工知能アルゴリズムやアプローチに焦点を合わせている。本書では、最初に基本的なアルゴリズムと概念を取り上げ、それ以降の章で学ぶより高度なアルゴリズムの基礎固めをする。

- **第 1 章　人工知能を直観的に理解する**
  データを取り巻く基本的な概念、問題の種類、アルゴリズムとパラダイムの分類、そして人工知能アルゴリズムのユースケースを紹介する。

- **第 2 章　探索の基礎**
  基礎的な探索アルゴリズムのデータ構造とアプローチの基本的な考え方とこれらのアルゴリズムの用途を取り上げる。

- **第 3 章　知的探索**
  基礎的な探索アルゴリズムからさらに踏み込み、より最適な方法で解を求める探索アルゴリズムと、競争環境で解を求める探索アルゴリズムを紹介する。

- **第 4 章　進化的アルゴリズム**
  進化的アルゴリズムの一種である遺伝的アルゴリズムの仕組みを詳しく説明する。遺伝

的アルゴリズムは、自然界の進化を模倣することにより、問題に対する解の生成と改善を繰り返す。

● **第5章　高度な進化的アプローチ**
引き続き遺伝的アルゴリズムを見ていくが、より高度な概念に取り組む。これらの概念は、さまざまな種類の問題をより最適な方法で解くためにアルゴリズムの各ステップをどのように調整できるかに関連している。

● **第6章　群知能：蟻**
群知能を詳しく取り上げ、蟻コロニー最適化アルゴリズムが蟻の生態の理論を使って難題をどのように解くのかを追っていく。

● **第7章　群知能：粒子**
引き続き群知能アルゴリズムを見ていくが、最適化問題とは何かを詳しく見ていく。また、大きな探索空間で適切な解を求める粒子群最適化を使って最適化問題をどのように解くのかについても説明する。

● **第8章　機械学習**
機械学習のワークフロー（データの前処理、モデル化、テスト）に取り組みながら、線形回帰を使って回帰問題を解き、決定木を使って分類問題を解く。

● **第9章　人工ニューラルネットワーク**
人工ニューラルネットワークを使ってデータからパターンを見つけ出し、予測値を生成するための訓練の概念、論理的な手順、数学計算について説明しながら、機械学習ワークフローでの位置付けを明らかにする。

● **第10章　Q学習による強化学習**
行動心理学に基づいて強化学習を理解し、Q学習アルゴリズムに取り組む。Q学習では、エージェントが環境内で行われる決定の良し悪しを学習する。

ぜひ各章を最初から順番に読んでほしい。章を追うごとに概念と知識が築き上げられていくようになっている。各章を読み終えたら、GitHubリポジトリのPythonコードを実際に試して、それぞれのアルゴリズムをどのように実装できるのかを実践的に理解するとよいだろう。

コードについて

本書には、アルゴリズムの背後にある概念と論理的思考に焦点を合わせた擬似コードが含まれている。これらの擬似コードには、プログラミング言語の好みに関係なく、誰でも理解できるコードにするという目的もある。擬似コードは形式にこだわらずにコード命令を記述する手

段である。擬似コードには、より読みやすく理解しやすいコードを提供するという意図があり、基本的にヒューマンフレンドリである。

　それはさておき、本書の GitHub リポジトリでは、本書で説明しているすべてのアルゴリズムに対して実際に動く Python コードの例を提供している。ソースコードには、セットアップの手順と学習の参考になるコメントが含まれている。学習方法の 1 つとして、各章を読んだ後にコードを試して、それぞれのアルゴリズムの理解を固めるとよいだろう。

https://github.com/rishal-hurbans/Grokking-Artificial-Intelligence-Algorithms

　Python のソースコードは、それぞれのアルゴリズムをどのように実装できるかの参考となるように書かれている。これらのサンプルはあくまでも「学習用」であり、「実務で使うためのものではない」。このコードは学習ツールとして書かれている。本番環境で使う予定のプロジェクトでは、実証済みのライブラリやフレームワークを使うことが推奨される。それらのライブラリやフレームワークはパフォーマンスを目的として最適化されており、十分にテストされており、十分なサポートが提供されている。

著者紹介

Rishal Hurbans

　子供の頃からコンピュータ、テクノロジ、そして常識外れのアイデアに夢中になっている。チームやプロジェクトの指導、実践的なソフトウェア工学、戦略的プランニング、さまざまな国際的ビジネスのソリューションの全体的な設計に従事した経歴を持つ。また、職場、コミュニティ、業界内において実用主義、学習、能力開発という文化の積極的な育成にも貢献している。

　Rishal はビジネスの仕組みと戦略、人々とチームの育成、デザイン思考、人工知能、哲学に情熱を傾けており、生産性を向上させ、重要なことに集中するために、人々とビジネスを助けるさまざまなデジタル製品を立ち上げてきた。また、世界中のさまざまなカンファレンスで講演を行っており、複雑な概念をわかりやすく説明することで人々の啓発を後押ししている。

Grokking Artificial Intelligence Algorithmsの案内図

人工知能を直観的に理解する
AIアルゴリズムは難しい問題を解くために
データを処理する。問題を解くのに適している
アルゴリズムは問題の種類によって異なる。
複雑な問題を解くためにさまざまな
アルゴリズムを組み合わせることができる。

探索の基礎
知識なし探索アルゴリズムは考えられる経路を
1つ残らず探索することによって最良の解を求めるが、
計算的に高くつくことがある。それらのアルゴリズムにより、
他のAIアルゴリズムにとって有益なデータ構造が浮かび上がる。

知的探索
知識あり探索アルゴリズムはより適切な解を
求めるためにヒューリスティクスを使って
探索を誘導する。このアルゴリズムは
別のエージェントが因子となる敵対的問題で
利用できる。

群知能：蟻
蟻コロニー最適化は現実世界の蟻の営みに基づいており、
新たな経路の探索という概念を用いるが、過去に探索したより
最適な経路の記憶を持ち続ける。

進化的アルゴリズム
進化的アルゴリズムの一種である
遺伝的アルゴリズムは進化の概念を用いて
候補解をコード化し、それらを数世代に
わたって進化させることで、より有能な
解を見つけ出す。

群知能：粒子
粒子群最適化は現実世界の群れの
行動に基づいており、群れが発見した
よい解を記録しながら局所解空間を
探索するという概念を用いる。

機械学習
回帰アルゴリズムと分類アルゴリズムは
データに内在するパターンを学習し、
変数の値やサンプルのカテゴリを予測する。
よい機械学習モデルの鍵は、データを
よく理解し、前処理を適切に行うことにある。

人工ニューラルネットワーク
人工ニューラルネットワーク（ANN）は
脳と神経系の仕組みを大まかに
モデル化したものである。
ANNは入力として信号を受け取り、
重み付けした上で処理し、入力信号で
見つかった相関に基づいて結果を提供する。

Q学習による強化学習
強化学習は目標を達成する上で有利な行動を
学習するために試行錯誤の概念を用いる。
試行錯誤には、環境内でとった行動に対する
報酬とペナルティが伴う。

本書で使っている人工知能アルゴリズム

深さ優先探索（DFS）
木構造の解が探索空間の深いところにあり、木の枝を1つ残らず探索することが計算的に実現可能であるという状況で役立つ

幅優先探索（BFS）
木構造の解が探索空間の浅いところにあり、木の枝を1つ残らず探索することが計算的に実現可能であるという状況で役立つ

A*探索
探索を誘導し、計算を最適化するためのヒューリスティクスの作成が可能である場合に、木構造で解を見つけ出すのに役立つ

min-max探索
敵対問題を解くのに役立つ。敵対問題では、よい解を見つけるために別のエージェントと競い合う

遺伝的アルゴリズム
候補解を染色体としてコード化することと、解の性能を正しく評価するための適合度関数の作成が可能である場合に役立つ

蟻コロニー最適化
解が一連の行動または選択で構成され、「よい解」が目的にかなっているという状況で問題を解くのに役立つ

粒子群最適化
解空間の次元数が多い巨大な探索空間において、絶対的な最適解が求められないときの探索に役立つ

線形回帰
データセット内の2つ以上の特徴量の間で認められる相関に基づいて予測値を生成するのに役立つ

決定木
データセット内の特徴量がサンプル（インスタンス）のカテゴリに直接関連しているときに、特徴量に基づいてサンプルを分類するのに役立つ

人工ニューラルネットワーク（ANN）
データが構造化されておらず、相関がそれほど深く理解されていないデータセットに基づいて予測値を生成するのに役立つ

Q学習
エージェントが環境内で行動し、履歴データではなく試行錯誤に基づいて学習が発生しなければならないという状況で問題を解くのに役立つ

目次

まえがき iv

謝辞 xi

本書について xii

著者紹介 xv

第 1 章　人工知能を直観的に理解する 1

   1.1　人工知能とは何か 1

      1.1.1　AI の定義 2

      1.1.2　AI アルゴリズムの中心にあるデータを理解する 3

      1.1.3　　レシピとしてのアルゴリズム 4

   1.2　人工知能の略史 6

   1.3　問題の種類と問題解決のパラダイム 8

      1.3.1　探索問題：解への経路を見つける 8

      1.3.2　最適化問題：適切な解を見つける 8

      1.3.3　予測問題と分類問題：データのパターンから学習する 9

      1.3.4　クラスタリング問題：データからパターンを特定する 9

      1.3.5　決定論的モデル：計算結果は常に同じ 9

      1.3.6　確率論的モデルと確率的モデル：計算結果は常に同じではない 9

1.4 人工知能の概念を直観的に理解する 10

   1.4.1 特化型知能：用途が限られたソリューション 10

   1.4.2 汎用知能：人間的なソリューション 11

   1.4.3 超知能：未知なる世界 11

   1.4.4 古い AI と新しい AI 11

   1.4.5 探索アルゴリズム 12

   1.4.6 生物学にヒントを得たアルゴリズム 13

   1.4.7 機械学習 13

   1.4.8 ディープラーニング 14

1.5 人工知能アルゴリズムの用途 14

   1.5.1 農業：最適な作物の栽培 15

   1.5.2 バンキング：不正検知 16

   1.5.3 サイバーセキュリティ：攻撃の検知と対処 16

   1.5.4 医療：患者の診断 16

   1.5.5 物流：経路探索と最適化 17

   1.5.6 電気通信：ネットワークの最適化 18

   1.5.7 ゲーム：AI エージェントの作成 18

   1.5.8 芸術：傑作を描く 19

本章のまとめ 20

第 2 章　探索の基礎 23

2.1 計画と探索 23

2.2 計算のコスト：スマートアルゴリズムの意義 25

2.3 探索アルゴリズムに適用できる問題 27

2.4 状態を表現する：問題空間と解を表すフレームワークの作成 30

   2.4.1 グラフ：探索問題と解の表現 31

   2.4.2 グラフを具体的なデータ構造として表す 33

   2.4.3 木：探索解を表すために使われる具体的な構造 34

2.5 知識なし探索：盲目的な解の探索 36

2.6 幅優先探索：深さよりも幅を優先する探索 38

2.7 深さ優先探索：幅よりも深さを優先する探索 47

2.8 知識なし探索アルゴリズムのユースケース 55

2.9 補足情報：グラフの種類について 55

2.10 補足情報：グラフを表すその他の方法 58

2.10.1 接続行列 58

2.10.2 隣接リスト 58

本章のまとめ 59

第3章 知的探索 61

3.1 ヒューリスティクスの定義：知識に基づく推測 61

3.2 知識あり探索：ガイダンスに従って解を求める 65

3.2.1 A* 探索 65

3.2.2 知識あり探索アルゴリズムのユースケース 74

3.3 敵対探索：変化する環境で解を求める 75

3.3.1 単純な敵対問題 75

3.3.2 min-max 探索：行動をシミュレートし、最良の未来を選ぶ 77

3.3.3 アルファベータ法：妥当なパスだけを探索することによる最適化 87

3.3.4 敵対探索アルゴリズムのユースケース 91

本章のまとめ 91

第4章 進化的アルゴリズム 93

4.1 進化とは何か 93

4.2 進化的アルゴリズムに適用できる問題 97

4.3 遺伝的アルゴリズム：ライフサイクル 101

4.4 解空間をコード化する 104

4.4.1 バイナリエンコーディング：候補解を0と1で表す 107

4.5 解の個体群を作成する 109

4.6 各個体の適合度を計測する 111

4.7 親を適合度に基づいて選択する 113

4.7.1 定常状態モデル：世代ごとに個体群の一部を置き換える 115

4.7.2 世代交代モデル：世代ごとに個体群全体を置き換える 115

　　　　　4.7.3　ルーレット方式：親と生き延びる個体を選択する 115

　　4.8　親から個体を繁殖させる..116

　　　　　4.8.1　一点交叉：それぞれの親から1つの部分を受け継ぐ 117

　　　　　4.8.2　二点交叉：それぞれの親から複数の部分を受け継ぐ 119

　　　　　4.8.3　一様交叉：各親からさまざまな部分を受け継ぐ 119

　　　　　4.8.4　バイナリエンコーディングでのビット列の突然変異 121

　　　　　4.8.5　バイナリエンコーディングでのビット反転の突然変異 122

　　4.9　次の世代を選択する 122

　　　　　4.9.1　探索と活用 123

　　　　　4.9.2　終了条件 124

　　4.10　遺伝的アルゴリズムのパラメータを設定する 126

　　4.11　遺伝的アルゴリズムのユースケース 127

　　本章のまとめ 128

第5章　高度な進化的アプローチ 131

　　5.1　進化的アルゴリズムのライフサイクル 131

　　5.2　別の選択方式..133

　　　　　5.2.1　ランク選択：条件を公平にする 133

　　　　　5.2.2　トーナメント選択：競わせる 135

　　　　　5.2.3　エリート選択：最もよい個体だけを選択する 136

　　5.3　実数値エンコーディング：実数を扱う 137

　　　　　5.3.1　実数値エンコーディングの基礎..139

　　　　　5.3.2　算術交叉：計算による繁殖 139

　　　　　5.3.3　境界突然変異 140

　　　　　5.3.4　算術突然変異 141

　　5.4　順序エンコーディング：シーケンスを扱う..141

　　　　　5.4.1　適合度関数の重要性 143

　　　　　5.4.2　順序エンコーディングの基礎 143

　　　　　5.4.3　順序突然変異：順序（順列）エンコーディング........................144

　　5.5　木構造エンコーディング：階層を扱う 144

　　　　　5.5.1　木構造エンコーディングの基礎...146

5.5.2 木交叉：木の一部を継承する 146

5.5.3 ノード変更突然変異：ノードの値を変更する 148

5.6 一般的な進化的アルゴリズム 149

5.6.1 遺伝的プログラミング 149

5.6.2 進化的プログラミング 149

5.7 進化的アルゴリズムの用語集 150

5.8 進化的アルゴリズムの他のユースケース 150

本章のまとめ 151

第6章 群知能：蟻 153

6.1 群知能とは何か 153

6.2 蟻コロニー最適化に適用できる問題 156

6.3 状態の表現：経路と蟻をどのように表すか 159

6.4 蟻コロニー最適化アルゴリズムのライフサイクル 164

6.4.1 フェロモンの痕跡を初期化する 165

6.4.2 蟻の個体群を作成する 167

6.4.3 各蟻が次に訪れるアトラクションを選択する 169

6.4.4 フェロモンの痕跡を更新する 177

6.4.5 最適解を更新する 183

6.4.6 終了条件を決める 184

6.5 蟻コロニー最適化アルゴリズムのユースケース 187

本章のまとめ 188

第7章 群知能：粒子 189

7.1 粒子群最適化とは何か 189

7.2 より技術的な観点から見た最適化問題 192

7.3 粒子群最適化に適した問題 195

7.4 状態の表現：粒子はどのように表されるか 197

7.5 粒子群最適化のライフサイクル 198

7.5.1 粒子の個体群を初期化する 199

　　　　　7.5.2　各粒子の適合度を計算する 202

　　　　　7.5.3　各粒子の位置を更新する 206

　　　　　7.5.4　終了条件を決める 218

　　　7.6　粒子群最適化アルゴリズムのユースケース 220

　　　本章のまとめ 222

第8章　機械学習 225

　　　8.1　機械学習とは何か 225

　　　8.2　機械学習に適用できる問題 227

　　　　　8.2.1　教師あり学習 228

　　　　　8.2.2　教師なし学習 229

　　　　　8.2.3　強化学習 229

　　　8.3　機械学習のワークフロー 229

　　　　　8.3.1　データの収集と理解：コンテキストを知る 230

　　　　　8.3.2　データの前処理 233

　　　　　8.3.3　モデルの訓練：線形回帰による予測 239

　　　　　8.3.4　モデルのテスト：モデルの正解率を求める 250

　　　　　8.3.5　正解率の改善 254

　　　8.4　決定木による分類 255

　　　　　8.4.1　分類問題：これ？ それともこれ？ 255

　　　　　8.4.2　決定木の基礎 257

　　　　　8.4.3　決定木を訓練する 260

　　　　　8.4.4　決定木を使ってインスタンスを分類する 270

　　　8.5　よく知られているその他の機械学習アルゴリズム 274

　　　8.6　機械学習アルゴリズムのユースケース 276

　　　本章のまとめ 277

第9章　人工ニューラルネットワーク 279

　　　9.1　人工ニューラルネットワークとは何か 279

　　　9.2　パーセプトロン：ニューロンの表現 282

9.3 人工ニューラルネットワークを定義する 286

9.4 順伝播：訓練済みの人工ニューラルネットワークを使う 294

9.5 逆伝播：人工ニューラルネットワークを訓練する..............................302

    9.5.1 フェーズ A：セットアップ 304

    9.5.2 フェーズ B：順伝播 304

    9.5.3 フェーズ C：訓練 304

9.6 活性化関数の選択肢 313

9.7 人工ニューラルネットワークを設計する 314

    9.7.1 入力と出力 315

    9.7.2 隠れ層と隠れノード 316

    9.7.3 重み 316

    9.7.4 バイアス 316

    9.7.5 活性化関数 317

    9.7.6 コスト関数と学習率 317

9.8 人工ニューラルネットワークの種類とユースケース 318

    9.8.1 畳み込みニューラルネットワーク 318

    9.8.2 リカレントニューラルネットワーク 319

    9.8.3 敵対的生成ネットワーク 320

本章のまとめ 321

第 10 章　Q 学習による強化学習 323

10.1 強化学習とは何か..323

    10.1.1 強化学習の起源 325

10.2 強化学習に適用できる問題 327

10.3 強化学習のライフサイクル 329

    10.3.1 シミュレーションとデータ：環境をセットアップする........................329

    10.3.2 シミュレーションと訓練：Q 学習を使う 334

    10.3.3 シミュレーションとテスト：Q テーブルを使ってテストする 345

    10.3.4 訓練の性能を計測する 346

    10.3.5 モデルフリー学習とモデルベース学習 346

10.4　ディープラーニングによる強化学習 347

10.5　強化学習のユースケース 348

　　10.5.1　ロボット工学 349

　　10.5.2　レコメンデーションエンジン 349

　　10.5.3　金融取引 349

　　10.5.4　ゲームプレイング 350

本章のまとめ 350

索引 352

人工知能を直観的に理解する | 1

本章の内容

- 私たちが知っている AI の定義

- AI に適用できる概念を直観的に理解する

- コンピュータサイエンスと AI における問題の種類とそれらの性質

- 本書で説明する AI アルゴリズムの概要

- AI の現実的な用途

1.1　人工知能とは何か

　知能は謎に包まれている ―― 知能という概念には決まった定義がない。知能とは何であり、どのように表れるのかに関して、哲学者、心理学者、科学者、エンジニアの見解はどれも異なっている。自然界の至るところで、私たちは集団で活動する生物といった知能を目にしている。人間が考えたり行動したりする様子にも知能が見て取れる。自律的でありながら適応力があるものは一般に知能と見なされる。**自律的**は絶えず指示を与えられる必要がないことを意味し、**適応力**は環境や問題領域の変化に応じて振る舞いを変えられることを意味する。生物と機械に目を向けると、その営みや動作の中心にデータがあることがわかる。目に見えるものはデータであり、耳に聞こえる音はデータであり、周囲のものの大きさはデータである。私たちはデータを消費し、そのすべてを処理し、その結果に基づいて決定を下す。したがって、データを取り巻く概念を基本的に理解することは、人工知能(AI)アルゴリズムを理解する上で重要である。

1.1.1　AI の定義

　そもそも知能を定義することすら一筋縄ではいかないのだから、AI が何であるかを私たちが理解しているはずがない、と言う人がいる。サルバドール・ダリは、野心は知性の表れであると考え、「野心のない知性は羽のない鳥のようなものだ」と言った。アルベルト・アインシュタインは、想像力は知性の大きな要因であると考えており、「知性の真の表れは、知識ではなく想像力である」と言った。そしてスティーブン・ホーキングは、世界の変化に適応できるようになることを見据えて、「知性とは変化に適応する能力のことである」と言った。この 3 人の偉人でさえ、知性に関する見方は異なっていた。知性に対する決定的な答えはまだないが、少なくともわかっていることがある —— 知性を理解していることが、人間が優占種（そして最も高い知能を持つ種）であることのベースになっていることだ。

　健全性を保ち、本書での実用的な応用に沿う意味でも、AI を次のように大まかに定義する —— AI は「知的な」振る舞いをする人工的なシステムである。何かを AI である、または AI ではないと定義しようとするのではなく、その AI らしさに目を向けてみよう。難題を解く手助けをしたり、価値や効用を提供したりする点で、その何かが知的な一面を見せるかもしれない。通常、視覚や聴覚といった自然な感覚を模倣する AI の実装は「AI のようなもの」と見なされる。新しいデータや環境に適応しながら自律的に学習できるソリューションも「AI らしさを見せるもの」と見なされる。

　AI 性を見せるものの例をいくつか挙げてみよう。

- さまざまな種類の複雑なゲームをプレイできるシステム
- がん腫瘍検出システム
- わずかな入力に基づいて芸術作品を生成するシステム
- 自動運転車

　ダグラス・ホフスタッターは、「AI とは、まだ実現されていないもののことである」としている。先の例で言うと、自動運転車はまだ完成していないため、AI と見なされるかもしれない。同様に、足し算を行うコンピュータはちょっと前までは知能と見なされていたが、今では当たり前の存在になっている。

　要するに、AI とは、人、業界、分野によってさまざまなものを意味するあいまいな言葉である。本書に登場するアルゴリズムは、過去においても現在においても、AI アルゴリズムとして分類されている。AI の具体的な定義が可能かどうかはあまり重要ではない。それらが難題の解決に役立つかどうかが重要なのである。

1.1.2 AIアルゴリズムの中心にあるデータを理解する

　まるで魔法のような離れ業をやってのけるすばらしいアルゴリズムも、データなしには始まらない。データの選択を誤ったり、データの表現が適切ではなかったり、データが欠損していたりすると、アルゴリズムは十分な性能を発揮しない。このため、結果の良し悪しは提供されるデータに左右される。この世界はデータで溢れており、そのデータは私たちが感知できない形式でさえ存在する。北極の現在の気温、池を泳いでいる魚の数、あなたの現在の年齢など、データは数値化された値を表すことがある。これらの例はどれも事実に基づいて正確な数値を捕捉している。このデータの解釈を誤るのは難しい。特定の時点における特定の場所の気温は事実そのものであり、バイアスが入り込む余地はない。このようなデータは**量的データ**（quantitative data）と呼ばれる。

　データは花の香りや政治家の政策の5段階評価といった観測値の値を表すこともある。このようなデータは**質的データ**（qualitative data）と呼ばれる。質的データは絶対的真実ではなく、誰かにとっての真実であるため、解釈するのが難しいことがある。図1-1は、身のまわりにある量的データと質的データの例を示している。

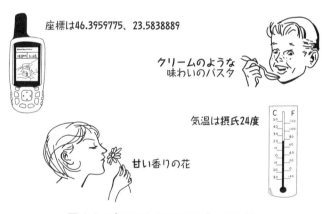

図1-1：身のまわりにあるデータの例

　データは物事についての動かしがたい事実であるため、その記録には本来バイアスはまったく含まれていない。だが現実には、データの収集、記録、紐付けは、そのデータがどのように使われるのかを具体的に理解した上で、具体的な状況に基づいて人が行っている。データに基づいて質問に答えるための有意義な知見を形にする行為は**情報**を生み出す。さらに、情報を経験に基づいて活用し、意識して応用する行為は**知識**を生み出す。私たちはAIアルゴリズムを使ってこの行為を部分的に模倣しようとしている。

　図1-2は量的データと質的データをどのように解釈できるかを示している。量的データの

計測には、時計、電卓、定規といった標準化された計器が使われるが、質的データの生成には、
通常は五感(嗅ぐ、聞く、味わう、触れる、見る)と独断的な見解が用いられる。

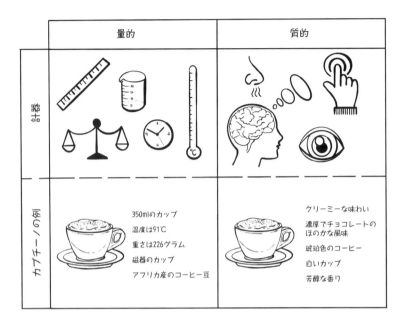

図 1-2：質的データと量的データ

　データ、情報、知識は、人がその分野をどれくらい理解していて、どのような世界観を持っ
ているかに応じて解釈が分かれることがある。このことは解の品質に影響を与えるため、テク
ノロジを創出するときの科学的な側面が非常に重要となる。データを捕捉し、実験を行い、結
果を正確に報告するという繰り返し可能な科学的プロセスを踏むことが、アルゴリズムを使っ
てデータを処理するときのより正確な結果と、問題に対するよりよい解につながる。

1.1.3　レシピとしてのアルゴリズム

　ここまでは、AI を大まかに定義し、データの重要性を理解した。本書では複数の AI アルゴ
リズムを調べるため、アルゴリズムとは何かをきちんと理解しておくことが重要となる。**アル
ゴリズム**とは、具体的な目標を達成するための仕様書として提供される命令やルールの集まり
のことである。アルゴリズムは一般に入力を受け取り、複数の有限のステップを実行しながら
さまざまな状態を遷移し、最終的に出力を生成する。

　本を読むといった単純なことでさえ、アルゴリズムとして表すことができる。本を読むこと
に関連するステップの例を見てみよう。

1. 『Grokking Artificial Intelligence Algorithms』という本を探す。

2. この本を開く。

3. まだ読んでいないページがある間は

    a. ページを読む。

    b. 次のページを開く。

    c. これまでに学んだ内容について考える。

4. 学んだ内容を現実にどのように応用できるかについて考える。

　アルゴリズムはレシピと見なすことができる（図 1-3）。材料と道具が入力として与えられ、特定の料理を作る手順があれば、料理が出力される。

ピタパンのアルゴリズム

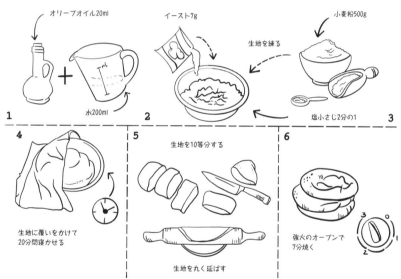

図 1-3：アルゴリズムとレシピの類似性を示す例

　アルゴリズムはそれこそさまざまなソリューションに使われる。たとえば、圧縮アルゴリズムを使って世界中でライブビデオチャットをしたり、リアルタイムの経路探索アルゴリズムに基づく地図アプリケーションを使って目的地への道順を調べたりできる。単純な「Hello World」アルゴリズムですら、ヒューマンリーダブルなプログラミング言語をマシンコードに変換してハードウェアで実行するためにさまざまなアルゴリズムを使っている。目を凝らして

よく見てみると、至るところでアルゴリズムが見つかる。

　本書に登場するアルゴリズムにもっと近いものとして、図 1-4 の数字当てゲームのアルゴリズムのフローチャートを見てみよう。コンピュータは決まった範囲の乱数を生成し、プレイヤーはその数を当てようとする。このアルゴリズムは、次の処理に進む前にアクションを実行したり決定を下したりするいくつかのステップに分かれている。

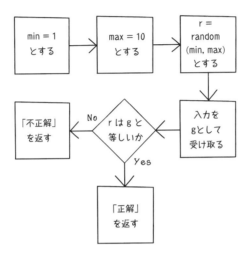

図 1-4：数字当てゲームのアルゴリズムのフローチャート

　テクノロジ、データ、知能、アルゴリズムについて私たちが理解していることからすると、AI アルゴリズムとは、データを使ってシステムを作成する命令の集まりのことである。それらのシステムは知的な振る舞いをし、難しい問題を解く。

1.2　人工知能の略史

　AI の進化の歴史を簡単に振り返っておくと、古い技術と新しい発想を活用してイノベーティブな方法で問題を解決できることを理解するのに役立つ。AI は新たに考え出されたものではなく、その歴史は人型ロボットや自律的な「考える」機械の伝説でいっぱいだ。振り返ってみると、先人たちが営々と積み重ねてきた知識の上に私たちが立っていることがわかる。ひょっとしたら、私たちも知識の泉に貢献できるかもしれない。

　過去の発展の歴史に目を向けると、AI の基礎を理解することの重要性が見えてくる。現代の多くの AI 実装は数十年前のアルゴリズムなしには語れないからだ。本書では、問題を解くための直観を養うのに役立つ基本的なアルゴリズムから始めて、そこから徐々により興味深い現代のアプローチに進む。

　図 1-5 は、AI の功績を細大漏らさず列挙したものではなく、例をいくつか挙げているにすぎない。歴史はもっと多くの輝かしい発見に彩られている。

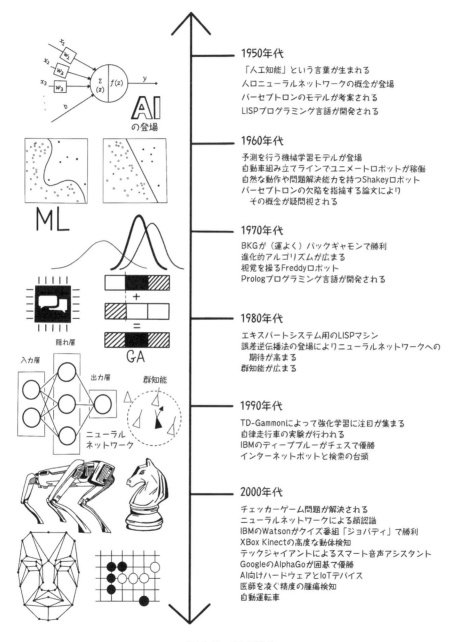

図 1-5：AI の進化

1.3　問題の種類と問題解決のパラダイム

AI のアルゴリズムは強力だが、どんな問題でも解決できる特効薬ではない。しかし、どんな問題があるのだろうか。ここでは、コンピュータサイエンスでよく経験するさまざまな種類の問題を取り上げ、そうした問題に対する直観力をどのように養えばよいかを示す。この直観があれば、これらの問題を実際に識別し、ソリューションで使うアルゴリズムを選択するのに役立つはずだ。

コンピュータサイエンスと AI では、問題を表すためにさまざまな用語を使う。これらの問題は「コンテキスト」と「目標」に応じて次のように分類される。

1.3.1　探索問題：解への経路を見つける

探索問題（search problem）は、複数の候補解があり、それぞれの解が目標へ向かう一連のステップ（経路）を表すという状況に関連している。解によっては、他の解と経路の一部が重なっているものや、他の解よりも望ましいもの、あるいは他の解よりも安価なものがある。「より望ましい」解は現下の問題によって決まり、「より安価な」解は計算量が他の解よりも少ないことを意味する。探索問題の例の 1 つは、地図上で都市間の最短経路を見つけ出すことである。距離や交通状況が異なる多くの経路があるが、より望ましい経路がいくつかある。多くの AI アルゴリズムは解空間の探索という概念に基づいている。

1.3.2　最適化問題：適切な解を見つける

最適化問題（optimization problem）は、膨大な数の有効な解があり、絶対的な最適解を見つけ出すのが難しいという状況に関連している。最適化問題では、たいてい非常に多くの可能性があり、それぞれの違いはどれくらいうまく問題を解くかにある。最適化問題の例の 1 つは、車のトランクに荷物を積み込むときに空間を最大限に活用することである。さまざまな組み合わせが考えられるが、荷物をうまく積み込めば、より多くの荷物が収まる。

局所最適解と全体最適解

最適化問題には多くの解があり、それらの解が探索空間内のさまざまな点に存在するため、局所最適解と全体最適解の概念が当てはまる。**局所最適解**（local best）とは、探索空間の特定の領域内の最適解のことであり、**全体最適解**（global best）とは、探索空間全体の最適解のことである。通常、局所最適解はいくつもあるが、全体最適解は 1 つである。たとえば、最高のレストランを探しているとしよう。あなたの地元では最高のレストランが見つかるかもしれないが、そのレストランが国内最高のレストランあるいは世界最高のレストランであるとは限らない。

1.3.3　予測問題と分類問題：データのパターンから学習する

　予測問題（prediction problem）は、何かに関するデータがあり、そこからパターンを見つけ出そうとする問題である。たとえば、さまざまな車両とそれらのエンジンの大きさに関するデータと、各車両の燃費に関するデータがあるとしよう。エンジンの大きさに基づいて新型車両の燃費を予測できるだろうか。エンジンの大きさと燃費のデータに相関が認められれば、新型車両の燃費を予測することは可能である。

　分類問題（classification problem）は、予測問題と似ているが、燃費などを正確に予測するのではなく、その特徴量に基づいて何かの分類を試みる。車両の大きさ、エンジンの大きさ、シートの数に基づいて、その車両がオートバイか、セダンか、SUV かを予測できるだろうか。分類問題では、サンプルをカテゴリに分類するパターンをデータの中から見つけ出す必要がある。データからパターンを見つけ出すときには、既知のデータに基づいて新しいデータ点を推定するため、補間の概念が重要となる。

1.3.4　クラスタリング問題：データからパターンを特定する

　クラスタリング問題（clustering problem）には、データから傾向や関係が明らかになるというシナリオが含まれている。サンプルをさまざまな方法で分類するために、データのさまざまな側面が使われる。たとえば、レストランの価格と場所に関するデータから、料理を安く提供する店に若者がよく行く傾向にあることがわかるかもしれない。

　クラスタリングの目的は、的確な質問をされていなくても、データから関係を見つけ出すことにある。このアプローチは、データを使って何ができるかを明らかにするために、データに対する理解を深めるのにも役立つ。

1.3.5　決定論的モデル：計算結果は常に同じ

　決定論的モデル（deterministic model）とは、特定の入力が与えられたときに一貫した出力を返すモデルのことである。たとえば、特定の都市において時刻を正午としたとき、その都市が昼間であることを常に予測できる。時刻を真夜中としたときは、その都市が夜間であることを常に予測できる。言うまでもなく、この単純な例では、地球の両極付近で昼間の長さが通常とは異なることを考慮に入れていない。

1.3.6　確率論的モデルと確率的モデル：計算結果は常に同じではない

　確率的モデル（probabilistic model）とは、特定の入力が与えられたときに、結果として考えられるものの中から結果を返すモデルのことである。確率的モデルにはたいてい「制御された

ランダム性」という要素がある。この要素は結果として考えられるものの集合に寄与する。た
とえば、時刻を正午としたときに予測できる天気は晴れかもしれないし、曇りかもしれないし、
雨かもしれない。この時刻の天気は固定ではないからだ。

1.4　人工知能の概念を直観的に理解する

　AI は機械学習やディープラーニングと並んでホットな話題である。このように似てはいる
ものの異なる概念を理解するのは気の滅入ることかもしれない。しかも、AI はさらに知能の
レベルごとに区別されている。

　ここでは、これらの概念をわかりやすく説明する。以下の内容は、本書で取り上げるトピッ
クのロードマップでもある。

　さっそく始めよう。図 1-6 はさまざまなレベルの AI を示している。

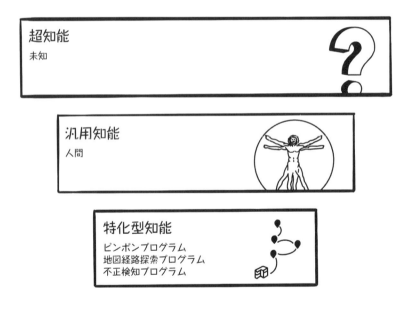

図 1-6：AI のレベル

1.4.1　特化型知能：用途が限られたソリューション

　特化型知能（narrow intelligence）システムは、特定の状況または分野の問題を解決する。
通常、特化型知能システムは、あるコンテキストの問題を解決し、その知識を別のコンテキス

トに適用するということができない。たとえば、カスタマーインタラクションや消費行動を理解するために開発されたシステムに画像内の猫を特定させるのは無理だろう。何かが問題解決において有効であるためには、通常はその問題領域に特化している必要があるため、他の問題に適応させるのは難しい。

　異なる特化型知能をうまく組み合わせれば、より汎用的な知能に見える何かよいものを作成できる。音声アシスタントはその一例である。このシステムは自然言語を理解できる。それだけなら特化型の問題だが、Web 検索や音楽レコメンデーションといった他の特化型知能システムと統合することで、汎用知能の資質を持たせることができる。

1.4.2　汎用知能：人間的なソリューション

　汎用知能（general intelligence）とは、人間並みの知能のことである。私たち人間は社会におけるさまざまな経験や交流から学び、ある問題で得た知識を別の問題に応用できる。たとえば、幼い頃に熱いものに触れて痛みを感じたことがあれば、他の熱いものでも痛い思いをするかもしれないと推測し、知識にすることができる。ただし、人間の汎用知能は「熱いものは危険かもしれない」といった推論にとどまらず、記憶、視覚入力による空間的推論、知識の活用などにもおよぶ。汎用知能を機械で実現することは、短期的には不可能な偉業に思える。しかし、量子コンピューティング、データプロセッシング、AI アルゴリズムの進歩により、将来現実のものになる可能性がある。

1.4.3　超知能：未知なる世界

　超知能（super intelligence）の概念の一部は、現在の文明が滅んだ後の世界を舞台にした SF 映画で見られる。その世界では、すべての機械が接続されていて、私たちの理解がおよばないことを推論する能力を持ち、人間を支配している。人間が人間よりも高い知能を持つ何かを作り出せるのかどうか、作り出せたとして、はたしてそのことに気付いているのかどうかについては、哲学的な意見の相違が多々ある。超知能は未知なる世界であり、しばらくの間は、どのような定義も憶測の域を出ないだろう。

1.4.4　古い AI と新しい AI

　古い AI と新しい AI という概念が引き合いに出されることがある。**古い AI** はよく、アルゴリズムに知的な振る舞いをさせるルールをコード化したシステムとして解釈される。それらのルールは、問題についての深い知識に基づいて、あるいは試行錯誤によってシステムに埋め込まれる。古い AI の例としては、決定木や決定木全体のルールや選択肢を人が手作業で作成することが挙げられる。**新しい AI** の目的は、アルゴリズムやモデルを作成することにある。こ

れらのアルゴリズムやモデルは、データから学習し、人間が作成したルールと同じかそれ以上に正確なルールを独自に作成する。古い AI と新しい AI の違いは、後者がデータの中から重要なパターンを発見できることにある。それらのパターンは、人が決して見つけることができない、あるいは見つけるとなるとはるかに時間がかかるようなものだ。探索アルゴリズムは古い AI と見なされることが多いが、それらのアルゴリズムをしっかり理解していることが、さらに複雑なアルゴリズムを学ぶ上で重要となる。本書の目的は、最もよく知られている AI アルゴリズムを紹介し、それぞれの概念をベースとして知識を徐々に広げていくことにある。図 1-7 は人工知能のさまざまな概念の関係を表している。

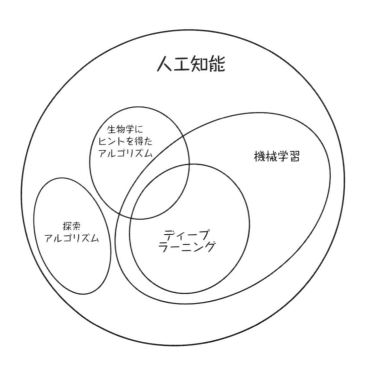

図 1-7：AI の概念の分類

1.4.5　探索アルゴリズム

　探索アルゴリズム（search algorithm）は、迷路の経路探索やゲームでの最善手の判断など、目標を達成するにあたって複数の行動が求められる問題を解くのに役立つ。探索アルゴリズムは、未来の状態を評価し、最も価値の高いゴールに対する最適な経路を見つけ出そうとする。通常は、候補解が多すぎて経路を片っ端から試すわけにはいかない。小さな探索空間でさえ、

最適解を見つけ出すために膨大な計算時間を費やすことになりかねない。そこで探索空間を賢く評価する方法を提供するのが探索アルゴリズムである。探索アルゴリズムは、オンライン検索エンジン、地図経路探索アプリケーション、さらにはゲームプレイングエージェントで利用されている。

1.4.6　生物学にヒントを得たアルゴリズム

　周囲の世界に目を向けると、さまざまな生物、植物、その他の生命体で驚くべき発見がある。たとえば、蟻が食料を集めるために協力したり、渡り鳥が群れで移動したり、より強い子孫を残すためにさまざまな生物が進化したりすることについて考えてみよう。私たちはさまざまな現象を観察して学習することで、これらの有機系がどのような仕組みで成り立っているのか、単純なルールがいかにして知的な創発的行動につながるのかについての知識を得ている。これらの現象の中には、進化的アルゴリズムや群知能アルゴリズムなど、AIにおいて有用なアルゴリズムのきっかけになっているものがある。

　進化的アルゴリズム（evolutionary algorithm）は、チャールズ・ダーウィンが提唱した進化論にヒントを得ている。進化論は、個体群が新たな個体を残すために繁殖し、その過程で遺伝子が混合して突然変異が起きることで、祖先よりも優れた性質を持つ個体が生まれるという概念である。**群知能**（swarm intelligence）とは、「能力が低い」ように見える個体が、集団では知的な行動を見せるというものだ。本書では、「蟻コロニー最適化」と「粒子群最適化」という2つの有名なアルゴリズムを取り上げる。

1.4.7　機械学習

　機械学習はモデルを訓練してデータから学習させるために統計学的なアプローチを用いる。ひと口に機械学習と言っても、次の目的に利用できるさまざまなアルゴリズムが含まれる。

- データの関係について理解を深める。
- 意思決定を行う。
- データに基づいて予測を行う。

　機械学習の主要なアプローチは次の3つである。

教師あり学習

　　質問に対する答えがデータに含まれている状態で、アルゴリズムを使ってモデルを訓練する。たとえば、重さ、色、食感、そして果物を表すラベルをサンプルごとに含んでいるデータセットから果物の種類を判断する。

教師なし学習

データの中に隠れている関係や構造を明らかにする。それらの関係や構造はデータセットに妥当な質問を行う上で手がかりとなる。たとえば、似たような果物の特性からパターンを見つけ出し、そのパターンに従って果物を分類すれば、私たちがこのデータに聞きたいことは何かが正確にわかる。こうした基本的な概念やアルゴリズムは、今後高度なアルゴリズムを探求するための土台を築くのに役立つ。

強化学習

強化学習は行動心理学にヒントを得ている。簡単に言うと、有益な行動をとった個体に報酬を与え、好ましくない行動をとった個体にペナルティを与える。人間の例で言うと、子供がよい成績をとったときはたいていご褒美を与えるが、成績が悪かったときは罰を与えることで、よい成績をとるように行動を強化する。強化学習はコンピュータプログラムやロボットが動的な環境とどのようにやり取りするのかを調べるのに役立つ。たとえば、ロボットにドアを開けるというミッションを与えたとしよう。ロボットがドアを開けなければペナルティを与え、ドアを開けたら報酬を与える。やがてロボットはドアを開けるのに必要な一連の行動を「学習」する。

1.4.8　ディープラーニング

ディープラーニング（deep learning）は機械学習の一分野であり、特化型知能を実現し、汎用知能に向かって進むための幅広いアプローチやアルゴリズムで構成される。通常は、空間推論などのより汎用的な方法で問題を解くことを試みるアプローチか、コンピュータビジョンや音声認識のようにより一般化を必要とする問題（一般問題）に適用されるアプローチを意味する。一般問題とは、人間が得意とするもののことである。たとえば、私たちはほぼどのような背景でも視覚パターンを一致させることができる。ディープラーニングは教師あり学習、教師なし学習、強化学習とも関係がある。ディープラーニングアプローチはたいてい何層もの人工ニューラルネットワークを利用する。つまり、知能コンポーネントからなるさまざまな層を活用し、それぞれの層に専門的な問題を解かせる。このように、ディープラーニングではさまざまな層が一体となって、より大きな目標に向かって複雑な問題を解く。たとえば、画像から物体を特定するのは一般問題だが、この問題はいくつかの問題に分解できる。具体的には、色を理解する、物体の形状を認識する、物体間の関係を特定するという 3 つの問題に分解できる。

1.5　人工知能アルゴリズムの用途

AI の使い道は無限にあるかもしれない。データと解決すべき問題を抱えている場所であれば、どこでも AI を活用できる可能性がある。刻々と変化する環境、人々の交流の進化、そし

て人々や産業界の需要の変化を考えると、AI をイノベーティブな方法で応用すれば現実の問題を解決できるはずだ。ここでは、さまざまな産業での AI の活用法について説明する。

1.5.1　農業：最適な作物の栽培

　人の生命を維持する最も重要な産業の 1 つは農業である。私たちは大量消費向けの高品質な作物を低コストで栽培できなければならない。私たちが果物や野菜を店頭で気軽に購入できるのは、多くの農家が商業規模で作物を栽培しているからだ。作物の成長は、作物の種類、土壌の栄養素、土壌の水分含量、水分中のバクテリア、その地域の気象条件などに左右される。作物によっては、特定の季節にしかうまく育たないものがあるため、旬の作物をできるだけよい品質に育てることが目標となる。

　生産者やその他の農業団体は長年にわたって農場や作物に関するデータを収集している。このデータを利用すれば、農作物育成プロセスにおける変数の間のパターンや関係をマシンに特定させ、農作物の成長に最も寄与する要因を突き止めることができる。さらに、最新のデジタルセンサーを利用すれば、気象条件、土壌属性、水分条件、そして作物の成長をリアルタイムに記録できる。このデータを知能アルゴリズムと組み合わせれば、最適な栽培のためのアドバイスや調整をリアルタイムに行うことが可能になる（図 1-8）。

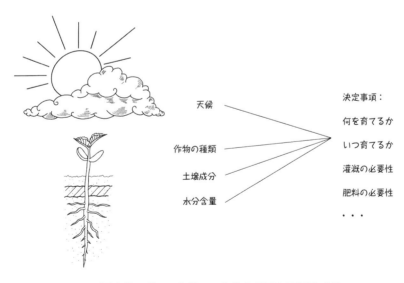

図 1-8：データを使って作物の栽培を最適化する

1.5.2　バンキング：不正検知

　バンキングのニーズが顕在化したのは、物やサービスを取引するための統一通貨が必要に
なったときだった。金融機関は貯蓄、投資、決済のさまざまな選択肢を提供するために時代と
ともに変化している。しかし、独創的な方法でシステムを不正に利用しようとする輩がいるの
はいつの時代も変わらない。最大の問題の 1 つは —— 銀行だけではなく、保険会社などほと
んどの金融機関においても —— 不正行為である。通常、**不正行為**が発生するのは、誰かが何
かを手に入れるために詐欺を働くか、何らかの違法行為におよんだときである。多くの場合は、
プロセスの抜け穴を悪用したり、誰かを騙して情報を漏洩させたりする。金融サービス業界は
インターネットや個人向けデバイスとの結び付きが強く、対面での現金取引よりもコンピュー
タネットワーク経由での電子取引のほうが盛んなほどだ。このため、膨大な量の取引データの
中から、個人の消費行動に特化した取引のパターンをリアルタイムに見つけ出せる状況にある。
そうしたパターンは通常の現金取引のパターンとは異なるものかもしれない。このデータは金
融機関の巨額の経費を節約するのに貢献し、無防備な顧客を不正送金から保護する。

1.5.3　サイバーセキュリティ：攻撃の検知と対処

　インターネットブームの興味深い副作用の 1 つはサイバーセキュリティである。私たちは
センシティブな情報をインターネットで四六時中送信している。これには、インスタントメッ
セージ、クレジットカード情報、電子メールなど、漏洩すれば悪用されかねない重要な機密情
報が含まれる。データを受信し、処理し、格納しているサーバーは世界中に何千台もある。攻
撃者はこれらのシステムに侵入し、データやデバイスはもちろん、設備にまでアクセスしよう
とする。

　AI を利用すれば、こうしたサーバーに対する潜在的な攻撃を特定して阻止できる。大手の
インターネット企業は、個人のデバイス ID、位置情報、利用行動を含め、特定の個人がサー
ビスをどのように利用するかに関するデータを格納している。そして異常な行動が検知され
た場合はセキュリティ対策によってアクセスを制限する。インターネット企業によっては、
DDoS（Distributed Denial of Service）攻撃を受けたときに悪意を持つトラフィックをブロッ
クし、リダイレクトできることもある。DDoS 攻撃は、偽のリクエストでサービスを過負荷に
陥らせ、システムをダウンさせたり、正規ユーザーによるアクセスを妨げたりする攻撃である。
ユーザーの使用状況データ、システム、ネットワークを理解すれば、このような不正なリクエ
ストを特定し、リダイレクトすることで、攻撃の影響を最小限に抑えることができる。

1.5.4　医療：患者の診断

　医療は人類の歴史を通して慢性的な課題となっている。症状が深刻化したり命取りになったり

する前に、さまざまな場所でさまざまな時間帯にさまざまな病気の診断や治療を受ける必要がある。患者を診断するときには、人体、既知の症状、同じ症状を扱ったときの経験を記録した膨大な量の知識と人体の無数のスキャンデータを活用できる。医師はこれまで、腫瘍を検出するためにスキャン画像を分析する必要があったが、この方法では手遅れになるほど進行した大きな腫瘍しか見つからなかった。ディープラーニングが進化したことで、スキャン画像での腫瘍の検出精度は改善してきており、現在では早い段階で腫瘍が見つかるようになった。このため、患者は手遅れになる前に必要な治療を受けることができ、治癒する可能性が高くなっている。

　さらに、症状、疾患、遺伝子などのパターンの検出にも AI を活用できる。特定の疾患を発症する確率が高い患者を突き止め、発症する前に対処する態勢を整えておくことができる。図1-9 はディープラーニングを使った脳のスキャンの特徴量認識を示している。

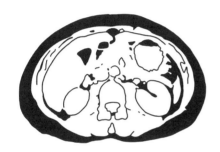 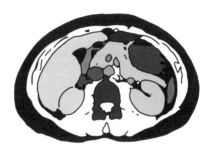

脳のスキャン　　　　　　　　　　特徴量認識による脳のスキャン

図 1-9：脳のスキャンの特徴量認識にディープラーニングを応用する

1.5.5　物流：経路探索と最適化

　物流産業はさまざまな種類の車両がさまざまな種類の商品をさまざまな場所に届ける巨大市場である。大規模な電子商取引サイトの配送計画がどれほど複雑か想像してみよう。システムは配送品の種類（商品、建設機器、機械部品、燃料）に関係なく、需要を満たしながらコストを最小限に抑えるためにできる限りの最適化を追求する。

　巡回セールスマン問題について聞いたことがあるだろうか。仕事を片付けるために複数の場所を回らなければならないセールスマンが、このミッションを最短距離で達成しようとする問題である。物流問題も似ているが、現実の環境は刻々と変化するため、たいてい巡回セールスマン問題よりもはるかに複雑である。AI を活用すれば、時間と距離の両面で、複数の場所を回る最短距離を見つけ出すことができる。しかも、交通パターン、工事による封鎖、さらには輸送車両に基づく道路の種類を考慮しながら最もよいルートを特定できる。それに加えて、そ

れぞれの配送が最適化されるように各車両に荷物を積載する方法と各車両に積載する荷物も計算できる。

1.5.6　電気通信：ネットワークの最適化

電気通信産業は世界をつなぐ上で大きな役割を果たしてきた。これらの企業は、多くの消費者や組織がインターネットやプライベートネットワーク経由で通信できるネットワークを構築するために、ケーブル、タワー、通信衛星からなるインフラの整備に巨額の投資をしている。こうした設備の運用には多額の経費がかかるため、ネットワークを最適化して接続の数を増やせば、より多くの人々が高速接続にアクセスできるようになる。ネットワーク上での活動の監視とルーティングの最適化には、AI を活用できる。それに加えて、これらのネットワークはリクエストとレスポンスを記録している。このデータを利用すれば、特定の個人、地域、ローカルネットワークからの既知の負荷に基づいてネットワークを最適化できる。ネットワークのデータは、どのような人々がどこにいるのかを理解する手段にもなるため、都市計画に役立つ。

1.5.7　ゲーム：AI エージェントの作成

ホームコンピュータとパーソナルコンピュータが最初に普及したときから、ゲームはコンピュータシステムのセールスポイントとなってきた。パーソナルコンピュータの歴史が始まったばかりの頃からゲームは人気だった。当時を振り返ってみると、ゲームセンターのゲーム機、テレビゲーム機、ゲーム機能を搭載したパーソナルコンピュータを思い出すかもしれない。チェスやバックギャモンといったゲームは今や AI マシンが制覇している。ゲームの複雑さが十分に低い場合は、コンピュータがすべての手を調べ上げ、その知識に基づいて人間よりもすばやく判断を下せる可能性がある。最近では、囲碁の世界でコンピュータが人間のチャンピオンに勝利している。囲碁は、ルールこそ領域の広さを争うという単純なものだが、勝利を収めるために下さなければならない決定はおそろしく複雑である。探索空間がかなり広いため、コンピュータと言えども、最強の棋士を倒すための手をすべて予測することはできない。このため、より汎用的なアルゴリズムが必要となる。つまり、抽象的に考え、戦略を組み立て、手数を読むことができるアルゴリズムである。そのようなアルゴリズムはすでに考え出されており、世界チャンピオンを倒すことに成功している。また、このアルゴリズムは Atari のゲームや最近のマルチプレイヤーゲームをプレイするなど、他の用途にも応用されている。それが AlphaGo である。

非常に複雑なゲームを人間のプレイヤーやチームよりもうまくプレイできる AI システムがいくつかの研究機関で開発されている。このような研究の目的は、さまざまなコンテキストに適応できる汎用的なアプローチを作り出すことにある。「ゲームをプレイする AI アルゴリズム」

と考えてしまうとそれほど重要には思えないかもしれないが、これらのシステムを開発した結果として、その手法を他の重要な問題空間に応用することが可能になっている。図 1-10 は、スーパーマリオのような昔ながらのテレビゲームの攻略法を強化学習アルゴリズムがどのように学習するのかを示している。

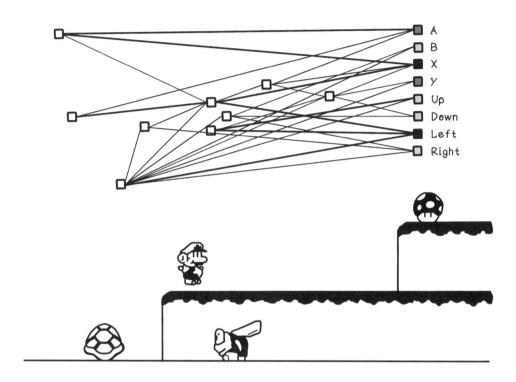

図 1-10：ニューラルネットワークを使ってゲームの攻略法を学習する

1.5.8　芸術：傑作を描く

　独自の美学を持つアーティストによって美しい絵画が描かれている。アーティストはそれぞれ周囲の世界を独創的に表現する。また、大衆に愛されているすばらしい楽曲もある。絵画も音楽も、作品の品質を定量的に計測することはできない。それらの作品は定性的に —— つまり、その作品を人々がどれだけ楽しんでいるかによって —— 評価される。その評価に資する要因を理解したり捕捉したりするのは難しい。この概念は感情に左右されるからだ。

　多くの研究プロジェクトが芸術作品を生成する AI の構築に挑んでいる。この概念は一般化に関連している。これらのパラメータに適合する何かを生成するには、アルゴリズムがそのテーマを幅広く一般的に理解していることが求められるからだ。たとえば Van Gogh AI は、

ゴッホの作品をすべて理解し、それらの作品が持つスタイルと「雰囲気」をデータとして抽出し、そのデータを他の画像に適用できなければならないだろう。医療、サイバーセキュリティ、金融といった分野でも、同じ考え方に従って隠れているパターンを明らかにすることができる。

　AI とは何か、AI を構成しているテーマの分類、AI が解決しようとしている問題、そして AI のユースケースを理論的に理解したところで、探索アルゴリズムを詳しく見ていくことにしよう。探索アルゴリズムは最も古くからある最も単純な形式の模倣知能の 1 つである。本書ではもっと高度な AI アルゴリズムも取り上げているが、探索アルゴリズムを理解すれば、それらのアルゴリズムが採用している概念についての十分な基礎知識が得られる。

本章のまとめ

AI は定義するのが難しい。明確な意見の一致はない。

知能を示す AI のようなものとして実装を捉える
AI はさまざまな分野で構成される

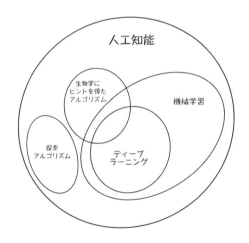

AI の実装にはほぼ必ず誤りの余地がある。その影響に注意しなければならない

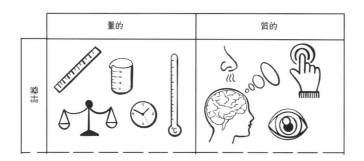

データの品質と準備が重要

AI には多くの用途と応用がある。気を入れていこう！

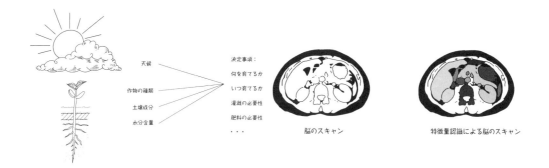

技術開発を行うときは責任を持って取り組もう

探索の基礎 | 2

本章の内容

- 計画と探索を直観的に理解する

- 探索アルゴリズムで解くのに適した問題を特定する

- 探索アルゴリズムで処理するのに適した方法で問題空間を表現する

- 問題を解くための基本的な探索アルゴリズムを理解し、設計する

2.1 計画と探索

　人間を知的にしているものは何かと考えたとき、行動を起こす前に計画を立てる能力は顕著な特性の1つである。外国旅行に出かける前、新しいプロジェクトを開始する前、そしてコードで関数を書く前に、私たちは計画を立てる。目標を達成するために実行するタスクをできるだけよい結果に導くために、私たちはさまざまなコンテキストで、さまざまな細かさで**計画**を立てる（図2-1）。

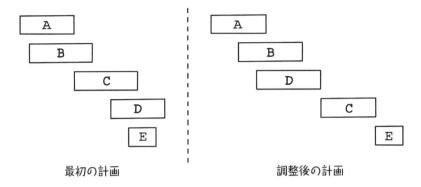

最初の計画　　　　　　　　調整後の計画

図 2-1：プロジェクトの途中で計画が変更になる例

　計画が最初に思い描いたとおりに進むことは滅多にない。私たちが住んでいる世界では環境
が絶えず変化しており、途中の変数や未知数をすべて考慮に入れることは不可能である。最初
の計画がどうであれ、必ずと言ってよいほど問題空間の変化によって計画から外れてしまう。
数歩進んだ後に予想外の出来事が起き、目標を達成するには計画を練り直す必要があるとした
ら、現在の地点から新しい計画を（再び）立てる必要がある。結果として、最終的に実行される
計画はたいてい最初の計画とは違っている。

　探索とは、計画を進めるための方法のことであり、計画をいくつかのステップに分けて考え
る。たとえば、旅行の計画を立てるときは、ルートを調べて、途中で立ち寄る場所やそれらの
場所に何があるかを吟味し、好みや予算に見合った宿泊施設やアクティビティを探す。そして、
これらの探索の結果に応じて計画を変更する。

　500km 離れた海辺に旅行することにしたとしよう。その途中で、ふれあい動物園とピザレ
ストランの 2 か所に立ち寄ることにする。目的地に着いたら海辺のロッジに泊まって、3 つの
アクティビティに参加する。目的地への移動には 8 時間ほどかかる。レストランに寄った後は
抜け道として私道を通る予定だが、その道は 2 時までしか通行できない。

　今のところはすべて予定どおりに進んでいる。ふれあい動物園に立ち寄り、すばらしい動物
たちに出会った。車を走らせていると、お腹が空いてきた。そろそろレストランに着く頃だ。
ところが驚いたことに、そのレストランは最近店をたたんでしまっていた。計画を変更し、食
事ができる場所を探さなければならない。私たちの好みに合う近くのレストランを検索し、計
画を調整する必要がある。

　しばらく走っているとレストランが見つかり、ピザを楽しんだところで再び出発する。抜け
道が近づいてきたとき、時刻が 2 時 20 分になっていることに気付く。この時間は道路が封鎖
されている。またしても計画を調整する必要がある。迂回路を調べたところ、120km 余計に
運転しなければならないことがわかる。となると、途中で別のロッジに一泊したほうがよさそ
うだ。宿泊施設を探し、新しいルートを引き直す。時間をロスしたので、目的地では 2 つの

アクティビティにしか参加できない。それぞれの新しい状況に見合った選択肢を探したために計画は大幅に変更されることになったが、目的地に向かう途中ですばらしい冒険をすることになった。

　この例は、探索が計画にどのように使われるのか、そして計画を望ましい結果にどのように導くのかを示している。環境が変化すると、目標がわずかに変化することがある。そうなったら、目標に向かうルートを調整せざるを得ない（図2-2）。計画の調整を予測することはほぼ不可能であり、必要になったときに調整を行う必要がある。

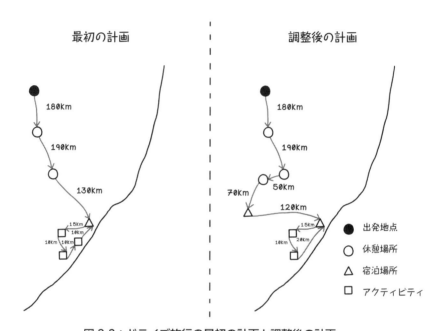

図2-2：ドライブ旅行の最初の計画と調整後の計画

　探索では、目標に到達するまで各状態の最適なルートを模索しながら、目標に向かって将来の状態を評価する必要がある。本章では、問題の種類に応じたさまざまな探索手法に焦点を合わせる。探索は知能アルゴリズムを開発するための古くからある強力なツールである。

2.2　計算のコスト：スマートアルゴリズムの意義

　プログラミングでは、関数は演算で構成される。そして従来のコンピュータの仕組みにより、処理にかかる時間は関数ごとに異なる。計算が必要であればあるほど、関数のコストは高くなる。関数やアルゴリズムの計算量は **Big O 記法** で表される。Big O 記法は入力のサイズが増えたときに必要となる演算の個数をモデル化する。次に、計算量の例をいくつか挙げておく。

- 「Hello World」を出力する単一の演算
  演算は 1 つであるため、計算量は $O(1)$ である。

- リストを反復処理して各アイテムを出力する関数
  演算の個数はリストに含まれているアイテムの個数に依存し、計算量は $O(n)$ である。

- リスト内の各アイテムを別のリスト内の各アイテムと比較する関数
  計算量は $O(n^2)$ である。

　図 2-3 は、さまざまな計算量のアルゴリズムを示している。最も性能が悪いのは、入力のサイズが大きくなるほど演算が増えるアルゴリズムである。つまり、入力のサイズが大きくなっても演算の個数が定数に近いアルゴリズムのほうが性能がよい。

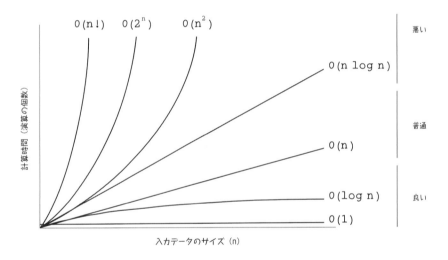

図 2-3：Big O 記法の計算量

　アルゴリズムによって計算コストが異なることを理解しておくことが重要である。この点に対処することが、問題をすばやく適切に解く知能アルゴリズムの目的そのものだからだ。理論的には、最適解が見つかるまでありとあらゆる選択肢をしらみつぶしに試していけば、ほぼどのような問題でも解くことができる。だが実際には、計算に何時間も、場合によっては何年もかかることがあるため、現実のシナリオではまず無理な話である。

2.3　探索アルゴリズムに適用できる問題

　決定を次々に下していく必要がある問題は、ほぼどのようなものでも探索アルゴリズムで解くことができる。問題と探索空間の大きさに応じて、どのようなアルゴリズムを活用できるかが決まる。どの探索アルゴリズムを選択し、どのような設定を使ったかによっては、最適解か、あるいは最良の解が見つかるかもしれない。つまり、よい解が見つかるはずだが、最適解であるとは限らない。「よい解」や「最適解」という表現は、現下の問題に対処する解の性能を表している。

　探索アルゴリズムが役立つシナリオの1つは、迷路の中でゴールへの最短経路を見つけ出そうとしているときである。縦横に10個のマスが並んだ正方形の迷路の中にいるとしよう（図2-4）。この迷路にはゴールが存在しており、障害物があるマスには進めない。目標は、東西南北のいずれかの方向に進み、障害物を避けながら、できるだけ少ないステップ数でゴールへの経路を見つけ出すことにある。この例では、プレイヤーは斜め方向には進めない。

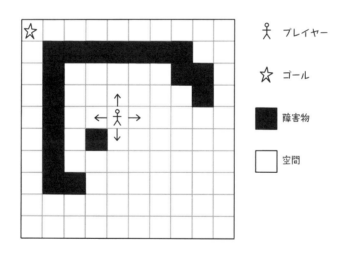

図2-4：迷路問題の例

　障害物を避けながらゴールへの最短経路を見つけ出すにはどうすればよいだろうか。この問題を人間が解くとしたら、考えられる選択肢をそれぞれ試してステップ数を調べてみることができる。この迷路は比較的小さいため、試行錯誤でも最短経路を見つけ出せるはずだ。

　図2-5は、ゴールまでの経路として考えられるものをいくつか示している。①はゴールにたどり着かないので注意しよう。

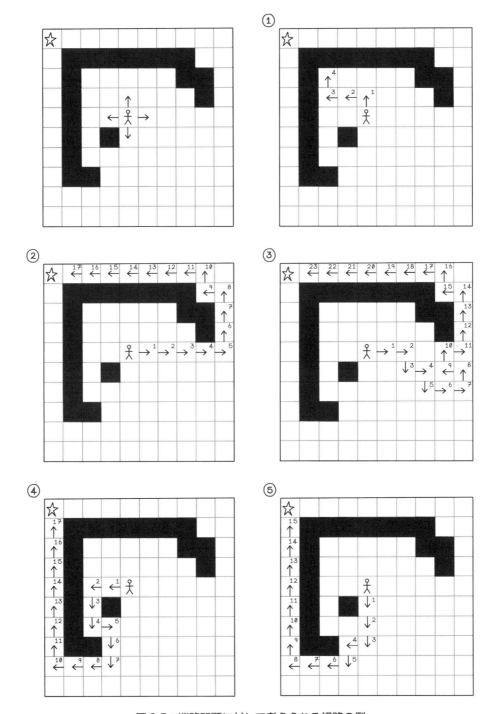

図 2-5：迷路問題に対して考えられる経路の例

　この迷路を調べて、さまざまな方向のマスの個数をカウントすれば、この問題に対する解がいくつか見つかるはずだ。解はいくつあるかわからないが、そのうちの5つを試したところ、うまくいく解が4つ見つかっている。考えられる解を片っ端から試しているうちにすっかり疲弊してしまいそうだ。

① 有効な解ではない。ステップ数は4で、ゴールは見つからなかった。

② 有効な解であり、ステップ数17でゴールが見つかる。

③ 有効な解であり、ステップ数23でゴールが見つかる。

④ 有効な解であり、ステップ数17でゴールが見つかる。

⑤ 有効な解であり、ステップ数15でゴールが見つかる。この試みが最適解だが、見つかったのは偶然である。

　この迷路が図2-6のような巨大なものだった場合、最短経路として考えられるものを手作業で計算するとしたら膨大な時間がかかるだろう。そこで救いの手を差し伸べるのが探索アルゴリズムである。

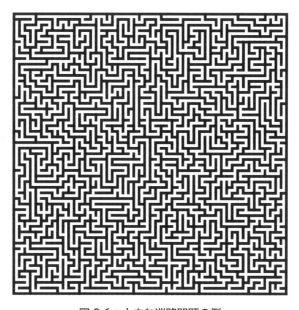

図 2-6：大きな迷路問題の例

　私たち人間には、問題を視覚的に認識し、理解し、パラメータに基づいて解を求める能力がある。人間はデータや情報を抽象的に理解し、解釈する。私たちは一般化された情報を自然な形式で理解できるが、コンピュータはまだその域に達していない。問題空間を計算に利用できる形式で表現し、探索アルゴリズムで処理できるようにする必要がある。

2.4　状態を表現する：問題空間と解を表す フレームワークの作成

　データや情報をコンピュータが理解できる方法で表現するときには、それらを論理的にエンコードして客観的に理解できるようにする必要がある。データはタスクを実行する人によって主観的にエンコードされるが、データを表すための簡潔で一貫した方法があるはずだ。

　ここでデータと情報の違いを明確にしておこう。**データ**は何かについての事実そのものであり、**情報**は特定の領域においてデータへの理解を深めるためにそうした事実を解釈したものである。情報に意味を持たせるには、コンテキストとデータの処理が必要である。たとえば、迷路内を移動したときのそれぞれの距離はデータであり、移動した距離の合計は情報である。どこに視点を置くか、どれくらい細かくするか、どのような結果が望ましいかによっては、何かをデータまたは情報として分類する作業がコンテキストや個人またはチームの主観に左右されることがある（図 2-7）。

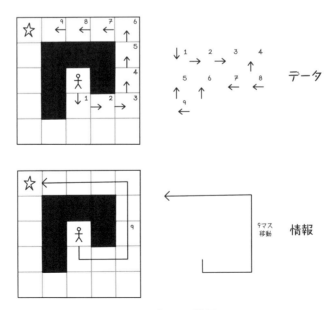

図 2-7：データと情報

　データ構造（data structure）はコンピュータサイエンスの概念であり、アルゴリズムが効率よく処理するのに適した方法でデータを表すためのものだ。データ構造はデータと演算を特定の方法でまとめた抽象データ型である。私たちが使っているデータ構造は、問題のコンテキストと望ましい目標の影響を受ける。

　配列（array）はデータ構造の例であり、言ってしまえばデータの集まりである。配列にはさまざまな種類があり、さまざまな目的に適した特性を持つ。プログラミング言語によっては、配列の各値の型が違っていてもよかったり、各値の型が同じであることが求められたり、配列内で値の重複が認められなかったりすることがある。種類の異なる配列にはたいてい異なる名が付いている。データ構造の機能や制約の違いにより、より効率的な計算も可能になる（図2-8）。

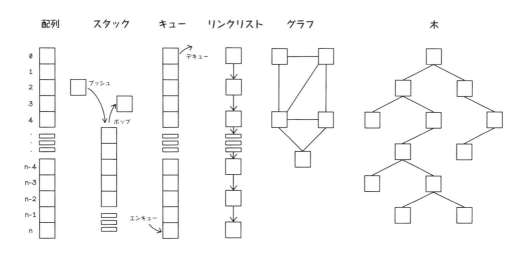

図 2-8：アルゴリズムで使われるデータ構造

　他のデータ構造は計画と探索に役立つ。木とグラフはデータを探索アルゴリズムに利用できる方法で表すのにうってつけである。

2.4.1　グラフ：探索問題と解の表現

　グラフ（graph）は、いくつかの状態とそれらの結び付きを含んだデータ構造である。グラフの各状態は**ノード**（node）と呼ばれ、2つの状態の結び付きは**エッジ**（edge）と呼ばれる。ノードは**頂点**（vertex）とも呼ばれる。グラフは数学のグラフ理論から派生したもので、オブジェクト間の関係をモデル化するために使われる。グラフは人間にとって理解しやすい便利なデータ構造であり、可視化しやすいことや論理的な性質が強いことから、さまざまなアルゴリズムで

の処理に最適である（図 2-9）。

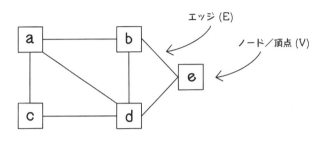

$$V = \{a, b, c, d, e\}$$

$$E = \{ab, ac, ad, bd, be, cd, de\}$$

図 2-9：グラフを表すために用いられる表記

　図 2-10 のグラフは、2.1 節で説明した海辺へのドライブ旅行を表している。グラフ上では、それぞれの立ち寄り先はノードとして表される。ノード間のエッジはそれぞれ移動した部分を表し、各エッジの重みは移動した距離を表す。

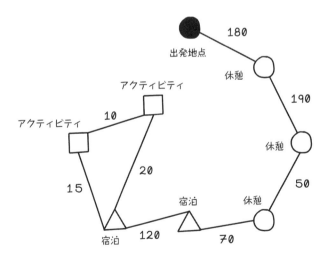

図 2-10：グラフとして表されたドライブ旅行の例

2.4.2　グラフを具体的なデータ構造として表す

　グラフをアルゴリズムで効率よく処理できるように表す方法はいろいろある。基本的には、ノード間の関係を表す配列の配列としてグラフを表すことができる（図2-11）。単にグラフ内のノードをすべて列挙する配列を別に作成しておくと、ノード間の関係から個々のノードを推測せずに済むので便利なことがある。

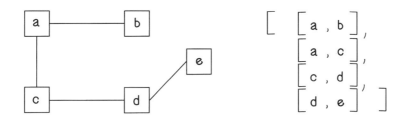

図2-11：グラフを配列の配列として表す

　また、グラフを接続行列、隣接行列、隣接リストとして表すこともできる。これらの表現の名前からも、グラフ内のノードの隣接性が重要であることが伺える。**隣接ノード**（adjacent node）とは、別のノードと直接つながっているノードのことである。

練習問題：グラフを行列として表す

　エッジ配列を使って次のグラフを表すにはどうすればよいか。

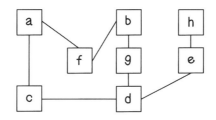

答え：グラフを行列として表す

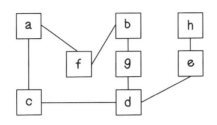

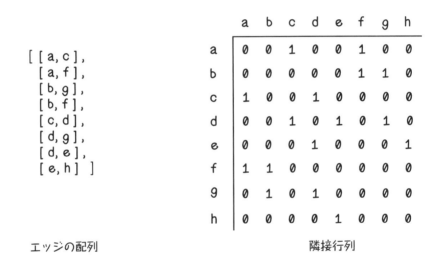

	a	b	c	d	e	f	g	h
a	0	0	1	0	0	1	0	0
b	0	0	0	0	0	1	1	0
c	1	0	0	1	0	0	0	0
d	0	0	1	0	1	0	1	0
e	0	0	0	1	0	0	0	1
f	1	1	0	0	0	0	0	0
g	0	1	0	1	0	0	0	0
h	0	0	0	0	1	0	0	0

```
[ [ a, c ],
  [ a, f ],
  [ b, g ],
  [ b, f ],
  [ c, d ],
  [ d, g ],
  [ d, e ],
  [ e, h ] ]
```

エッジの配列　　　　　　　　　　　　隣接行列

2.4.3　木：探索解を表すために使われる具体的な構造

　木（tree）は、値またはオブジェクトの階層をシミュレートするためによく使われるデータ構造である。**階層**（hierarchy）は、1 つのオブジェクトがその下にある複数の他のオブジェクトと関連していることを表す構造である。木は**連結非巡回グラフ**（connected acyclic graph）と呼ばれる —— つまり、各ノードに別のノードに対するエッジがあり、循環は存在しない。

　木の特定の位置で表される値またはオブジェクトは**ノード**と呼ばれる。一般に、木にはルートノードが 1 つだけ存在する。ルートノードは 0 個以上の子ノードを持ち、子ノードはそれぞれ部分木を含んでいることがある。大きく息を吸って、用語をいくつか見ていこう。ノードがノードに結合しているとき、ルートノードは**親**（parent）と呼ばれる。この考え方は再帰的に適用できる。子ノードはさらに子ノードを持つことがあり、そこに部分木を含んでいること

もある。各子ノードの親ノードは1つだけである。子ノードを持たないノードは葉ノードである。

木には全体の高さもある。特定のノードのレベルは**深さ**（depth）と呼ばれる。

木構造を扱うときには、家族を表す言葉がよく使われる。このたとえを覚えておくと、木構造の概念を連想するのに役立つだろう。図2-12では、高さと深さにルートノードを0とするインデックスが振られている。

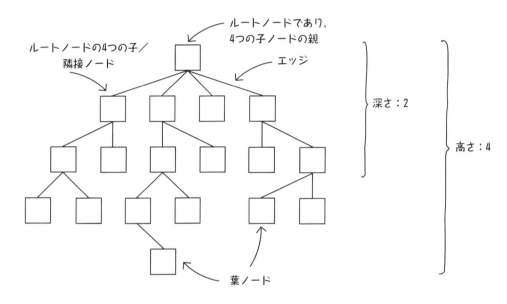

図2-12：木の主な特性

木構造の最上部のノードは**ルートノード**である。他の1つ以上のノードに直接結合しているノードは**親ノード**である。親ノードに結合しているノードを**子ノード**または**隣接ノード**と呼び、同じ親ノードに結合している複数のノードを**兄弟ノード**（sibling node）と呼ぶ。2つのノード間の結合は**エッジ**である。

パス（path）は、一連のノードと、直接結合していないノードを結んでいるエッジで構成される。ルートノードから遠くへ向かうパスをたどって別のノードにつながるノードを**子孫**（descendent）と呼び、ルートノードへ向かうパスをたどって別のノードにつながるノードを**祖先**（ancestor）と呼ぶ。子を持たないノードは**葉ノード**である。ノードが持っている子の個数は**次数**（degree）で表す。したがって、葉ノードの次数は0である。

図2-13は、迷路問題のスタート地点からゴールまでのパスを表している。このパスには、迷路内での移動を表す9つのノードが含まれている。

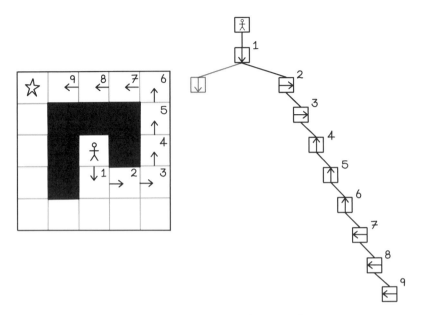

図 2-13：木として表された迷路問題の解

　次節で説明するように、木は探索アルゴリズムのための基本的なデータ構造である。特定の問題の解決や解のより効率的な計算には、ソートアルゴリズムも役立つ。ソートアルゴリズムについて詳しく知りたい場合は、『Grokking Algorithms』(Manning Publications)[1] を読んでみよう。

2.5　知識なし探索：盲目的な解の探索

　知識なし探索(uninformed search)は、「無誘導探索」、「盲目的探索」、「力任せ探索」とも呼ばれる。知識なし探索アルゴリズムは、問題の表現(通常は木)以外に問題領域に関する情報をいっさい持たない。

　知りたいことを調べることについて考えてみよう。さまざまなテーマを幅広く調べてそれぞれの基礎を学ぶ人もいれば、テーマを 1 つに絞ってそのサブテーマを詳しく調べる人もいるだろう。前者は幅優先探索に関連しており、後者は深さ優先探索に関連している。**深さ優先探索**(depth-first search:DFS)は、最も深いところにあるゴールにたどり着くまでスタート地点から特定のパスを探索していく。**幅優先探索**(breadth-first search：BFS)は、特定の深さにある選択肢をすべて探索してから木のさらに深いところにある選択肢に進む。

　迷路のシナリオに戻って(図 2-14)。ゴールへの最短経路を見つけ出そうとしているとしよ

※ 1　『なっとく！アルゴリズム』(翔泳社、2017 年)

う。木構造で無限ループや循環に陥るのを避けるため、「プレイヤーは以前に通過したマスに移動できない」という単純な制約を課すことにする。知識なし探索アルゴリズムは考えられるすべての選択肢をすべてのノードで試すため、循環が発生すればアルゴリズムが破綻するからだ。

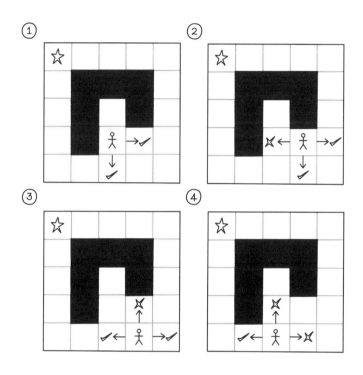

図 2-14：迷路問題の制約

　このシナリオでは、この制約のおかげでゴールに向かう途中で循環は発生しない。しかし、別の制約やルールを持つ別の迷路問題で最適解を求めるには、以前に通ったマスを繰り返し通る必要があるかもしれない。そのような場合、この制約は問題を引き起こす。

　図 2-15 は、利用可能なさまざまな選択肢を明らかにするために、考えられるすべての経路からなる木を表したものだ。この木には、ゴールに到達する経路が 7 つ含まれている。以前に通過したマスには移動できないという制約があるとすれば、1 つの経路は無効な解になる。あらゆる可能性を表現することが可能なのは、この迷路が小さいからこそである。しかし、探索アルゴリズムにおいて最も重要なのは、これらの木を反復的に探索または生成することである。というのも、あらゆる選択肢からなる木全体を事前に生成するのは計算量が多すぎて効率的ではないからだ。

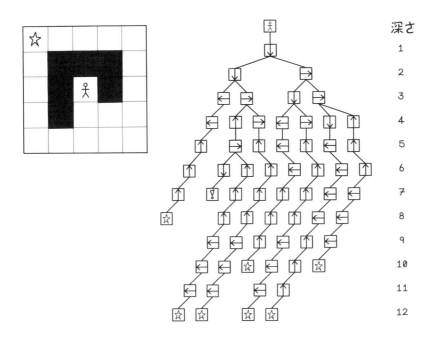

図 2-15：木として表されたあらゆる選択肢

　また、**訪れる**（visit）という言葉がさまざまな意味で使われることに注意しよう。プレイヤーは迷路内のマスを訪れる。アルゴリズムも木構造内のノードを訪れる。選択の順序は木構造内で訪れるノードの順序に影響をおよぼす。迷路の例では、北、南、東、西という優先順位で移動する。

　木構造と迷路の例の背景にある概念がわかったが、探索アルゴリズムはゴールへの経路を探し求める木構造をどのように生成するのだろうか。さっそく調べてみよう。

2.6　幅優先探索：深さよりも幅を優先する探索

　幅優先探索（BFS）は木の探索または生成に使われるアルゴリズムである。このアルゴリズムは**ルート**と呼ばれるノードから始まり、その深さのノードをすべて調べた後、次の深さのノードを調べる。基本的には、「目標」の葉ノードが見つかるまで、特定の深さのノードの子をすべて訪れてから次の深さのノードを訪れるという作業を繰り返す。

　BFS アルゴリズムは先入れ先出し（FIFO）キューを使って実装するのが最も効果的である。つまり、現在の深さのノードを処理しながら、それらの子をあとで処理するためにキューに配置していく。この処理の順序こそ、このアルゴリズムを実装するときに必要となるものだ。

図2-16はBFSアルゴリズムの一連のステップを表すフローチャートである。

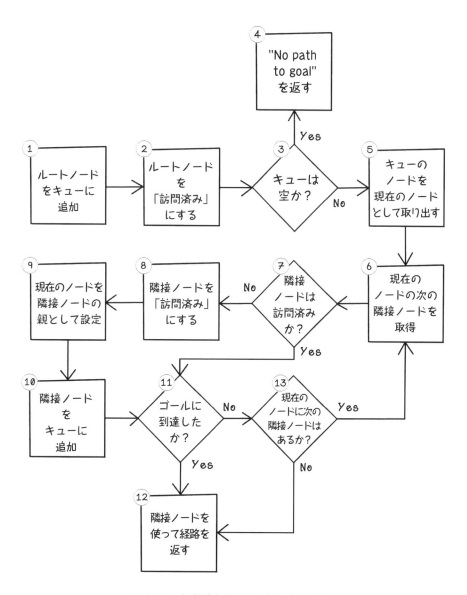

図2-16：幅優先探索アルゴリズムの流れ

次に、このプロセスの各ステップの注意点をまとめておく。

① **ルートノードをキューに追加する**
BFS アルゴリズムはキューを使って実装するのが最も効果的である。オブジェクトはキューに追加された順に処理される。このプロセスは**先入れ先出し**（FIFO）と呼ばれる。最初のステップはルートノードをキューに追加することである。このノードは地図上でプレイヤーのスタート地点を表す。

② **ルートノードを「訪問済み」にする**
ルートノードを処理のためにキューに追加したら、特に理由なく再訪されたりしないようにするために「訪問済み」のマークを付ける。

③ **キューは空か？**
キューが空であり（反復処理を終えてすべてのノードの処理が完了している状態）、アルゴリズムのステップ⑫で経路が返されていないとしたら、ゴールへの経路は存在しない。キューにまだノードが残っている場合、アルゴリズムはゴールへの経路の探索を続けることができる。

④ **"No path to goal" を返す**
このメッセージは、ゴールへのパスが存在しない場合にアルゴリズムから抜け出す 1 つの方法である。

⑤ **キューのノードを現在のノードとして取り出す**
キューから次のオブジェクトを取り出し、そのノードを現在のノードとして設定することで、その可能性について調べることができる。アルゴリズムの開始時点では、現在のノードはルートノードである。

⑥ **現在のノードの次の隣接ノードを取得する**
迷路において現在の位置から移動できる方向を調べる。迷路を照合して北、南、東、西への移動が可能かどうかを判断する。

⑦ **隣接ノードは訪問済みか？**
現在の隣接ノードをまだ訪れていない場合は、そのノードをまた探索していないため、この時点で処理できる。

⑧ **隣接ノードを「訪問済み」にする**
この隣接ノードに「訪問済み」のマークを付ける。

⑨ **現在のノードを隣接ノードの親として設定する**
起点ノードを現在の隣接ノードの親として設定する。このステップは現在の隣接ノードからルートノードへのパスをたどる上で重要となる。地図で言うと、起点はプレイヤーが移動する前の位置であり、現在の隣接ノードはプレイヤーの移動先の位置である。

⑩ **隣接ノードをキューに追加する**
隣接ノードをキューに追加することで、その子ノードをあとから探索できるようにする。このキューメカニズムにより、それぞれの深さのノードをその順序で処理できる。

⑪ **ゴールに到達したか？**
現在の隣接ノードにアルゴリズムが探し求めているゴールが含まれているかどうかを判断する。

⑫ **隣接ノードを使って経路を返す**
隣接ノードの親を参照し、次にそのノードの親を参照するといった要領で、ゴールからルートノードへのパスを表す。ルートノードは親を持たないノードである。

⑬　**現在のノードに次の隣接ノードはあるか？**
　　現在のノードから他の方向にも移動できる場合は、その方向に移動するためにステップ⑥に進む。

　このプロセスが単純な木構造でどのように表されるのかを順番に見ていこう。FIFO キューを利用することにより、木構造を探索してノードをキューに追加すると、それらのノードが望ましい順序で処理されることに注目しよう（図 2-17、図 2-18）。

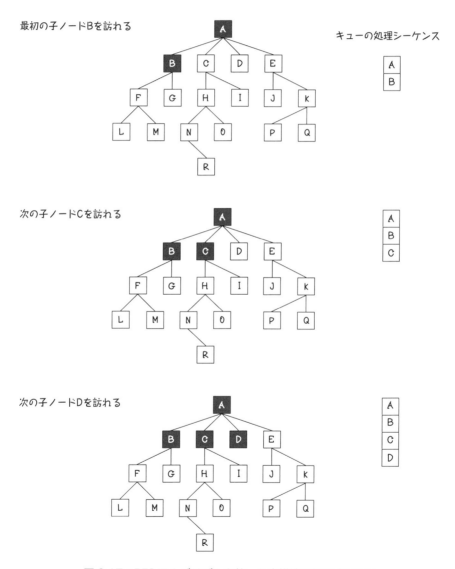

図 2-17：BFS アルゴリズムを使った木構造の処理（その 1）

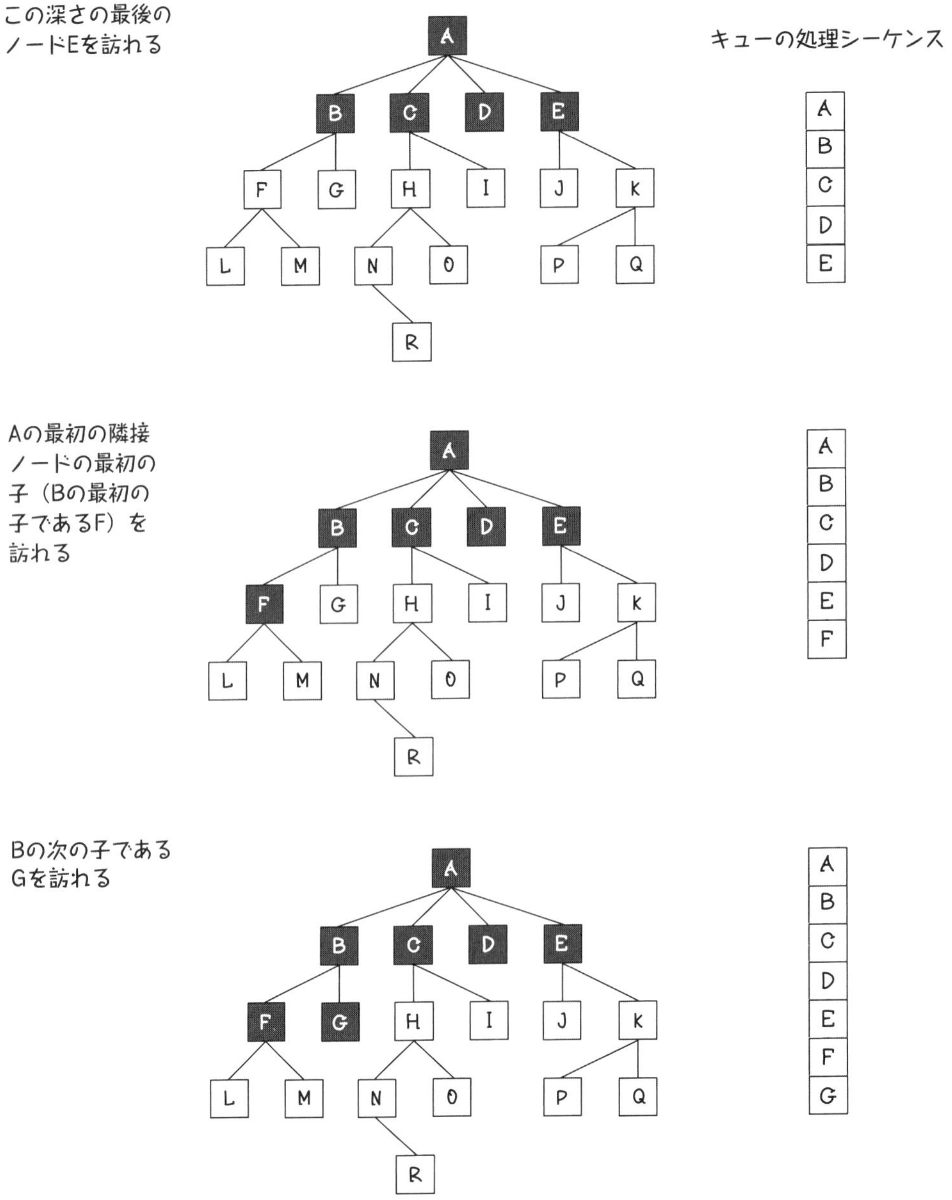

この深さの最後の
ノードEを訪れる

キューの処理シーケンス

Aの最初の隣接
ノードの最初の
子（Bの最初の
子であるF）を
訪れる

Bの次の子である
Gを訪れる

図 2-18：BFS アルゴリズムを使った木構造の処理（その 2）

練習問題：ゴールへの経路を判断する

次の木で BFS アルゴリズムを使った場合、ノードをどのような順序で訪れることになるか。

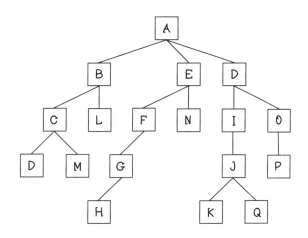

答え：ゴールへの経路を判断する

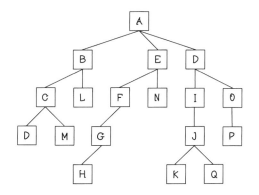

幅優先探索の順序：
A, B, E, D, C, L, F, N, I, O, D, M, G, J, P, H, K, Q

　迷路の例では、アルゴリズムが迷路内でのプレイヤーの現在の位置を理解し、移動先として選択可能な方向をすべて評価し、ゴールに到達するまで選択した方向ごとに同じロジックを繰り返し適用する必要がある。アルゴリズムはこのようにしてゴールへの経路を 1 つだけ含んだ木を生成する。

　木構造内のノードを生成するために、木構造内のノードを訪れるというプロセスが使われる。この点を理解しておくことは重要である。あるメカニズムを通じて関連するノードを見つけ出しているだけなのだ。

　ゴールへの経路はそれぞれゴールに到達するための一連の移動で構成される。経路に含まれる移動の個数は、その経路を通ってゴールに到達するための距離である。ここでは、この距離を**コスト**（cost）と呼ぶことにする。また、移動の個数はルートノードからゴールを含んでいる葉ノードに向かう途中で訪れたノードの個数に等しい。このアルゴリズムは、ゴールが見つかるまで木構造を 1 段ずつ下降していき、ゴールに最初に到達した経路を解として返す。もっとよい経路が他に存在するかもしれないが、BFS アルゴリズムは「知識なし」であるため、その経路を見つけるという保証はない。

> 迷路の例で使われる探索アルゴリズムはどれもゴールに到達する解を見つけた時点で終了する。それぞれのアルゴリズムを少し調整すれば、複数の解を探索させることが可能である。しかし、木構造全体の可能性を探索すると概してコストがかかりすぎるため、探索アルゴリズムでは 1 つの解を探索するのが最善である。

　迷路内での移動に基づいて木構造を生成すると図 2-19 のようになる。この木構造は BFS アルゴリズムを使って生成されるため、1 つの深さを完成させてから次の深さに進む（図 2-20）。

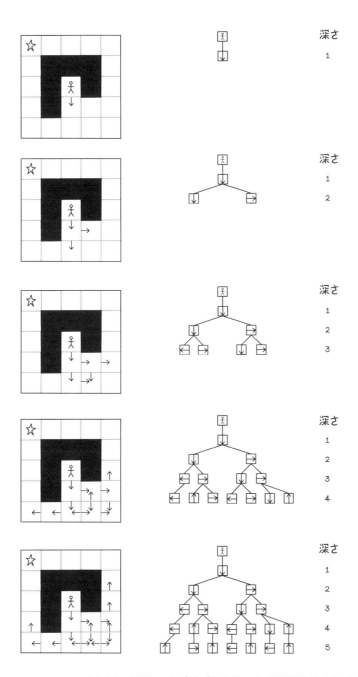

図 2-19：BFS アルゴリズムを使った迷路移動木の生成

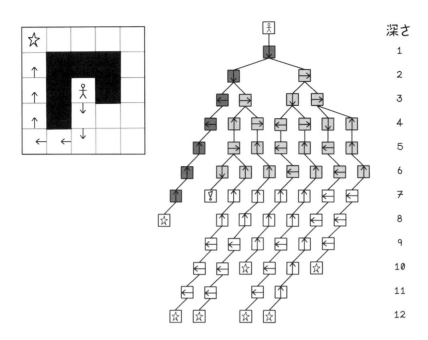

図 2-20：BFS アルゴリズムが木全体で訪れたノード

擬似コード

先に述べたように、BFS アルゴリズムはキューを使って木構造を深さごとに生成する。訪れたノードを格納するための構造を用意することは、循環ループにはまるのを防ぐのに欠かせない。そして、各ノードの親を設定することは、迷路のスタート地点からゴールまでの経路を判断する上で重要となる。

```
run_bfs(maze, current_point, visited_points):
  let q equal a new queue
  push current_point to q
  mark current_point as visited
  while q is not empty:
    pop q and let current_point equal the returned point
    add available cells north, east, south, and west to a list neighbors
    for each neighbor in neighbors:
      if neighbor is not visited:
        set neighbor parent as current_point
        mark neighbor as visited
        push neighbor to q
        if value at neighbor is the goal:
          return path using neighbor
```

```
return "No path to goal"
```

2.7　深さ優先探索：幅よりも深さを優先する探索

　深さ優先探索（DFS）は、木構造を探索したり、木構造内のノードやパスを生成したりするためのもう 1 つのアルゴリズムである。このアルゴリズムは特定のノードを出発点とし、最初の子ノードとつながっているノードのパスを探索する。この作業を最も遠くの葉ノードに到達するまで再帰的に繰り返した後、パスを引き返し、すでに訪れている他の子ノードから葉ノードへの他のパスを探索する。DFS アルゴリズムの全体的な流れは図 2-21 のようになる。

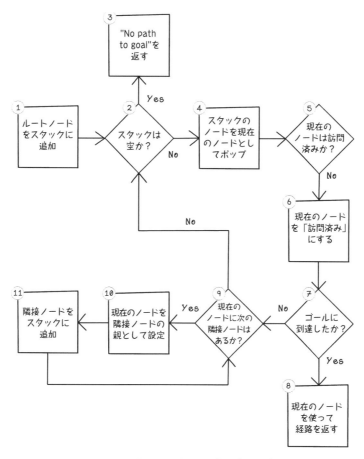

図 2-21：DFS アルゴリズムの流れ

DFS アルゴリズムの流れを順番に見ていこう。

① **ルートノードをスタックに追加する**

DFS アルゴリズムはスタックを使って実装できる。スタックでは、最後に追加されたオブジェクトが最初に処理される。このプロセスを**後入れ先出し**（LIFO）と呼ぶ。最初のステップはルートノードをスタックに追加することである。

② **スタックは空か？**

スタックが空であり、アルゴリズムのステップ⑧で経路が返されていないとしたら、ゴールへの経路は存在しない。スタックにまだノードが残っている場合、アルゴリズムはゴールへの経路を引き続き探索できる。

③ **"No path to goal" を返す**

このメッセージはゴールへの経路が存在しない場合にアルゴリズムから抜け出す 1 つの方法である。

④ **スタックのノードを現在のノードとしてポップする**

スタックから次のオブジェクトを取り出し、そのノードを現在のノードとして設定することで、その可能性について調べることができる。

⑤ **現在のノードは訪問済みか？**

現在のノードをまだ訪れていない場合は、そのノードをまだ探索していないため、この時点で処理できる。

⑥ **現在のノードを「訪問済み」にする**

このノードの処理を無駄に繰り返さないようにするために、このノードに「訪問済み」のマークを付ける。

⑦ **ゴールに到達したか？**

現在のノードにアルゴリズムが探し求めているゴールが含まれているかどうかを判断する。

⑧ **現在のノードを使って経路を返す**

現在のノードの親を参照し、次にそのノードの親を参照するといった要領で、ゴールからルートノードへのパスを表す。ルートノードは親を持たないノードである。

⑨ **現在のノードに次の隣接ノードはあるか？**

現在のノードから他の方向にも移動できる場合は、その移動先をスタックに追加して処理できるようにしておく。他に移動できる方向がない場合は、ステップ②に進み、スタックが空でなければ次のオブジェクトを処理できる。LIFO スタックの性質上、アルゴリズムは葉ノードの深さまでのノードをすべて処理した後、ルートノードの他の子ノードを訪れ

るために引き返すことができる。

⑩ 現在のノードを隣接ノードの親として設定する

起点ノードを現在の隣接ノードの親として設定する。このステップは現在の隣接ノードからルートノードへのパスを追跡するにあたって重要となる。地図で言うと、起点はプレイヤーが移動する前の位置であり、現在の隣接ノードはプレイヤーの移動先の位置である。

⑪ 隣接ノードをスタックに追加する

隣接ノードをスタックに追加することで、その子ノードをあとから探索できるようにする。このスタックメカニズムにより、ノードを最も深いレベルまで処理してから浅いところにある隣接ノードを処理できる。

　LIFO スタックを使って DFS アルゴリズムが求める順序でノードを訪れる方法は図 2-22、図 2-23 のようになる。徐々に深いレベルのノードを訪れながら、スタックでノードを出し入れしていることに注目しよう。オブジェクトをスタックに追加することを**プッシュ**（push）、スタックから先頭のオブジェクトを取り出すことを**ポップ**（pop）と表現する。

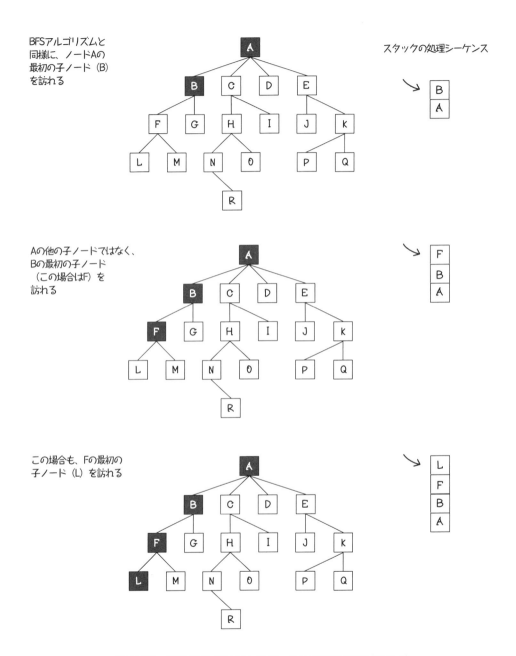

図 2-22：DFS アルゴリズムを使った木構造の処理（その 1）

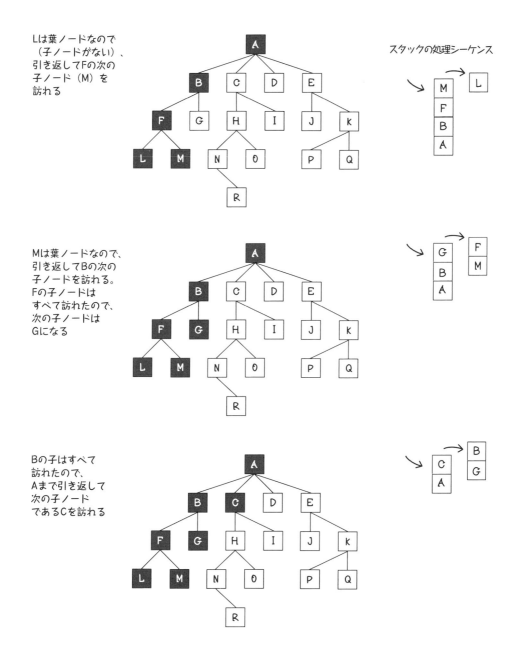

Lは葉ノードなので
（子ノードがない）、
引き返してFの次の
子ノード（M）を
訪れる

スタックの処理シーケンス

Mは葉ノードなので、
引き返してBの次の
子ノードを訪れる。
Fの子ノードは
すべて訪れたので、
次の子ノードは
Gになる

Bの子はすべて
訪れたので、
Aまで引き返して
次の子ノード
であるCを訪れる

図2-23：DFSアルゴリズムを使った木構造の処理（その2）

練習問題：ゴールへの経路を判断する

次の木で DFS アルゴリズムを使った場合、ノードをどのような順序で訪れることになるか。

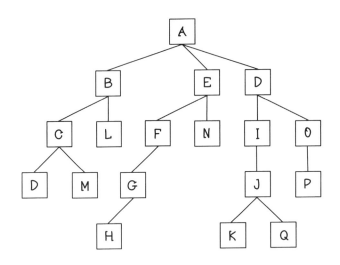

答え：ゴールへの経路を判断する

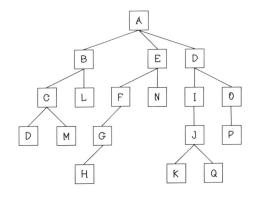

深さ優先探索の順序：
A, B, C, D, M, L, E, F, G, H, N, D, I, J, K, Q, O, P

　DFS アルゴリズムを使うときには、葉ノードが見つかるまで最初の子ノードを探索し、葉ノードが見つかったら引き返すため、子ノードの順序が非常に重要であることに注意しよう。

　迷路の例では、移動の順序（北、南、東、西）が、アルゴリズムが見つけるパスを決定づける。順序が変われば、解も変わることになる。図 2-24 と図 2-25 で表されている分岐は重要ではない。重要なのは、迷路の例で移動先を選択する順序である。

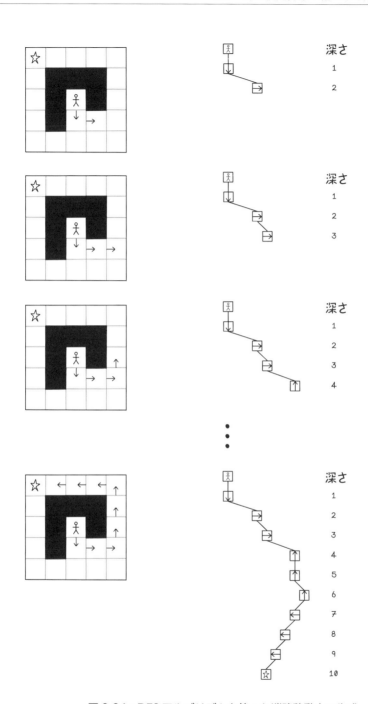

図 2-24：DFS アルゴリズムを使った迷路移動木の生成

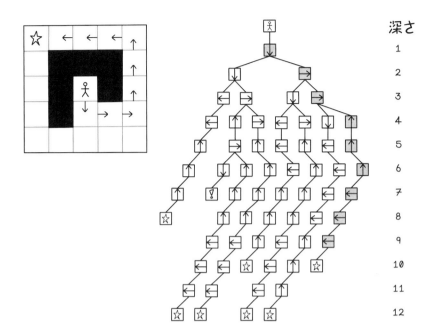

図 2-25：DFS アルゴリズムが木全体で訪れたノード

擬似コード

DFS アルゴリズムは再帰関数を使って実装できるが、ここではスタックを使った実装について説明している。というのも、ノードを訪れて処理する順序をわかりやすく表現したかったからだ。同じノードを不用意に訪れて循環ループに陥ることがないよう、訪れた地点を記録しておくことが重要となる。

```
run_dfs(maze, root_point, visited_points):
  let s equal a new stack
  add root_point to s
  while s is not empty:
    pop s and let current_point equal the returned point
    if current_point is not visited:
      mark current_point as visited
      if value at current_node is the goal:
        return path using current_point
      else:
        add available cells north, east, south, and west to a list neighbors
        for each neighbor in neighbors:
          set neighbor parent as current_point
          push neighbor to s
```

```
    return "No path to goal"
```

2.8　知識なし探索アルゴリズムのユースケース

　知識なし探索アルゴリズムはさまざまな目的に活用できる。実際には、次のような状況で役立つ。

- **ネットワーク内のノード間のパスを検出する**
  ネットワーク経由で2台のコンピュータが通信するときには、多くの接続されたコンピュータやデバイスを通過することになる。探索アルゴリズムを利用すれば、2つのデバイス間のネットワークパスを確立できる。

- **Web ページのクローリング**
  Web を検索すると、インターネット上の膨大な数の Web ページから情報を見つけ出すことができる。クローラがこれらの Web ページにインデックスを付けるときには、各ページの情報を読み取ると同時に、そのページに含まれているリンクを再帰的にたどるのが一般的である。探索アルゴリズムは、クローラはもちろん、コンテンツ間の関係やメタデータ構造の作成にも役立つ。

- **ソーシャルネットワークのつながりを見つける**
  ソーシャルメディアアプリケーションは多くの人々とその関係を含んでいる。たとえば、Bob は Alice と友達だが、John は直接の友達ではなく、Bob と John は Alice を通じて間接的につながっている。Bob と John は Alice と友達なので、2人は知り合いかもしれない。そこで、ソーシャルメディアアプリケーションは2人に友達になることを提案できる。

2.9　補足情報：グラフの種類について

　グラフはコンピュータサイエンスや数学のさまざまな問題に役立つ。グラフはその種類によって性質が異なるため、グラフの種類によって適用される原則やアルゴリズムが異なることがある。グラフは、全体的な構造、ノードの個数、エッジの個数、そしてノード間の相互連結性に基づいて分類される。

　こうしたグラフの分類法は一般的なもので、探索アルゴリズムや他の AI アルゴリズムで引き合いに出されることがあるため、知っておくとよいだろう。

- **無向グラフ**（undirected graph）
  どのエッジにも方向がなく、2つのノードの関係は双方向である。都市を結ぶ道路に対向車線があるようなものだ。

- **有向グラフ**（directed graph）
  エッジに方向があり、2つのノード間の関係は明示的である。親子関係を表すグラフのように、子がその親の親になることはできない。

- **非連結グラフ**（disconnected graph）
  エッジで結ばれていないノードが1つ以上ある。大陸間の物理的なつながりを表すグラフのように、結合していないノードが存在する。大陸と同じように、陸でつながっているものもあれば、海で隔てられているものもある。

- **非巡回グラフ**（acyclic graph）
  循環を含んでいないグラフ。私たちが知っている時間のように、グラフは（今のところはまだ）過去の時点には戻らない。

- **完全グラフ**（complete graph）
  すべてのノードがそれぞれ他のすべてのノードとエッジでつながっている。小さなチーム内でコミュニケーションをとるときのように、メンバー全員が共同で作業を行うために他のメンバー全員と話をする。

- **完全2部グラフ**（complete bipartite graph）
  頂点のグループ化を**頂点分割**（vertex partition）と呼ぶ。頂点分割を前提としたとき、あるグループに属するすべてのノードが他のグループに属するすべてのノードとエッジで結ばれる。チーズの試食会のように、一般的には、全員が全種類のチーズを味見する。

- **重み付きグラフ**（weighted graph）
  ノード間のエッジが重み付けされたグラフ。都市の間の距離のように、遠くの都市や近くの都市がある。結合によって「重み」が増す。

　問題を最もうまく説明するためにさまざまな種類のグラフを理解し、最も効率的なアルゴリズムを使って処理すると効果的である（図2-26）。何種類かのグラフについては、この後の章で改めて取り上げる。第6章ではコロニー最適化を取り上げ、第8章ではニューラルネットワークを取り上げる。

無向

どのエッジにも方向がなく、
2つのノードの関係は双方向

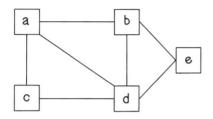

有向

エッジに方向があり、
2つのノード間の関係は明示的

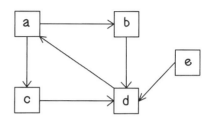

非連結

エッジで結ばれていない
ノードが1つ以上存在

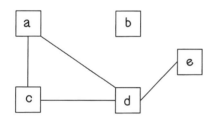

非巡回

循環を含んでいないグラフ

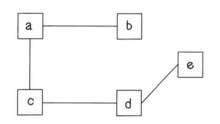

完全

すべてのノードが
それぞれ他のすべての
ノードとエッジでつながっている

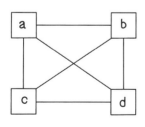

完全2部

あるグループに属するすべての
ノードが他のグループに属する
すべてのノードとエッジで結ばれる

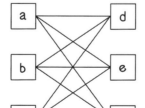

重み付き

ノード間のエッジが
重み付けされたグラフ

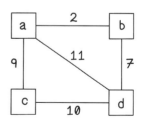

図 2-26：さまざまな種類のグラフ

2.10 補足情報：グラフを表すその他の方法

コンテキストと使っているプログラミング言語やツールによっては、グラフを他の方法でエンコードするほうが処理の効率がよくなったり扱いやすくなったりすることがある。

2.10.1 接続行列

接続行列（incidence matrix）は、グラフ内のノードの個数を高さとし、エッジの個数を幅とする行列である。行はそれぞれノードと特定のエッジとの関係を表す。ノードが特定のエッジで結合されていない場合は、0 の値が格納される。有向グラフにおいてノードが内向きのノードとして特定のエッジで結合されている場合は、–1 の値が格納される。ノードが外向きのノードとして特定のエッジで結合されている、または無向グラフにおいて結合されている場合は、1 の値が格納される。接続行列は有向グラフと無向グラフの両方を表すために利用できる（図2-27）。

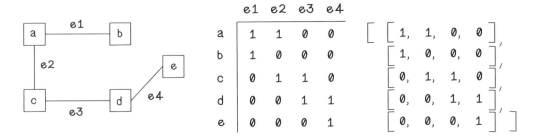

図 2-27：グラフを接続行列で表す

2.10.2 隣接リスト

隣接リスト（adjacency list）はリンクリストである。最初のリストのサイズはグラフ内のノードの個数であり、それぞれの値が特定のノードに結合しているノードを表す。隣接リストは有向グラフと無向グラフの両方を表すために利用できる（図 2-28）。

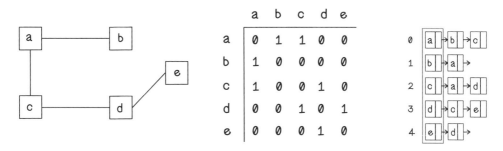

図 2-28：グラフを隣接リストで表す

　グラフは数学の方程式で簡単に表すことができるため、興味深く有益なデータ構造でもあり、私たちが使っているすべてのアルゴリズムを裏で支えている。この点については、本書のあちこちでより詳しい説明が見つかるはずだ。

本章のまとめ

データ構造は問題を解く上で重要

探索アルゴリズムは刻々と変化する環境において解の計画と探索に役立つ

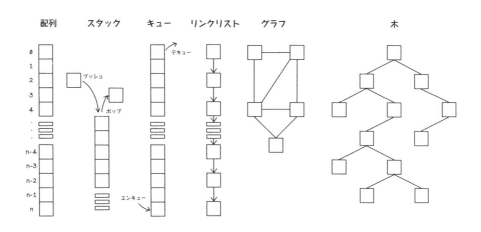

グラフ構造と木構造は AI に役立つ

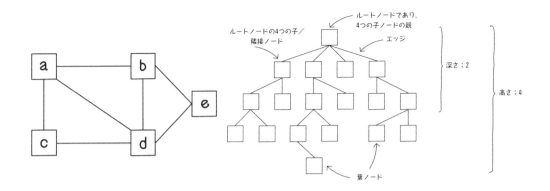

知識なし探索は盲目的で、計算的に高くつくことがある
正しいデータ構造の選択が助けになる

深さ優先探索は幅よりも深さを優先し、幅優先探索は深さよりも幅を優先する

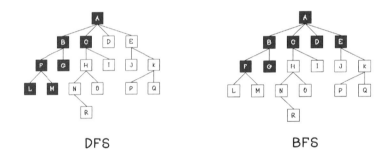

DFS　　　　　　　　　　　　BFS

知的探索 | 3

本章の内容

- ● 誘導探索のヒューリスティクスの理解と設計

- ● 誘導探索手法で解くのに適した問題の特定

- ● 誘導探索アルゴリズムの理解と設計

- ● 対戦型ゲームをプレイする探索アルゴリズムの設計

3.1　ヒューリスティクスの定義：知識に基づく推測

　前章では知識なし探索アルゴリズムの仕組みを理解したが、問題に関する情報がさらに与えられるとしたら、それらのアルゴリズムをどのように改善できるだろうか。本章ではその方法を探ることにする。ここで使うのは知識あり探索である。**知識あり探索**（informed search）は、解こうとしている問題のコンテキストをアルゴリズムが知っていることを意味する。このコンテキストを表す方法はヒューリスティクスである。**ヒューリスティクス**（heuristics）は状態を評価するために使われるルールまたは一連のルールであり、よく**経験則**（rule of thumb）とも呼ばれる。ヒューリスティクスは状態が満たさなければならない条件を定義するのに役立つが、特定の状態の性能を計測するのにも利用できる。ヒューリスティクスを用いるのは、最適解を明確な方法で求めることが不可能なときである。社会的な意味では、ヒューリスティクスを知識に基づく推測として解釈できる。つまり、ヒューリスティクスは解こうとしている問題についての科学的事実というよりもむしろガイドラインと見なすべきものだ。

　たとえば、レストランでピザを注文するとき、おいしさのヒューリスティクスはトッピング
と生地の種類によって定義されるかもしれない。サクサクの厚い生地にトマトソースとチーズ
を追加し、マッシュルームとパイナップルをのせたものが好みであれば、これらの属性をより
多く含んでいるピザがあなた好みのピザであり、あなたのヒューリスティックスコアは高くな
るはずだ。これらの属性が少ないピザはあなた好みのピザではないので、ヒューリスティック
スコアは低くなる。

　もう1つの例は、GPSのルート検索問題を解くアルゴリズムの作成である。この場合の
ヒューリスティクスとしては、「よいルートは所要時間と移動距離が最も短い」、あるいは「よ
いルートは通行料金が最も安く、道路の状態が最もよい」が考えられる。2地点間の直線距離
を最短にするアルゴリズムは、GPSルート検索問題のヒューリスティクスとして不適切であ
る。このヒューリスティクスは鳥や飛行機ではうまくいくかもしれないが、現実には、私たち
は徒歩か車で移動する。このような交通手段では、建物や障害物の間にある道路や小道を通る
しかない。ヒューリスティクスはそれを使うコンテキストに対して意味をなすものでなければ
ならない。

　たとえば、アップロードされたオーディオクリップが著作権で保護されたコンテンツのライ
ブラリに含まれているかどうかをチェックする例について考えてみよう。オーディオクリップ
は音の波形データであるため、このタスクを実行する方法の1つは、アップロードされたクリッ
プのタイムスライスをそれぞれライブラリ内の各クリップと照合することである。しかし、こ
のタスクには膨大な時間がかかる。より効果的な探索を実現するための第一歩は、2つのクリッ
プの波形データの違いを最小化するようなヒューリスティクスを定義することかもしれない。
図3-1では、時間のずれはあるものの、2つの波形データがまったく同じであることがわかる。
つまり、波形データ自体に違いはない。完璧な解ではないかもしれないが、より計算量の少な
いアルゴリズムの出発点としてはまずまずである。

図3-1：音の波形データを使って2つのオーディオクリップを比較する

　ヒューリスティクスはコンテキストに特化しており、よいヒューリスティクスは解の最適化に大きく役立つことがある。ヒューリスティクスの作成という概念を具体的に理解するために、第2章の迷路のシナリオにちょっとひねりを加えてみよう。すべての移動を同等に扱い、純粋に経路の移動の回数が少ない（木構造の浅い場所にある）かどうかに基づいて解の優劣を評価するのではなく、移動の方向に基づいて実行コストに差をつける。どうもこの迷路の重力に奇妙な変化が生じたらしく、南北への移動に東西への移動の5倍のコストがかかるようになった（図3-2）。

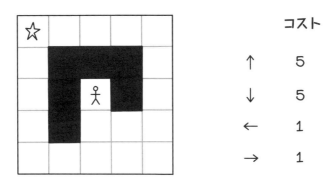

図 3-2：迷路の重力が変化

　重力が変化した後の迷路では、それぞれの経路に含まれる移動の回数と、各移動のコストの合計値が、ゴールへの最適な経路を左右する要因となる。

　図3-3は、有効な選択肢を明らかにするために、考えられるすべての経路をそれぞれの移動のコストとともに木構造にしたものである。ここで具体的に示されている探索空間も単純な迷路というシナリオに対するもので、現実のシナリオにはあまり当てはまらない。このアルゴリズムは探索の一部として木構造を生成する。

　迷路問題のヒューリスティクスは「よい経路は移動のコストを最小限に抑え、ゴール到達までの移動の回数を最小限に抑える」と定義できる。この単純なヒューリスティクスはどのノードを訪れるかの手がかりとなる。なぜなら、問題を解くために特定分野の知識を応用しているからだ。

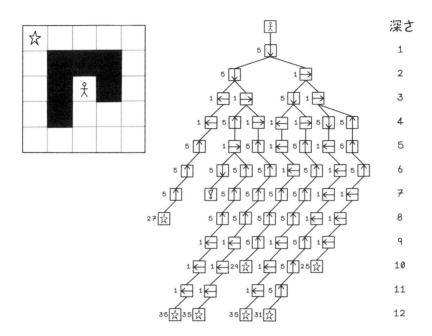

図 3-3：木構造として表されたすべての有効な選択肢

思考実験：次のシナリオでどのようなヒューリスティクスを想像できるか

　ダイヤモンド、金、プラチナを含め、さまざまな種類の採鉱を専門に行っている採掘者がいる。採掘者はどの採掘場でも生産力を持つが、それぞれが得意とする採掘場では採掘のペースが速くなる。ダイヤモンド、金、プラチナが眠っているかもしれない採掘場があたり一帯に点在しており、採掘場から集積場までの距離はばらばらである。問題が「生産効率を最大化し、移動距離が短くなるように採掘者を割り振る」ことであるとすれば、どのようなヒューリスティクスが考えられるだろうか。

思考実験：考えられる解

　妥当なヒューリスティクスとして考えられるのは、採掘者をそれぞれ得意とする採掘場に割り当て、その採掘場に最も近い集積場へ行かせることだろう。見方を変えれば、「採掘者を専門外の採掘場に割り当てることを極力回避し、集積場までの移動距離をできるだけ短くする」ことであるとも言える。

3.2　知識あり探索：ガイダンスに従って解を求める

知識あり探索（informed search）は、幅優先探索（BFS）と深さ優先探索（DFS）の両方のアプローチを知能と組み合わせるアルゴリズムであり、**ヒューリスティック探索**（heuristic search）または**発見的探索**とも呼ばれる。現下の問題に関する知識が多少定義されているとすれば、知識あり探索はヒューリスティクスによって誘導される。

　貪欲探索を含め、問題の性質に応じてさまざまな知識あり探索を活用できる（貪欲探索は「欲張り探索」、「最良優先探索」とも呼ばれる）。しかし、最も有名で最も有益な知識あり探索アルゴリズムは A* である。

3.2.1　A* 探索

A* 探索（A* search）は「エースター探索」と読む。通常、このアルゴリズムは次に訪れるノードのコストを最小化するヒューリスティクスを推測することで性能を向上させる。

　総コストの計算には、次の2つの指標を使う。1つは、起点ノードから現在のノードまでの総距離である。もう1つは、ヒューリスティクスを使って特定のノードに移動するときの推定コストである。コストの最小化を試みるときには、値が小さいほど解の性能がよいことを表す（図 3-4）。

$$f(n) = g(n) + h(n)$$

g(n)：起点ノードからノードnまでの経路のコスト

h(n)：ノードnに対するヒューリスティック関数によるコスト

f(n)：起点ノードからノードnまでの経路のコストに、ノードnに対するヒューリスティック関数によるコストを加えたもの

図 3-4：A* 探索アルゴリズムの関数

　次に示すのは、ヒューリスティクスを使って探索を誘導しながら木構造をどのように訪れるかを示す抽象的な例である。ここでは、木構造内のさまざまなノードに対するヒューリスティック計算に着目する。

　幅優先探索（BFS）は、それぞれの深さのノードをすべて訪れてから次の深さに進む。深さ優先探索（DFS）は、最も深いレベルまでのノードをすべて訪れてからルートへ引き返し、次のパスに進む。これらの探索とは異なり、A* 探索では、従うべきパターンが事前に定義されておらず、ヒューリスティックコスト（推定コスト）の順にノードを訪れる。このアルゴリズムがノードのコストを事前に知らないことに注意しよう。このアルゴリズムは木構造を探索または生成しながらコストを計算し、訪れたノードをそれぞれスタックに追加する。つまり、すでに訪れているノードよりもコストの高いノードを無視することで、計算時間を節約する（図3-5 〜図 3-7）。

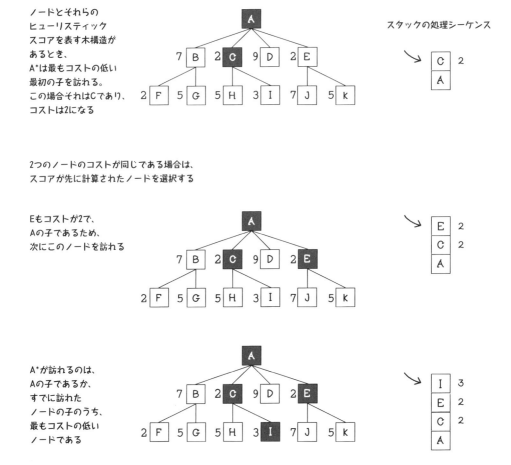

図 3-5：A* 探索を使った木構造の処理シーケンス（その 1）

次にコストが
低いノードは
Eの子であるK

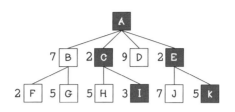

スタックの処理シーケンス

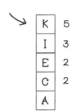

次にコストが
低いノードは
Cの子であるH

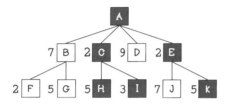

Aの直接の子を
訪れる（Aの子と
すでに訪れた
ノードの子のうち
最もコストが
低いため）

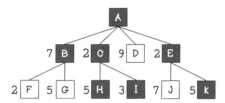

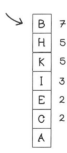

現在最もコストが低いパスよりもコストが高いノードは無視できる。
それらのノードを経由するパスのコストはより高くなるからだ

図 3-6：A* を使った木構造の処理シーケンス（その 2）

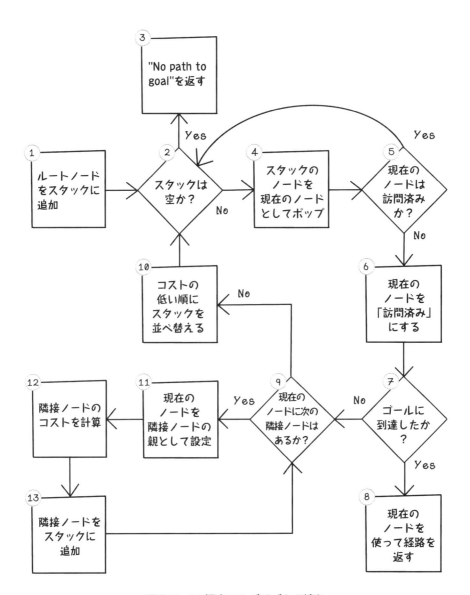

図 3-7：A* 探索アルゴリズムの流れ

A* 探索アルゴリズムの流れを追ってみよう。

① **ルートノードをスタックに追加する**

A* 探索アルゴリズムはスタックを使って実装できる。スタックでは、最後に追加された オブジェクトが最初に処理される。このプロセスを**後入れ先出し**（LIFO）と呼ぶ。最初の ステップはルートノードをスタックに追加することである。

② **スタックは空か？**

スタックが空であり、アルゴリズムのステップ⑧で経路が返されていないとしたら、ゴー ルへの経路は存在しない。スタックにまだノードが残っている場合、アルゴリズムはゴー ルへの経路を引き続き探索できる。

③ **"No path to goal" を返す**

このメッセージはゴールへの経路が存在しない場合にアルゴリズムから抜け出す1つの 方法である。

④ **スタックのノードを現在のノードとしてポップする**

スタックから次のオブジェクトを取り出し、そのノードを現在のノードとして設定するこ とで、その可能性について調べることができる。

⑤ **現在のノードは訪問済みか？**

現在のノードをまだ訪れていない場合は、そのノードをまだ探索していないため、この時 点で処理できる。

⑥ **現在のノードを「訪問済み」にする**

このノードの処理を無駄に繰り返さないようにするために、このノードに「訪問済み」の マークを付ける。

⑦ **ゴールに到達したか？**

現在のノードにアルゴリズムが探し求めているゴールが含まれているかどうかを判断す る。

⑧ **現在のノードを使って経路を返す**

現在のノードの親を参照し、次にそのノードの親を参照するといった要領で、ゴールから ルートノードへのパスを表す。ルートノードは親を持たないノードである。

⑨ **現在のノードに次の隣接ノードはあるか？**

現在のノードから他の方向にも移動できる場合は、その移動先をスタックに追加して処理 できるようにしておく。他に移動できる方向がない場合は、ステップ②に進み、スタック が空でなければ次のオブジェクトを処理できる。LIFO スタックの性質上、アルゴリズム は葉ノードの深さまでのノードをすべて処理した後、ルートノードの他の子ノードを訪れ

るために引き返すことができる。

⑩ **コストの低い順にスタックを並べ替える**

スタック内の各ノードをコストの低い順に並べ替えると、最もコストの低いノードが次に処理されるようになるため、常に最もコストの低いノードを訪れることができる。

⑪ **現在のノードを隣接ノードの親として設定する**

起点ノードを現在の隣接ノードの親として設定する。このステップは現在の隣接ノードからルートノードへのパスをたどる上で重要となる。地図で言うと、起点はプレイヤーが移動する前の位置であり、現在の隣接ノードはプレイヤーの移動先の位置である。

⑫ **隣接ノードのコストを計算する**

コスト関数は A* アルゴリズムの誘導に不可欠である。コストを計算するには、ルートノードからの距離に次の移動のヒューリスティックスコアを足す。より知能的なヒューリスティクスは性能を向上させるために A* アルゴリズムを直接誘導する。

⑬ **隣接ノードをスタックに追加する**

隣接ノードをスタックに追加することで、その子ノードをあとから探索できるようにする。このスタックメカニズムにより、ノードを最も深いレベルまで処理してから浅いところにある隣接ノードを処理できる。

深さ優先探索（DFS）と同様に、子ノードの順序はパスの選択に影響を与えるが、それほど極端ではない。2 つのノードのコストが同じである場合は、1 つ目のノードを訪れてから 2 つ目のノードを訪れる（図 3-8 ～図 3-10）。

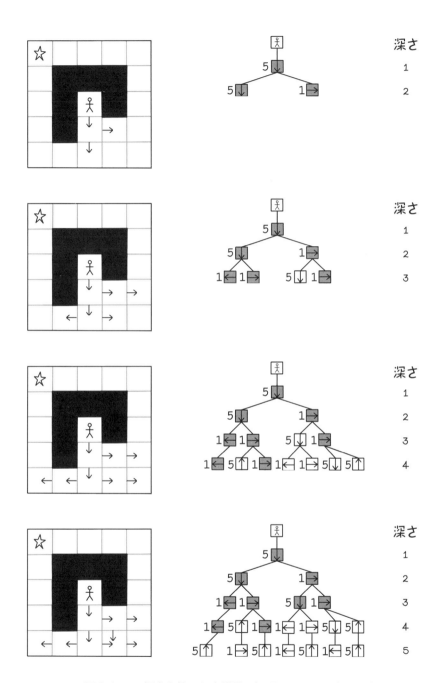

図 3-8：A* 探索を使った木構造の処理シーケンス（その 1）

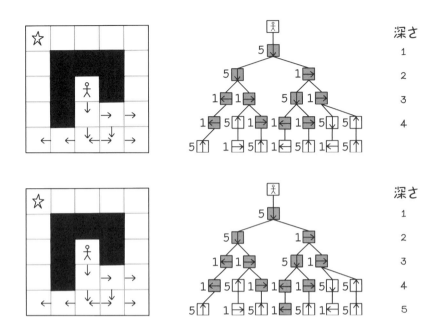

図 3-9：A* 探索を使った木構造の処理シーケンス（その 2）

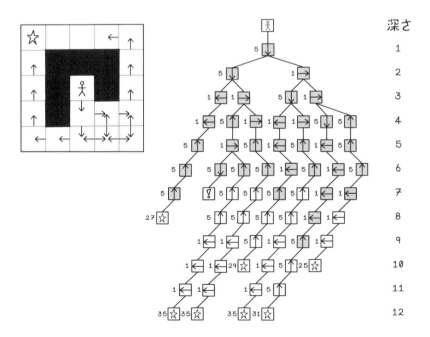

図 3-10：A* 探索後の木構造全体で訪れたノード

　ゴールへの経路が複数存在することがわかるが、A* アルゴリズムがコストを最小限に抑えながら経路を探索することに注意しよう。つまり、このアルゴリズムは南北への移動によりコストがかかることに基づいて移動の回数と移動のコストを抑える。

擬似コード

A* アルゴリズムのアプローチは深さ優先探索（DFS）アルゴリズムに似ているが、訪れるコストがより低いノードを意図的に狙う。ノードの処理にはスタックを使うが、新たに計算を行うたびにスタックをコストの低い順に並べ替える。スタックを並べ替えた後は最もコストの低いノードが先頭になるため、常に最もコストの低いオブジェクトがスタックからポップされることになる。

```
run_astar(maze, root_point, visited_points):
  let s equal a new stack
  add root_point to s
  while s is not empty:
    pop s and let current_point equal the returned point
    if current_point is not visited:
      mark current_point as visited
      if value at current_node is the goal:
        return path using current_point
      else:
        add available cells north, east, south, and west to a list neighbors
        for each neighbor in neighbors:
          set neighbor parent as current_point
          set neighbor cost as calculate_cost(current_point, neighbor)
          push neighbor to s
        sort s by cost ascending
  return "No path to goal"
```

A* 探索アルゴリズムには、コストを計算する関数が不可欠である。コスト関数は最もコストの低い経路を探索するための情報をアルゴリズムに提供する。重力が変化した迷路の例では、上下の移動によりコストがかかる。コスト関数に問題があると、アルゴリズムがうまくいかないことがある。

次の2つの関数は、コストがどのように計算されるのかを示している。ルートノードからの距離が次の移動のコストに加算されることがわかる。この架空の例では、南北へ移動するコストがそのノードを訪れる総コストを左右する。

```
calculate_cost(origin, target):
  let distance_to_root equal length of path from origin to target
  let cost_to_move equal get_move_cost(origin, target)
  return distance_to_root + cost_to_move

get_move_cost(origin, target):
  if target is north or south of origin:
    return 5
  else
    return 1
```

　幅優先探索（BFS）や深さ優先探索（DFS）などの知識なし探索アルゴリズムは、すべての可能性を徹底的に検証した上で最適解を求める。A* 探索アルゴリズムは、探索を誘導するための合理的なヒューリスティクスを作成できる場合に適している。すでに訪れているノードよりもコストのかかるノードは無視されるため、知識なし探索アルゴリズムよりも計算は効率的である。しかし、ヒューリスティクスに欠陥があり、問題やコンテキストにとって妥当ではない場合、最適解はおろか、いまいちな解しか得られないだろう。

3.2.2　知識あり探索アルゴリズムのユースケース

　知識あり探索アルゴリズムは用途が広く、ヒューリスティクスを定義できる現実のさまざまな状況で役立つ。

- **ビデオゲームでの自律的なゲームキャラクターの経路探索**
  ゲーム開発者は、環境内で人間のプレイヤーを発見することを目的として敵ユニットの動きを制御するために、知識あり探索アルゴリズムをよく利用する。

- **自然言語処理（NLP）での段落の解析**
  段落の意味をフレーズに分解し、フレーズをさまざまな種類の単語（名詞、動詞など）に分解すると、評価可能な木構造を生成できる。知識あり探索は意味を抽出するのに役立つ。

- **通信網のルーティング**
  誘導探索アルゴリズムを使って通信網でのネットワークトラフィックの最短経路を探索し、パフォーマンスを向上させることができる。サーバー／ネットワークノードと接続はノードとエッジからなる探索可能なグラフとして表すことができる。

- ● シングルプレイヤーゲームとパズル

　知識あり探索アルゴリズムはシングルプレイヤーゲームやルービックキューブのようなパズルを解くために利用できる。なぜなら、それぞれの「手」は木構造での1つ1つの決断に相当するからだ。この場合、木構造は目標の状態が見つかるまでのさまざまな可能性（選択肢）で構成される。

3.3　敵対探索：変化する環境で解を求める

　迷路探索の例に登場するアクターはプレイヤーだけである。環境に影響を与えるのは1人のプレイヤーだけなので、すべての可能性（選択肢）を生成するのはそのプレイヤーである。ここまでの目標は、プレイヤーの利得を最大化することだった。つまり、ゴールまでの距離が最も短く、最もコストの低い経路を選択することが目標だった。

　敵対探索（adversarial search）は、対戦や対立を特徴とする探索である。敵対問題では、ゴールを目指す対戦相手の行動を予測し、理解し、妨げることが求められる。敵対問題の例には、三目並べやConnect Four（重力付き四目並べ）など、2人のプレイヤーが交互にプレイするゲームが含まれる。プレイヤーには、ゲームの環境を自分に有利になるように変更する機会が交互に与えられる。環境をどのように変更できるか、どのような状態になればゲームに勝つか、ゲームが終わるかを決める一連のルールがある。

3.3.1　単純な敵対問題

　ここでは、Connect Fourゲームを使って敵対問題を調べる。Connect Fourは格子状のボードの列にプレイヤーが交互にコマを置いていくゲームである（図3-11）。特定の列でコマを積み上げ、自分のコマを縦、横、斜めのいずれかに直線状に4つ並べたプレイヤーが勝ちとなる。勝敗がつかない状態でボードがいっぱいになった場合は引き分けとなる。

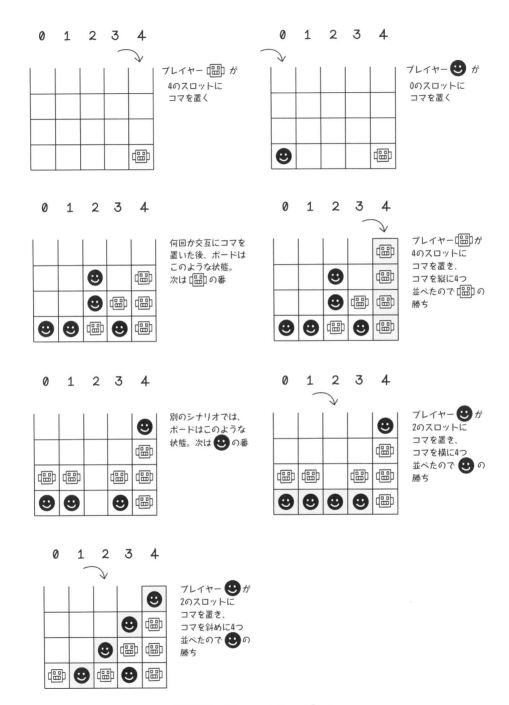

図 3-11：Connect Four ゲーム

3.3.2　min-max 探索：行動をシミュレートし、最良の未来を選ぶ

min-max 探索（min-max search）は、各プレイヤーが取り得る「手」から予想される結果を木構造にまとめ、対戦相手にとって有利なパスを避けながら自分（エージェント）にとって有利なパスを選ぶというアルゴリズムである。この種の探索では、予想される手をシミュレートし、それぞれの手を選んだ後のヒューリスティクスに基づいて状態にスコアをつける。min-max 探索はできるだけ多くの状態を先読みしようとするが、メモリや計算能力に制限があることを考えると、ゲームの木構造全体を発見するのは現実的ではないかもしれない。そこで、このアルゴリズムは指定された深さまで探索する。min-max 探索は各プレイヤーの手番をシミュレートするため、指定される深さは両方のプレイヤーの手番の回数に直結する。たとえば、深さ 4 は各プレイヤーに 2 回ずつ順番が回ることを意味する。プレイヤー A が次の手を選び、プレイヤー B が次の手を選び、プレイヤー A が再び次の手を選び、プレイヤー B が再び次の手を選ぶ。

ヒューリスティクス

min-max 探索アルゴリズムは意思決定にヒューリスティックスコアを使う。このスコアはうまく設計されたヒューリスティクスによって定義されるもので、アルゴリズムによって学習されるものではない。ゲームが特定の状態にある場合、その状態からの手番の結果として考えられる有効な結果はすべてゲームの木の子ノードになる。

正の値に負の値よりもよいスコアをつけるヒューリスティクスがあるとしよう。min-max 探索アルゴリズムは、有効な手として考えられるものをすべてシミュレートすることで、次の状態にすることを試みる。

- 対戦相手に有利に働く、あるいは対戦相手を勝たせる手を極力選ばない。
- エージェントに有利に働く、あるいはエージェントを勝たせる手を極力選ぶ。

図 3-12 は min-max 探索アルゴリズムの木構造を表している。この図では、ヒューリスティックスコアが計算されるのは葉ノードだけである。これらの状態は勝ちか引き分けを表すからだ。木構造内の他のノードは途中の状態を表す。ヒューリスティックスコアが計算される深さを起点として、上にさかのぼりながら、スコアが最も小さい子ノードかスコアが最も大きい子ノードを選ぶ。どちらを選ぶかは、先読みした将来の状態において次の手番がどちらであるかによる。エージェントは最初から自分のスコアを最大にしようとする。手番を交代するたびに意図が変化するのは、エージェントのスコアを最大化し、対戦相手のスコアを最小化することが目的だからだ。

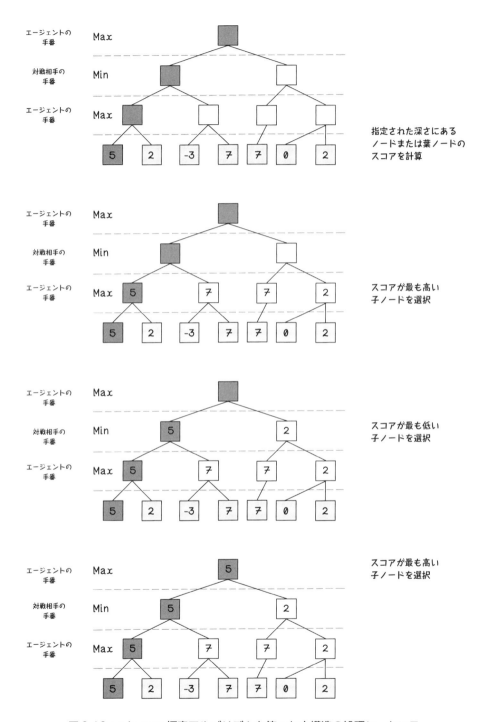

図 3-12：min-max 探索アルゴリズムを使った木構造の処理シーケンス

練習問題：次の min-max 探索の木構造でどのような値が伝播されるか

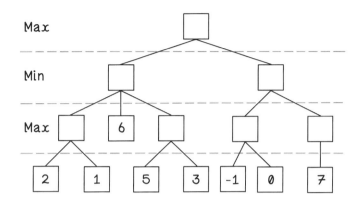

答え：次の min-max 探索の木構造でどのような値が伝播されるか

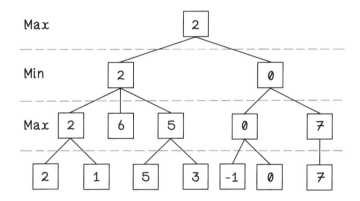

　min-max 探索アルゴリズムは考えられる結果をシミュレートするため、選択肢の数が多い
ゲームでは、ゲームの木が爆発的に成長し、木全体を探索しようにも計算量が多すぎてすぐに
手に負えなくなる。5 × 4 マスのボードを使う単純な Connect Four の例でさえ選択肢の数
が多すぎるため、すべての手番でゲームの木全体を探索するのは効率的ではない（図 3-13）。

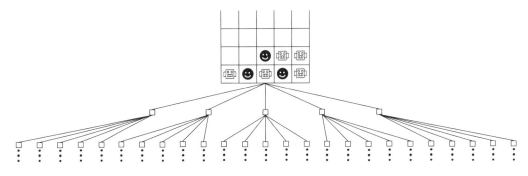

図 3-13：ゲームの木を探索するときの選択肢の爆発的増加

　Connect Four の例では、min-max 探索アルゴリズムは基本的に現在のゲームの状態から予想されるすべての手を探索する。そして、最も有利なパスが見つかるまで、それらの状態のそれぞれから予想されるすべての手を決定していく。エージェントの勝ちになるゲームの状態は 10 のスコアを返し、対戦相手の勝ちになる状態は –10 のスコアを返す。min-max 探索アルゴリズムはエージェントの正のスコアを最大化することを試みる（図 3-14、図 3-15）。

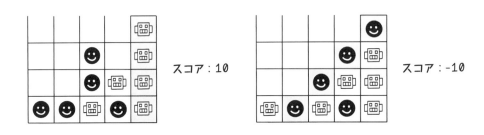

図 3-14：エージェントのスコアと対戦相手のスコア

　min-max 探索アルゴリズムのフローチャートは、その大きさからして複雑に思えるが、実はそうでもない。フローチャートが膨れ上がったのは、現在の状態が MAX か MIN かをチェックする条件の数のせいである。

　min-max 探索アルゴリズムの流れを追ってみよう。

① **ゲームの状態、現在のモードが MIN か MAX か、そして現在の深さが与えられていると仮定して、アルゴリズムを開始できる**

　min-max 探索は再帰アルゴリズムであるため、アルゴリズムの入力を理解することが重要である。再帰アルゴリズムは 1 つ以上のステップで自身を呼び出す。自身の呼び出しを永遠に繰り返すのを防ぐには、再帰アルゴリズムに終了条件があることが重要である。

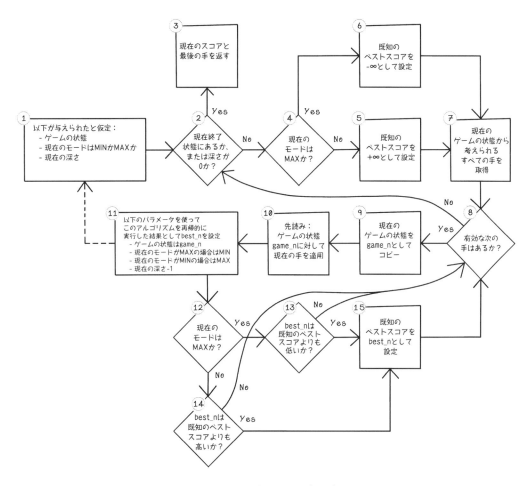

図 3-15：min-max 探索アルゴリズムの流れ

② **現在終了状態にあるか、または深さが 0 か？**

この条件は、ゲームの現在の状態が終了状態かどうか、または目的の深さに達しているかどうかを判断する。終了状態とは、どちらかのプレイヤーが勝つか、ゲームが引き分けになる状態のことである。スコア 10 はエージェントの勝ちを表し、スコア -10 は対戦相手の勝ちを表し、スコア 0 は引き分けを表す。深さが指定されるのは、すべての終了状態に到達するまで木構造全体を探索するとなると計算量が増大し、普通のコンピュータでは時間がかかりすぎる可能性があるためだ。深さを指定すると、終了状態の有無を判断するためにアルゴリズムが先読みする手の数を減らすことができる。

③ **現在のスコアと最後の手を返す**

現在の状態がゲームの終了状態であるか、指定された深さに達している場合は、現在の状態のスコアを返す。

④ **現在のモードは MAX か？**

アルゴリズムの現在の手番が MAX（スコアの最大化）状態である場合は、エージェントのスコアを最大化することを目指す。

⑤ **既知のベストスコアを $+\infty$ として設定する**

現在のモードが MIN（スコアの最小化）である場合は、ベストスコアを正の無限大に設定することで、ゲームの状態によって返されるスコアのほうが常に小さくなるようにする。実際の実装では、無限大ではなく非常に大きい正の値が使われる。

⑥ **既知のベストスコアを $-\infty$ として設定する**

現在のモードが MAX である場合は、ベストスコアを負の無限大に設定することで、ゲームの状態によって返されるスコアのほうが常に大きくなるようにする。実際の実装では、無限大ではなく非常に大きい負の値が使われる。

⑦ **現在のゲームの状態から考えられるすべての手を取得する**

現在のゲームの状態に基づき、考えられるすべての手をリストアップする。ゲームを開始したときには使えた手が、ゲームが進むに従って使えなくなっていることがある。Connect Four の場合は、ある列がコマで埋まってしまうことがある。その場合、その列にコマを置く手は無効である。

⑧ **有効な次の手はあるか？**

考えられる手がまだ先読みされておらず、有効な手がそれ以上ない場合、アルゴリズムは短絡し、その関数呼び出しにおいて最良の手を返す。

⑨ **現在のゲームの状態を game_n としてコピーする**

現在のゲームの状態に基づいて先読みを行うには、現在のゲームの状態をコピーする必要がある。

⑩ **先読み：ゲームの状態 game_n に対して現在の手を適用する**

コピーしたゲームの状態 game_n に対して現在の手を適用する。

⑪ **このアルゴリズムを再帰的に実行した結果として best_n を設定する**

ここで再帰を適用する。best_n は次によい手を格納するために使われる変数であり、この手からアルゴリズムに先読みさせる。

⑫ **現在のモードは MAX か？**

再帰呼び出しから最良の候補解が返されたら、現在のモードが MAX かどうかを判断する。

⑬ **best_n は既知のベストスコアよりも低いか？**

現在のモードが MAX の場合は、すでに見つかっているスコアよりもよいスコアをアルゴリズムが見つけたかどうかを判断する。

⑭ **best_n は既知のベストスコアよりも高いか？**

現在のモードが MIN の場合は、すでに見つかっているスコアよりもよいスコアをアルゴリズムが見つけたかどうかを判断する。

⑮ **既知のベストスコアを best_n として設定する**

新しいベストスコアが見つかった場合は、既知のベストスコアを best_n として設定する。

Connect Four の例が特定の状態にあると仮定したとき、min-max 探索アルゴリズムは図3-16 に示す木構造を生成する。この状態を起点として、考えられるすべての手を探索する。そして、終了状態（ボードがコマでいっぱいになるか、プレイヤーが勝つ）が見つかるまで、その状態から次の手を探索していく。

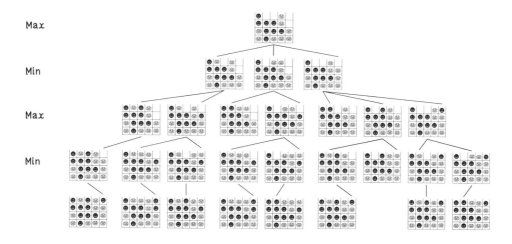

図 3-16：Connect Four ゲームにおいて考えられる状態を表す木

図 3-17 は終了状態のノードをマーカーで囲んだもので、引き分けは 0、負けは –10、勝ちは 10 のスコアが付いている。このアルゴリズムの目標はスコアの最大化であるため、スコアは正の値でなければならないが、対戦相手が勝った場合、スコアは負の値になる。

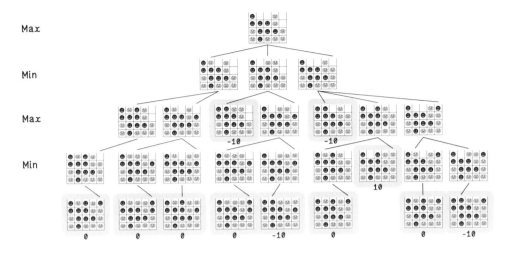

図 3-17：Connect Four ゲームにおいて考えられる終了状態

　これらのスコアを計算した後、min-max 探索アルゴリズムは最も深いレベルから探索を開始し、スコアが最も低いノードを選択する（図 3-18）。

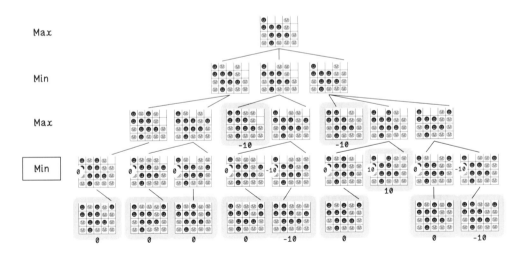

図 3-18：Connect Four ゲームにおいて考えられる終了状態のスコア（その 1）

続いて、アルゴリズムは次の深さでスコアが最も高いノードを選択する（図 3-19）。

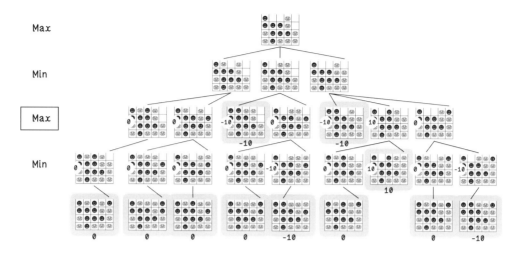

図 3-19：Connect Four ゲームにおいて考えられる終了状態のスコア (その 2)

　最後に、次の深さでスコアが最も低いノードを選択し、スコアが最も高いノードをルート
ノードが選択する。選択されたノードとスコアをたどってこの問題に直観的に取り組んでみる
と、このアルゴリズムが負けを回避するために引き分けに持ち込んだことがわかる。アルゴリ
ズムが勝つためのパスを選択していたとしたら、次の手番で負けていた可能性が高い。アルゴ
リズムは「対戦相手は勝つ可能性を最大限に高めるために常に最も賢い手を打つ」と想定する。

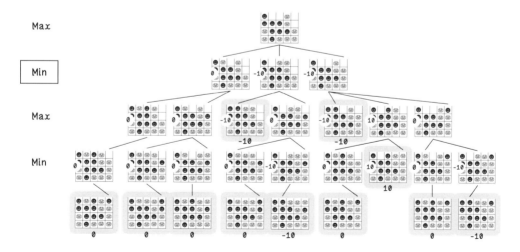

図 3-20：Connect Four ゲームにおいて考えられる終了状態のスコア (その 3)

　ゲームが特定の状態にあるときの min-max 探索アルゴリズムの結果は図 3-21 の単純な木構造で表される。

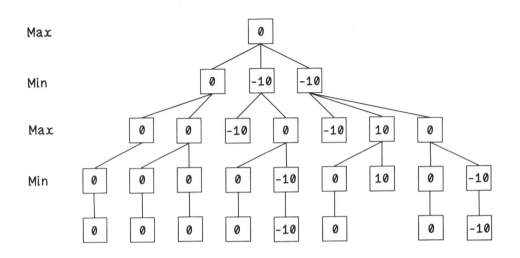

図 3-21：min-max 探索アルゴリズムのスコアに基づくゲームの木の単純化

擬似コード

min-max 探索アルゴリズムは再帰関数として実装される。この関数には、現在の状態、目的の探索の深さ、MIN または MAX モード、そして 1 つ前の手が渡される。アルゴリズムは、木構造の深さごとに各子ノードの最良の手とスコアを返した後、終了する。次の擬似コードを図 3-15 のフローチャートと比較すると、現在のモードが MAX か MIN かをチェックする条件が少しわかりにくいことに気付く。擬似コードでは、1 が MAX、-1 が MIN を表す。うまく設計されたロジックを使い、負の値に別の負の値を掛けると正の値になるという負の乗算の原則を利用することで、ベストスコア、状態、状態の切り替えを処理している。つまり、-1 が対戦相手の手番を表す場合は、それに -1 を掛けて 1 にすることで、エージェントの手番を表す。次の手番では、1 に -1 を掛けて -1 にすることで、再び対戦相手の手番を表すようにする。

```
minmax(state, depth, min_or_max, last_move):
  let current score equal state.get_score
  if current_score is not equal to 0 or state.is_full or depth is equal to 0:
    return new Move(last_move, current_score)
  let best_score equal to min_or_max multiplied by-∞
  let best_move = -1
  for each possible choice (0 to 4 in a 5x4 board) as move:
    let neighbor equal to a copy of state
    execute current move on neighbor
    let best_neighbor equal minmax(neighbor, depth -1, min_or_max * -1, move)
    if (best_neighbor.score is greater than best_score and min_or_max is MAX)
    or (best_neighbor.score is less than best_score and min_or_max is MIN):
      let best_score = best_neighbor.score
      let best_move = best_neighbor.move
return new Move(best_move, best_score)
```

3.3.3　アルファベータ法：妥当なパスだけを探索することによる最適化

　アルファベータ法（alpha-beta pruning）は、ゲームの木において水準以下の解が得られることがわかっている部分の探索を省くために、min-max 探索アルゴリズムで用いられる手法である。この手法はそれほど重要ではないパスを無視して計算を省くことで min-max 探索アルゴリズムを最適化する。Connect Four のゲームの木がいかにして爆発するのかを考えると、無視するパスが多いほど性能がよくなることは明らかである（図 3-22）。

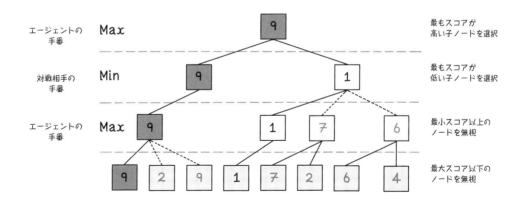

図 3-22：アルファベータ法の例

アルファベータ法は次のような仕組みになっている。

- プレイヤーのスコアを最大化するためのベストスコアをアルファとして格納する。アルファの初期値は −∞。
- プレイヤーのスコアを最小化するためのベストスコアをベータとして格納する。ベータの初期値は +∞。

これらの初期値はそれぞれのプレイヤーにとって最悪のスコアである。プレイヤーのスコアを最小化するためのベストスコアがプレイヤーのスコアを最大化するためのベストスコアよりも低い場合、論理的に考えて、すでに訪れているノードの他の子ノードのパスはベストスコアに影響を与えない。

アルファベータ法による最適化に合わせて min-max 探索アルゴリズムのフローを調整すると、図 3-23 のようになる。min-max 探索アルゴリズムのフローに追加されたステップは網掛けになっている。

min-max 探索アルゴリズムに追加されるのは次のステップである。これらの条件により、ベストスコアが見つかっても結果が変化しない場合にパスの探索を終了させることができる。

⑯ **現在のモードは MAX か？**
アルゴリズムが現在スコアを最大化しようとしているのか、それとも最小化しようとしているのかを再び判断する。

⑰ **best_n はアルファよりも大きいか等しいか？**
現在のモードが MAX（スコアの最大化）で、現在のベストスコアがアルファよりも大きいか等しい場合、そのノードの子にはよりよいスコアが含まれていないため、アルゴリズムはそのノードを無視できる。

⑱ **アルファを best_n として設定する**
変数 alpha を best_n として設定する。

⑲ **アルファはベータよりも大きいか等しいか？**
このスコアは他に見つかっているスコアと同じくらいよいため、ここで処理を中断し、そのノードの探索の残りを無視できる。

⑳ **best_n はベータよりも小さいか等しいか？**
現在のモードが MIN（スコアの最小化）で、現在のベストスコアがベータよりも小さいか等しい場合、そのノードの子にはよりよいスコアが含まれていないため、アルゴリズムはそのノードを無視できる。

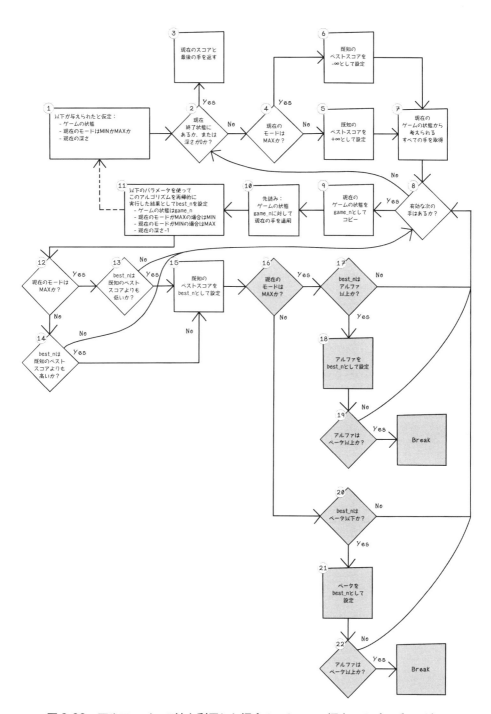

図 3-23：アルファベータ法を利用した場合の min-max 探索アルゴリズムの流れ

㉑ **ベータを best_n として設定する**

変数 beta を best_n として設定する。

㉒ **アルファはベータよりも大きいか等しいか？**

このスコアは他に見つかっているスコアと同程度であるため、ここで処理を中断し、その
ノードの探索の残りを無視できる。

擬似コード

アルファベータ法を実現するための擬似コードは min-max 探索アルゴリズムのものとだいた
い同じであり、アルファとベータの値を記録し、木構造を探索するときにそれらの値を維持す
るコードが追加される。MIN（スコアの最小化）が選択された場合は min_or_max 変数の値が
–1 になり、MAX（スコアの最大化）が選択された場合は min_or_max 変数の値が 1 になるこ
とに注意しよう。

```
minmax_ab_pruning(state, depth, min_or_max, last_move, alpha, beta):
  let current score equal state.get_score
  if current_score is not equal to 0 or state.is_full or depth is equal to 0:
    return new Move(last_move, current_score)
  let best_score equal to min_or_max multiplied by -∞
  let best_move = -1
  for each possible choice (0 to 4 in a 5x4 board) as move:
    let neighbor equal to a copy of state
    execute current move on neighbor
    let best_neighbor equal
      minmax(neighbor, depth -1, min_or_max * -1, move, alpha, beta)
    if (best_neighbor.score is greater than best_score and min_or_max is MAX)
    or (best_neighbor.score is less than best_score and min_or_max is MIN):
      let best_score = best_neighbor.score
      let best_move = best_neighbor.move
      if best_score >= alpha:
        alpha = best_score
      if best_score <= beta:
        beta = best_score
    if alpha >= beta:
      break
  return new Move(best_move, best_score)
```

3.3.4 敵対探索アルゴリズムのユースケース

知識あり探索アルゴリズムは用途が広く、現実のさまざまな場面で役立つ。

- **完全情報を用いたターン制ゲームのゲームプレイエージェントの作成**
  ゲームの中には、2人以上のプレイヤーが同じ環境でプレイするものがある。チェスや
  チェッカーなど、古くからあるゲームの実装がすでに成功している。完全情報に基づく
  ゲームは隠された情報や偶然が関与しないゲームである。

- **不完全情報を用いたターン制ゲームのゲームプレイエージェントの作成**
  ポーカーやスクラブルのように、これらのゲームには未知の将来の選択肢が存在する。

- **経路最適化のための敵対探索と蟻コロニー最適化**
  敵対探索を蟻コロニー最適化（ACO）アルゴリズムと組み合わせることで、都市の宅配経
  路を最適化する。ACOについては、第6章で説明する。

本章のまとめ

知識あり探索はアルゴリズムに知識を与える

ヒューリスティクスを考え出すのは難しいことがあるが、
よいヒューリスティクスは効率的な求解に役立つ

A* 探索はヒューリスティクスとルートからの距離に基づいて最適解を見つけ出す

$$f(n) = g(n) + h(n)$$

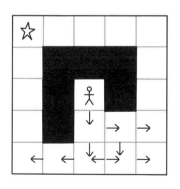
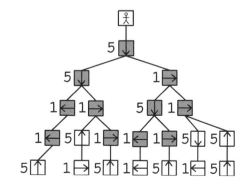

min-max 探索などの敵対探索は環境に何か他のものが影響を与える状況で役立つ

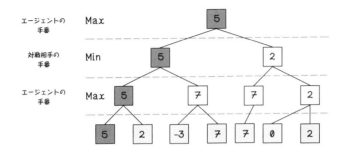

アルファベータ法は望ましくないパスを除外することで
min-max 探索アルゴリズムを最適化するのに役立つ

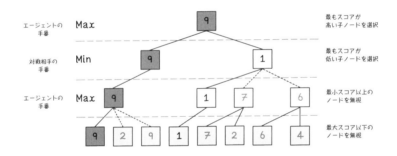

進化的アルゴリズム $\Big|$ 4

本章の内容

- 進化的アルゴリズムの原点
- 進化的アルゴリズムによる問題解決
- 遺伝的アルゴリズムのライフサイクル
- 最適化問題を解くための遺伝的アルゴリズムの設計と開発

4.1　進化とは何か

　周囲の世界に目を向けたときに、私たちが見たり関わったりするものがどのようにしてそうなったのだろうと思うことがある。このことを説明する方法の 1 つは進化論である。進化論は、生物が最初から現在の姿で存在していたのではなく、環境に適応しながら世代を重ね、数百万年をかけて少しずつ進化してきたのだと説いている。このことは、それぞれの生物の身体的および認知的特徴がその環境を生き抜くための最良適合の結果であることを意味する。進化は、親の遺伝子が混合した子を作ることで、生物が繁殖を通じて進化することを匂わせる。これらの個体が環境にどれくらい適合しているかによって個体の強さが決まり、個体が強いほど生き延びる可能性が高くなる。

　私たちは「進化は線形的なプロセスで、子孫に明らかな変化が起きる」という思い違いをしがちである。現実には、進化はずっと無秩序で、種は多様性に富んでいる。繁殖と遺伝子の混合によってそれこそさまざまな変異種が生まれる。種に顕著な相違が表れるまでに数千年を要

することもあり、しかもそれぞれの時点の平均的な個体と比較してみなければどこに違いがあるのかはわからない。図 4-1 は、実際の人間の進化と誤って認識されている進化を比較したものだ。

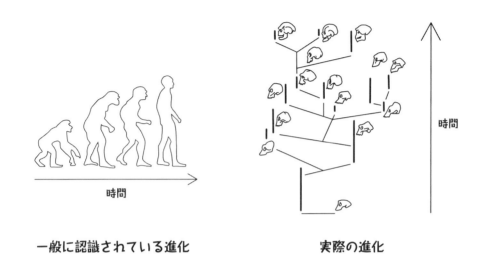

一般に認識されている進化　　　　　　　　実際の進化

図 4-1：一般に認識されている線形的な人類の進化と実際の進化

　チャールズ・ダーウィンは自然淘汰を軸とする進化論を唱えた。**自然淘汰**（natural selection）は、個体群の中でより強い個体のほうが環境への適応力が高く、生き延びる可能性が高いという概念である。そのような個体は繁殖力が高く、次の世代を残すのに有利な形質を有している —— つまり、祖先よりも高い能力を持っている可能性がある。

　環境に適応した進化の例と言えば、オオシモフリエダシャクである。オオシモフリエダシャクは、もともとは明るい体色をした蛾であり、その環境内の明るい色をしたものの表面にとまって擬態することで捕食者からうまく逃れていた。暗い体色をした個体は全体のわずか 2% ほどだった。それが産業革命以降は、種のおよそ 95% が暗い体色の変種になった。一説によれば、公害によって景観が黒っぽくなったため、明るい色の蛾がとまって擬態できる樹の幹などの表面が減ってしまい、より目立つ体色の蛾が捕食されやすくなったせいだった。暗い体色の蛾は暗い色の表面にとまって擬態する上ではるかに有利だったため、より生存期間が長く、より繁殖し、その遺伝子情報が子孫に広く行き渡ることになった。

　オオシモフリエダシャクの間で外面的に変化した特性は体色だった。しかし、この特性は魔法のように切り替わったわけではなかった。体色を変化させるには、暗い体色の蛾の遺伝子を子孫に受け継がせる必要があった。

　自然進化の他の例では、個体間の色の違いよりも劇的な変化が表れることがあるが、実際には、このような変化は何世代にもわたってもっと深いレベルの遺伝的相違の影響を受けている（図 4-2）。

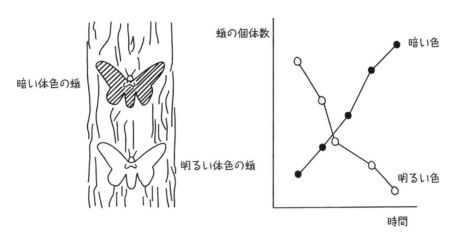

図 4-2：オオシモフリエダシャクの進化

　進化には、種の個体群においてつがいが繁殖行動をとることも含まれる。子は親の遺伝子の組み合わせだが、**突然変異**と呼ばれるプロセスを通じてその子に小さな変化が起きる。そして、その子は個体群の一部となる。ただし、個体群のすべての個体が生き延びるわけではない。知ってのとおり、病気、怪我、その他の要因によって個体は命を落とす。周囲の環境に対する適応力が高い個体は生き延びる可能性が高く、この状況が**適者生存**という言葉を生んだ。ダーウィンの進化論によると、個体群は次の特性を備えている。

- **多様性**
  個体群の各個体はそれぞれ異なる遺伝的形質を持つ。
- **遺伝性**
  子は親の遺伝的特性を受け継ぐ。
- **淘汰**
  各個体の適合度を測るメカニズム。より強い個体は生き延びる可能性が高い（適者生存）。

これらの特性は進化の過程で「繁殖」と「交叉／突然変異」が起きることを示唆する（図 4-3）。

● **繁殖**

通常は個体群の 2 つの個体が繁殖行動をとって子を作る。

● **交叉と突然変異**

繁殖によって生まれた子は親の遺伝子の混合を受け継ぐ。子の遺伝子情報にはわずかながらランダムな変化が見られる。

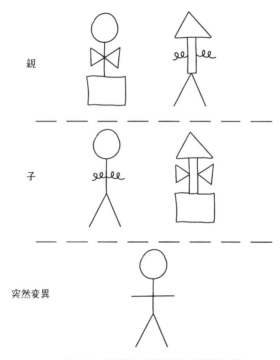

図 4-3：繁殖と突然変異の簡単な例

　要約すると、進化は生物を多様化させる驚くべきカオス系であり、生物の中には特定の環境内の特定のことについて他の生物よりも優れているものがある。この理論は進化的アルゴリズムにも当てはまる。つまり、多様な解を生成し、世代を重ねながらより性能のよい解に収束することにより、生物学的進化から学習した知識を現実の問題に対する最適解の求解に活用するのである。

　本章と次章では、進化的アルゴリズムを詳しく見ていく。進化的アルゴリズムは難しい問題を解くための強力なアプローチだが、十分に評価されていない。進化的アルゴリズムは単体でも利用できるし、ニューラルネットワークなどと併用することもできる。この概念をしっかり理解すれば、まったく新しい問題を解くためのさまざまな可能性への扉が開かれるはずだ。

4.2　進化的アルゴリズムに適用できる問題

　進化的アルゴリズムはどのような問題の解決にも適用できるわけではない。このアルゴリズムが適しているのは、解が多くの順列や選択肢で構成される場合である。一般に、このような問題には有効な解がいくつもあり、最適解に近いものもあれば、そうではないものもある。

　ナップサック問題について考えてみよう。ナップサック問題は、アルゴリズムの仕組みとそれらの効率を調べるためにコンピュータサイエンスで使われている古典的な問題である。ナップサック問題では、ナップサックに詰めることができる荷物の重さが決まっている。ナップサックに詰めることができるアイテムがいくつかあり、それぞれ重さと価値が異なっている。ここで目標となるのは、総重量がナップサックの制限を超えない範囲で、できるだけ多くのアイテムをナップサックに詰め、ナップサック全体の価値を最も高くすることである。なお、最も単純な種類の問題では、アイテムの物理的な寸法と体積は無視される（図 4-4）。

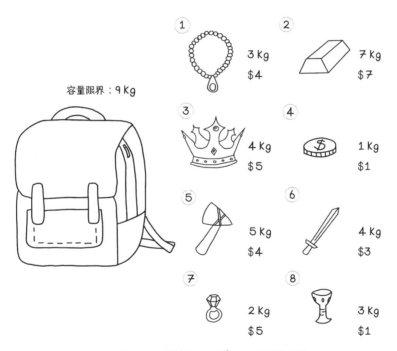

図 4-4：単純なナップサック問題の例

　単純な例として、問題の仕様が表 4-1 であると仮定すれば、ナップサックに合計 9kg までアイテムを詰めることができる。そして、それぞれ重さと価値が異なる 8 つのアイテムをどれでも詰めることができる。

表 4-1：ナップサックの可搬重量：9kg

アイテム ID	アイテム名	重量（kg）	価値（ドル）
1	真珠	3	4
2	金塊	7	7
3	王冠	4	5
4	硬貨	1	1
5	斧	5	4
6	剣	4	3
7	指輪	2	5
8	杯	3	1

この問題には、次を含め、255 通りの解がある（図 4-5）。

- **解 1**
  アイテム 1、4、6 を詰め込む。総重量は 8kg で、総価値は 8 ドル。

- **解 2**
  アイテム 1、3、7 を詰め込む。総重量は 9kg で、総価値は 14 ドル。

- **解 3**
  アイテム 2、3、6 を詰め込む。総重量は 15kg で、ナップサックの容量を超える。

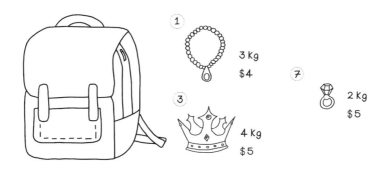

図 4-5：単純なナップサック問題に対する最適解

　最も価値が高い解が**解 2** であることは明らかである。選択肢の個数の計算方法についてはあまり気にしなくてよいが、潜在的なアイテムの個数が増えるに従って選択肢の個数が爆発的に増えることを覚えておこう。

この例は単純なので手で解けるが、ナップサック問題では、重量の制限、アイテムの個数、各アイテムの重さと価値をさまざまな値にできるため、変数が大きくなると手に負えなくなる。また、変数が大きくなった場合、アイテムのすべての組み合わせを片っ端から試すのは計算的に高くつく。このため、望ましい解を効率よく見つけ出すアルゴリズムが必要になる。

ここで、見つけ出せる最良の解を「最適解」ではなく「望ましい解」と表現していることに注意しよう。アルゴリズムの中には、ナップサック問題に対する1つの絶対的な最適解を見つけ出そうとするものがある。これに対し、進化的アルゴリズムは最適解を見つけ出そうとするものの、最適解が見つかることを保証しない。進化的アルゴリズムが見つけ出すのは、そのユースケースにふさわしい解である。ふさわしい解が何であるかの主観的見解は、その問題による。たとえば、医療現場の基幹システムの場合、「十分によい解」が通用するとは思えない。しかし、音楽レコメンデーションシステムの場合は、それで十分かもしれない。

ここで、表4-2のさらに大きなデータセットについて考えてみよう（そのとおり、途方もない大きさのナップサックである）。これだけの個数のアイテムがあり、それぞれ重さと価値が異なることを考えると、この問題を手で解くのは無理がある。このデータセットの複雑さを理解すれば、コンピュータサイエンスの多くのアルゴリズムがこのような問題を解くときの性能によって評価される理由が見えてくる。アルゴリズムの性能は特定の解が問題をどれくらいうまく解くかを表すものとして定義され、必ずしも計算性能を表さない。ナップサック問題では、解がもたらす総価値が高いものほど「性能がよい」とされる。進化的アルゴリズムはナップサック問題の求解方法の1つである。

表4-2：ナップサックの容量：6,404,180kg

アイテムID	アイテム名	重量（kg）	価値（ドル）
1	斧	32,252	68,674
2	青銅貨	225,790	471,010
3	王冠	468,164	944,620
4	ダイヤの像	489,494	962,094
5	エメラルドのベルト	35,384	78,344
6	化石	265,590	579,152
7	金貨	497,911	902,698
8	兜	800,493	1,686,515
9	インク	823,576	1,688,691
10	宝石箱	552,202	1,056,157
11	ナイフ	323,618	677,562

（続き）

アイテム ID	アイテム名	重量（kg）	価値（ドル）
12	長剣	382,846	833,132
13	仮面	44,676	99,192
14	ネックレス	169,738	376,418
15	オパールの勲章	610,876	1,253,986
16	真珠	854,190	1,853,562
17	矢筒	671,123	1,320,297
18	ルビーの指輪	698,180	1,301,637
19	銀のブレスレット	446,517	859,835
20	時計	909,620	1,677,534
21	制服	904,818	1,910,501
22	毒薬	730,061	1,528,646
23	毛織のマフラー	931,932	1,827,477
24	石弓	952,360	2,068,204
25	古書	926,023	1,746,556
26	亜鉛の杯	978,724	2,100,851

　この問題を解く方法の 1 つは、片っ端から試すことである。このアプローチでは、アイテムの組み合わせとして考えられるものをすべて計算し、最良の解が見つかるまで、ナップサックの重量制限を満たす組み合わせごとに価値を割り出す必要がある。

　図 4-6 は、このアプローチのベンチマーク分析である。なお、通常のパーソナルコンピュータのハードウェアに基づく計算であることに注意しよう。

組み合わせ	$2^{26} = 67,108,864$
イテレーション	$2^{26} = 67,108,864$
正解率	100%
計算時間	～7分

図 4-6：ナップサック問題を総当たりで解いた場合の性能分析

　本章では、許容できる解を求めるために遺伝的アルゴリズムを理解、設計、開発するにあたってナップサック問題を使うことにする。この問題をしっかり頭に入れておこう。

性能(performance)という言葉について注意しておきたい点がある。個々の解の観点からすると、性能は解が問題をどれくらいうまく解くかを表す。アルゴリズムの観点からすると、性能は特定の設定が解をどれくらいうまく見つけられるかを表す。また、性能は計算サイクルを意味することもある。この言葉がコンテキストによって異なる意味を持つことに注意しよう。

　ナップサック問題を解くために遺伝的アルゴリズムを使っているのは、現実のさまざまな問題に応用できると考えているからだ。たとえば、物流会社が目的地に基づいてトラックの積み荷を最適化したい場合は、遺伝的アルゴリズムが役立つだろう。この会社が複数の目的地間の最短ルートを調べたい場合も、遺伝的アルゴリズムが役立つだろう。ある工場がベルトコンベヤシステムで原料を精製していて、材料の順序が生産性に影響をおよぼすとしたら、遺伝的アルゴリズムはその順序を決定するのに役立つだろう。

　遺伝的アルゴリズムの考え方、アプローチ、ライフサイクルを詳しく調べれば、この強力なアルゴリズムをどこに適用できるのかが明らかになるはずだ。ひょっとしたら、いろいろ試しているうちに別の用途を思い付くこともあるだろう。重要なのは、遺伝的アルゴリズムが**確率論的**であることだ。つまり、アルゴリズムを実行するたびに出力が異なる可能性がある。

4.3　遺伝的アルゴリズム：ライフサイクル

　遺伝的アルゴリズムは進化的アルゴリズムの一種である。それぞれのアルゴリズムは進化を前提とする点では同じだが、問題によってライフサイクルのさまざまな部分が少し変わってくる。これらのパラメータについては、第5章で取り上げる。

　遺伝的アルゴリズムは大きな探索空間でよい解を評価するために使われる。ここで重要となるのは、遺伝的アルゴリズムが絶対的な最適解を見つけ出すという保証がないことだ。「遺伝的アルゴリズムは局所最適解を回避しながら全体最適解を見つけ出そうとする」という点に注意しよう。

　全体最適解(global best)は考え得る最良の解であり、**局所最適解**(local best)は最適とは言えない解である。図4-7は解をできるだけ小さくしなければならない場合の最適解を示している。つまり、解は小さければ小さいほどよい。これに対し、目標が解を最大化することである場合、解は大きければ大きいほどよい。遺伝的アルゴリズムのような最適化アルゴリズムは、局所最適解を求めながら全体最適解を見つけ出すことを目指す。

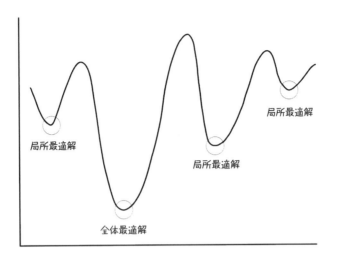

図 4-7：局所最適解と全体最適解

　アルゴリズムのパラメータを設定するときには細心の注意を払う必要がある。最初は解の多様性を追い求め、世代を重ねるごとによい解に引き寄せられるようにする。最初のうちは、候補解の遺伝的特性に大きなばらつきがあるのが望ましい。多様性がある状態から始まらないと、局所最適解に陥る可能性が高くなるからだ（図 4-8）。

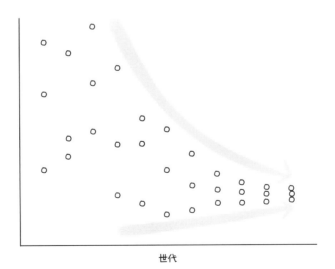

世代

図 4-8：多様性の収束

　遺伝的アルゴリズムの設定は問題空間によって決まる。それぞれの問題には一意なコンテキストがあり、データを表す領域や解の評価方法が異なっている。

　遺伝的アルゴリズムの一般的なライフサイクルは次のようになる。

- **個体群を作成する**
  候補解からなる個体群をランダムに作成する。

- **個体群の各個体の適合度を計測する**
  特定の解がどれくらいよいものであるかを判断する。解のよさを判断するには、適合度関数を使って解を採点する（スコアを付ける）。

- **適合度をもとに親を選択する**
  繁殖行動をとる親のペアを選択する。

- **親から個体を繁殖させる**
  親から子を作る。遺伝子情報を組み合わせ、わずかな突然変異を子に適用する。

- **次の世代を選択する**
  次の世代まで生き延びる個体と子を個体群から選択する。

　遺伝的アルゴリズムの実装は複数のステップに分かれている。これらのステップはアルゴリズムのライフサイクルの各段階をカバーしている（図 4-9）。

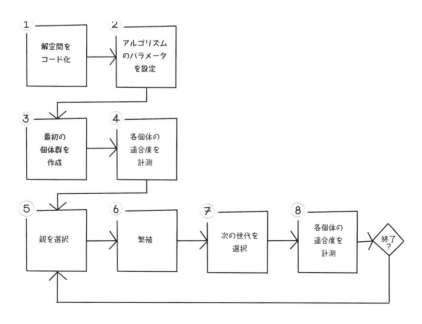

図 4-9：遺伝的アルゴリズムのライフサイクル

ナップサック問題を念頭に置いて、遺伝的アルゴリズムを使って問題を求解するにはどうすればよいのだろう。次節では、このプロセスを詳しく見ていくことにする。

4.4 解空間をコード化する

遺伝的アルゴリズムを使うときには、コード化のステップを正しく行うことが最優先課題であり、考えられる状態をうまく表現する必要がある。**状態**（state）とは、特定のルールを使って問題に対する候補解を表すデータ構造のことである。さらに、これらの状態を集めたものが個体群となる（図4-10）。

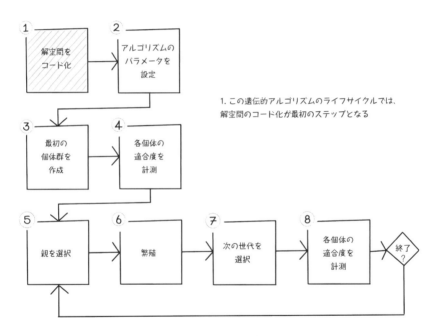

図4-10：解をコード化する

用語

進化的アルゴリズムでは、個々の候補解を**染色体**（chromosome）と呼ぶ。染色体は遺伝子で構成される。**遺伝子**（gene）はユニットの論理的な型であり、**対立遺伝子**（allele）はそのユニットに格納される実際の値である。**遺伝子型**（genotype）は解の表現であり、**表現型**（phenotype）は一意な解そのものである。各染色体は常に同じ個数の遺伝子を持ち、染色体の集まりは**個体群**（population）を形成する（図4-11）。

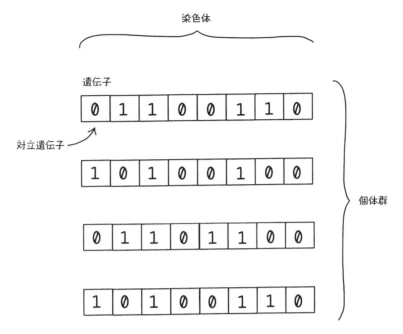

図 4-11：解の個体群を表すデータ構造の用語

　ナップサック問題では、ナップサックに複数のアイテムを詰めることができる。候補解（あるアイテムをナップサックに詰め、他のアイテムは詰めない）を簡単に表現する方法の 1 つはバイナリエンコーディングである（図 4-12）。**バイナリエンコーディング**（binary encoding）では、ナップサックに詰めるアイテムを 1、ナップサックに詰めないアイテムを 0 で表す。たとえば、遺伝子インデックス 3 の値が 1 である場合、そのアイテムはナップサックに詰めるものとして表される。完全なバイナリ文字列のサイズ（選択の対象となるアイテムの個数）は常に同じである。ただし、第 5 章で説明するように、エンコーディング方式は他にもある。

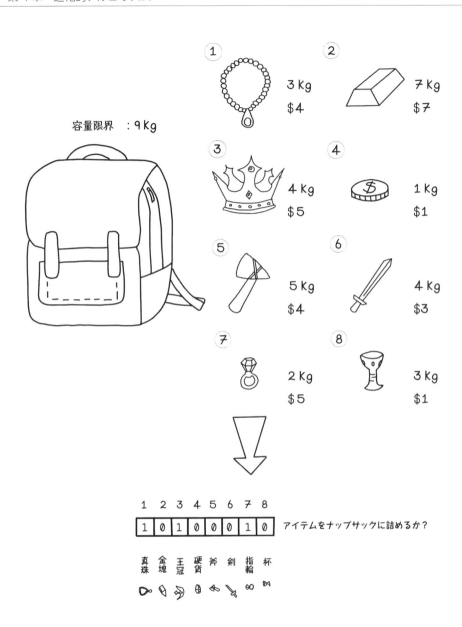

図 4-12：ナップサック問題のバイナリエンコーディング

4.4.1　バイナリエンコーディング：候補解を 0 と 1 で表す

　バイナリエンコーディングは遺伝子を 0 または 1 で表すため、染色体は一連のバイナリビットで表される。バイナリエンコーディングは特定の要素の有無を表すためにさまざまな方法で利用できるが、数値を 0 と 1 でコード化する目的でも利用できる。バイナリエンコーディングの利点は、プリミティブ型を使うことから、たいてい効率がよいことである。バイナリエンコーディングはワーキングメモリをそれほど要求せず、言語によってはバイナリ演算のほうが計算効率がよい。しかし、そのエンコーディング方式がその問題に適していて、候補解をうまく表現するという確証を得るには、クリティカルシンキングが不可欠である。このような姿勢でのぞまなければ、アルゴリズムの性能が振るわないという結果に終わるかもしれない（図4-13）。

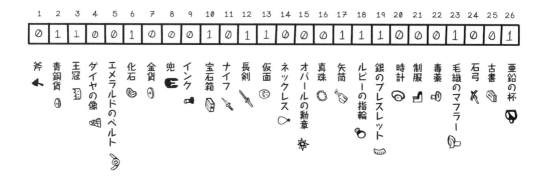

図 4-13：ナップサック問題に対するより大きなデータセットのバイナリエンコーディング

　ナップサック問題のデータセットが 26 種類のアイテムで構成されていて、それぞれ重さと価値が異なるとすれば、バイナリ文字列を使って各アイテムをナップサックに詰めるかどうかを表すことができる。結果として、インデックスごとに 0 または 1 が設定された 26 文字の文字列が作成される。1 はそのアイテムがナップサックに含まれることを意味し、0 は含まれないことを意味する。

　エンコーディング方式は他にもある。たとえば、実数値、順列（順序）、木を使うものがある。これらのエンコーディング方式については、第 5 章で説明する。

練習問題：次の問題に対するエンコーディングとしてどのようなものが考えられるか

次の文章があるとする。フレーズを意味のあるものに保つために、遺伝的アルゴリズムを使って
省いてもよい単語と残しておく単語を調べたい。

```
THE QUICK BROWN FOX JUMPS OVER THE LAZY DOG
```

正しくない表現
```
THE           BROWN        JUMPS OVER
    QUICK           FOX          OVER THE
THE               FOX                 THE LAZY
```

正しい表現
```
THE QUICK        FOX
    QUICK        FOX JUMPS
THE          BROWN FOX                         DOG
THE          BROWN                      LAZY DOG
THE QUICK                               DOG
    QUICK                    OVER THE    DOG
THE QUICK                           LAZY DOG
```
* 句読点は省略

答え：次の問題に対するエンコーディングとしてどのようなものが考えられるか

　候補語の個数は常に同じであり、これらの単語は常に同じ位置にあるため、バイナリエン
コーディングを使って省く単語と残す単語を表すことができる。染色体は9つの遺伝子で構成
され、各遺伝子はフレーズ内の単語を表す。

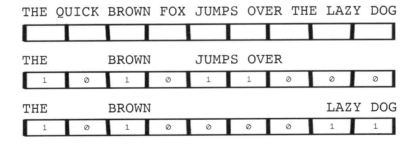

4.5　解の個体群を作成する

　最初に個体群が作成されている。つまり、いわゆる遺伝的アルゴリズムの最初のステップは、現下の問題に対する候補解をランダムに初期化することである。個体群を初期化するプロセスでは、染色体がランダムに生成されるが、問題の制約を考慮に入れなければならない。候補解は有効なものであるべきだが、それらの制約に違反する場合はひどい適合度スコアを割り当てるべきである。個体群のそれぞれの個体が問題をうまく解くとは限らないが、解としては有効である。ナップサック問題の例で述べたように、同じアイテムを複数回詰めることを指定する解は無効にすべきであり、候補解からなる個体群の一部にすべきではない（図4-14）。

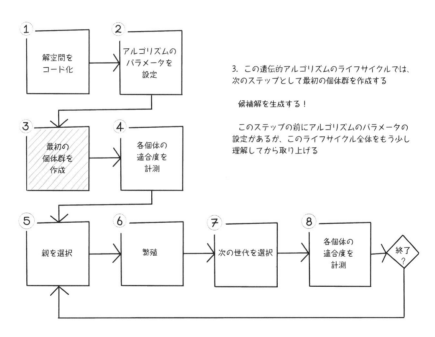

図4-14：最初の個体群を作成する

　ナップサック問題の解の状態がどのように表されるかを考えると、この実装では、各アイテムをナップサックに詰めるべきかどうかがランダムに決定されることがわかる。とはいえ、重量制限の制約を満たしている解だけを考慮に入れるべきである。単に左から右に向かってアイテムが含まれるかどうかをランダムに選択していく方法には問題がある。それだと染色体の左側のアイテムにバイアスがかかってしまうからだ。同様に、右から左に向かって選択していくとしたら、右側のアイテムにバイアスがかかってしまう。この問題に対処する方法の1つは、ランダムな遺伝子を使って完全な個体を生成してから、その解が有効かどうか、制約に違反し

ていないかどうかを判断することである。無効な解に極端なスコアを割り当てれば、この問題を解決できる（図 4-15）。

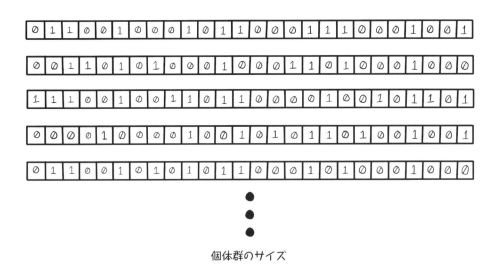

個体群のサイズ

図 4-15：解の個体群の例

候補解の最初の個体群を生成するために、各個体を収容する空の配列を作成する。続いて、個体群の個体ごとに、その個体の遺伝子を収容する空の配列を作成する。各遺伝子に 0 または 1 をランダムに設定することで、その遺伝子インデックスにあるアイテムが含まれるかどうかを表す。

```
generate_initial_population(population_size, individual_size):
  let population be an empty array
  for individual in range 0 to population_size:
    let current_individual be an empty array
    for gene in range 0 to individual_size:
      let range_gene be 0 or 1 randomly
      append random_gene to current_individual
    append current_individual to population
  return population
```

4.6　各個体の適合度を計測する

　個体群を作成した後は、個体群の各個体の適合度を突き止める必要がある。適合度は解の性能がどれくらいよいかを定義する。遺伝的アルゴリズムのライフサイクルには、適合度関数が不可欠である。個体の適合度が正しく計測されない、あるいは最適解に収束するような方法で計測されないとしたら、新しい個体の親と新しい世代を選択するプロセスに影響がおよぶことになるからだ。そのアルゴリズムには欠陥があり、考え得る最良の解を求めることはできない。

　適合度関数は、第3章で取り上げたヒューリスティクスに似ており、よい解を求めるためのガイドラインとなる（図4-16）。

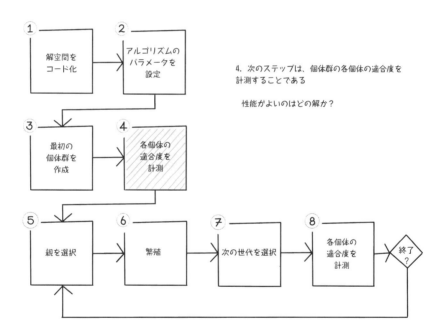

図4-16：各個体の適合度を計測する

　この例の解（個体）は、重量制限の制約に配慮しながら、ナップサックに含まれるアイテムの価値を最大化しようとする。適合度関数は、個体ごとにナップサック内のアイテムの総価値を計測する。結果として、総価値の高い個体ほど適合度が高くなる。図4-17では、適合度が0の無効な個体が示されている。このようなひどいスコアになったのは、この問題の可搬重量（6,404,180kg）を超えてしまったためだ。

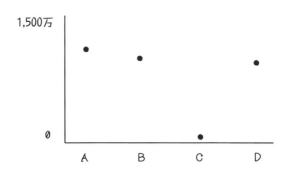

図4-17：各個体の適合度を計測する

　問題によっては、適合度関数の結果を最小化しなければならない場合と最大化しなければならない場合がある。ナップサック問題では、ナップサックの内容を制約の範囲内で最大化するか、ナップサック内の空きスペースを最小化することが考えられる。問題をどのように解釈するかによってアプローチが決まる。

擬似コード

ナップサック問題において各個体の適合度を計算するには、それぞれの個体が含んでいる各アイテムの価値の合計を求めなければならない。このタスクは次のように行う —— 総価値を0にし、各遺伝子を順番に処理しながら、その遺伝子が表しているアイテムがナップサックに含まれるかどうかを判断する。アイテムが含まれる場合は、そのアイテムの価値を総価値に足す。同様に、解が有効かどうかを確認するために総重量を計算する。関心をより明確に分離するために、「適合度の計算」の概念と「制約の検査」の概念を分けることができる。

```
calculate_individual_fitness(individual, knapsack_items, knapsack_max_weight):
  let total_weight equal 0
  let total_value equal 0
```

```
for gene_index in range 0 to length of individual:
  let current_bit equal individual[gene_index]
  if current_bit equals 1:
    add weight of knapsack_items[gene_index] to total_weight
    add value of knapsack_items[gene_index] to total_value
if total_weight is greater than knapsack_max_weight:
  return value as 0 since it exceeds the weight constraint
return total_value as individual fitness
```

4.7　親を適合度に基づいて選択する

　遺伝的アルゴリズムの次のステップは、新しい個体の親となる個体を選択することである。ダーウィンの進化論によると、適合度の高い個体のほうが長生きする傾向にあるため、繁殖する可能性が高くなる。さらに、これらの個体がその環境でよい性能を発揮しているということは、継承するのに望ましい特性を有しているということだ。とはいえ、個体群全体で最も適合度が高い個体ではなかったとしても、繁殖の可能性が高いこともある。そのような個体は総合的に強いわけではないものの、強い形質を有しているのかもしれない。

　各個体の適合度は計算済みなので、それらの適合度を使って新しい個体の親として選ばれる確率を求める。このような特性を持つ遺伝的アルゴリズムはそもそも確率論的である（図4-18）。

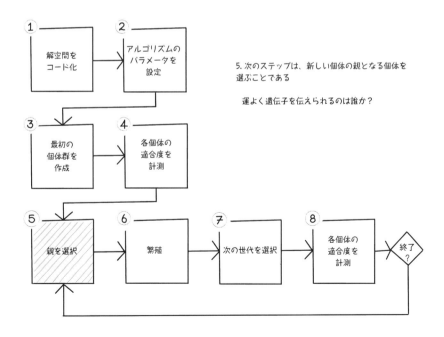

図 4-18：親を選ぶ

　適合度に基づいて親を選択する手法としてよく知られているのは**ルーレット選択**（roulette-wheel selection）である。この手法では、それぞれの適合度に基づいて個体に円盤の一部を割り当てる。そして円盤を回転させ、個体を選ぶ。個体の適合度が高いほど、円盤上で割り当てられるスライスが大きくなる。このプロセスを親が目的の数に達するまで繰り返す。

　図 4-19 では、それぞれ適合度が異なる 16 の個体の確率を計算することで、円盤のスライスを各個体に割り当てている。多くの個体の特性が似通っているため、同じような大きさのスライスがいくつもある。

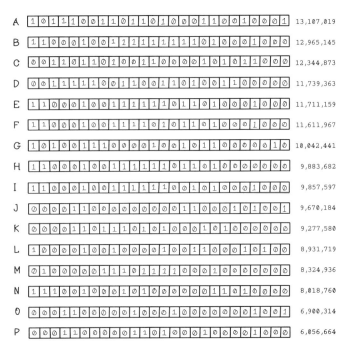
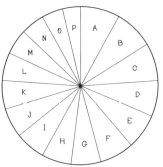

図 4-19：個体ごとに選ばれる確率を求める

　新しい個体を繁殖させるために選ばれる親の数は、必要な個体の目標数によって決まる。目標数は各世代に求められる個体群の大きさによって決まる。「親を 2 つ選んで子を作る」というプロセスを、子の数が目標数に達するまで繰り返す（同じ個体が複数回親になることもある）。2 つの親の繁殖行動によって作られる子は 1 つの場合と 2 つの場合がある。このまま読み進めれば、この概念がより明確になるはずだ。ナップサック問題の例では、より適合度の高い個体をナップサックに詰めることで、重量制限の制約に配慮しながら、最も高い複合価値を生み出すことを意味する。

　個体群モデルは、個体群の多様性を制御する方法である。定常状態モデルと世代交代モデルは2つの個体群モデルであり、それぞれに長所と短所がある。

4.7.1　定常状態モデル：世代ごとに個体群の一部を置き換える

　個体群を管理するためのこのハイレベルなアプローチは、他の選択方式の代わりに使うものではなく、それらの方式を活用するスキームである。個体群の大部分を残し、少数の弱い個体を削除し、新しい個体と置き換えるという仕組みになっている。このプロセスは生と死の循環を模倣している。つまり、弱い個体は死に、繁殖によって新しい個体が生まれる。個体群が100の個体で構成されているとすれば、個体群の大部分を既存の個体が占め、残りの小さな部分を繁殖によって生まれた新しい個体が占める。たとえば、現世代の個体と新しい個体の割合は80対20になるかもしれない。

4.7.2　世代交代モデル：世代ごとに個体群全体を置き換える

　個体群を管理するためのこのハイレベルなアプローチは、定常状態モデルと似ているが、選択方式に代わるものではない。世代交代モデルは、個体群の大きさに等しい数の新しい個体を作り、個体群全体を新しい個体で置き換える。個体群が100の個体で構成されているとすれば、各世代の繁殖による新しい個体の数は100になる。定常状態モデルと世代交代モデルは、遺伝的アルゴリズムの設定を計画するための包括的な発想である。

4.7.3　ルーレット方式：親と生き延びる個体を選択する

　染色体は適合度が高いほど選択される可能性が高くなるが、適合度の低い染色体でも選択される望みがわずかにある。**ルーレット選択**（roulette-wheel selection）という用語は、円盤がスライスに分割されたカジノのルーレットに由来する。一般的には、円盤を回転させ、円盤に球を投げ入れる。そして、円盤が止まったときに球が入ったスライスが選ばれる。

　このたとえでは、染色体を円盤のスライスに割り当てる。適合度の高い染色体は大きなスライスを獲得し、適合度の低い染色体は小さなスライスをあてがわれる。球がスライスにランダムに落ちるのと同じように、染色体はランダムに選ばれる。

　このたとえは確率的選択の一例である。見込みの大小はあるにせよ、どの個体にも選ばれるチャンスがある。個体が選ばれる確率は、前述の個体群の多様性と収束率に影響を与える。この概念については、図4-19でも具体的に示した。

まず、選択の確率を個体ごとに割り出す必要がある。この確率を求めるには、各個体の適合度を個体群全体の適合度で割る。これにはルーレット方式を利用できる。「円盤」は望ましい数の個体が選択されるまで「回転」する。選択のたびに 0 から 1 の間の小数がランダムに計算される。個体の適合度がその確率の範囲内である場合、その個体は選択される。各個体の確率の割り出しには他の確率的アプローチも利用できる。たとえば標準偏差では、個体の値を集団の平均値と比較する。

```
set_probabilities_of_population(population):
  let total_fitness equal the sum of fitness of the population
  for individual in population:
    let the probability_of_selection of individual...
        ...equal it's fitness/total_fitness

roulette_wheel_selection(population, number_of_selections):
  let possible_probabilities equal
      set_probabilities_of_population(population)
  let slices equal empty array
  let total equal 0
  for i in range (0, number_of_selections):
    append [i, total, total + possible_probabilities[i]]
      to slices
    total += possible_probabilities[i]
  let spin equal random (0, 1)
  let result equal [slice for slice in slices if slice[1] < spin <= slice[2]]
  return result
```

4.8　親から個体を繁殖させる

　親を選択したら、新しい個体を作るために繁殖させる必要がある。一般に、このプロセスには次の 2 つのステップが関係している。1 つ目のステップは**交叉**（crossover）であり、1 つ目の親の遺伝子の一部を 2 つ目の親の遺伝子の一部と組み合わせ、2 つ目の親の遺伝子の一部を1 つ目の親の遺伝子の一部と組み合わせる。このプロセスにより、交叉した親の遺伝子をそれぞれ受け継ぐ 2 つの子が生まれる。2 つ目のステップは**突然変異**（mutation）であり、子の遺伝子の一部をランダムに変化させることで個体群に多様性を持たせる（図 4-20）。

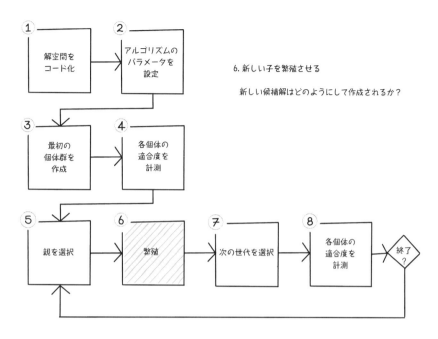

図 4-20：子を繁殖させる

交叉

交叉では 2 つの個体の遺伝子を組み合わせることで 1 つ以上の新しい個体を作る。交叉は交配の概念から着想を得ている。新しい個体が親のどの部分を受け継ぐかは、どの交叉方式を用いるかによる。交叉はエンコーディング方式に大きく左右される。

4.8.1　一点交叉：それぞれの親から 1 つの部分を受け継ぐ

　一点交叉では、まず、染色体構造を 2 つの部分に分割する。続いて、当該の 2 つの親を参照し、1 つ目の親の 1 つ目の部分と 2 つ目の親の 2 つ目の部分を選択する。そして、これら 2 つの部分を組み合わせて新しい子を作る。さらに、2 つ目の親の 1 つ目の部分と 1 つ目の親の 2 つ目の部分を使って 2 つ目の子を作ることができる。

　一点交叉は、バイナリエンコーディング、順列エンコーディング、実数値エンコーディングに適用できる（図 4-21）。これらのエンコーディング方式については、第 5 章で説明する。

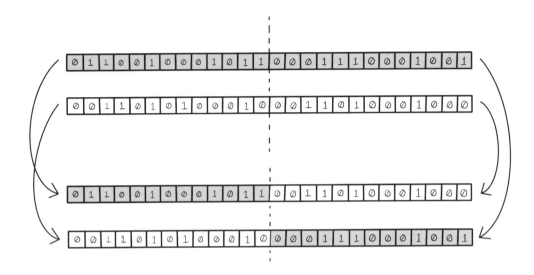

図 4-21：一点交叉

擬似コード

2 つの新しい個体を作成するために、新しい個体を収容する空の配列を作成する。親 A のインデックス 0 から目的のインデックスまでのすべての遺伝子を、親 B の目的のインデックスから染色体の終わりまでのすべての遺伝子と連結することで、新しい個体を 1 つ作成する。次に、逆の組み合わせを用いて、新しい個体をもう 1 つ作成する。

```
one_point_crossover(parent_a, parent_b, xover_point):
  let children equal empty array

  let child_1 equal genes 0 to xover_point from parent_a plus...
  ...genes xover_point to parent_b length from parent_b
  appent child_1 to children

  let child_2 equalgenes 0 to xover_point from parent_b plus...
  ...genes xover_point to parent_a length from parent_a
  append child_2 to children

  return children
```

4.8.2　二点交叉：それぞれの親から複数の部分を受け継ぐ

　二点交叉では、染色体構造を3つの部分に分割する。続いて、当該の2つの親を参照し、染色体の一部を交互に選択することで、完全な個体を作る。このプロセスは前述の一点交叉と似ている。もう少し正確に言うと、新しい個体は1つ目の親の1つ目の部分、2つ目の親の2つ目の部分、1つ目の親の3つ目の部分で構成される。二点交叉については、配列を継ぎ合わせて新しい配列を作成することをイメージすればよい。この場合も、各親の逆の部分を使って2つ目の個体を作ることができる。二点交叉はバイナリエンコーディングと実数値エンコーディングに適用できる（図4-22）。

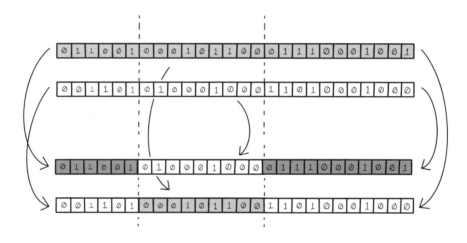

図 4-22：二点交叉

4.8.3　一様交叉：各親からさまざまな部分を受け継ぐ

　一様交叉は二点交叉からさらに一歩踏み込んだもので、各親のどの遺伝子を新しい個体の生成に使うのかを表すマスクを作成する。そして、逆のプロセスを用いて2つ目の個体を生成できる。多様性を最大化するために、新しい個体を作るたびにマスクをランダムに生成できる。一般的に言えば、子の特性がどちらの親ともまったく違っているため、一様交叉ではより多様な個体が作られる。一様交叉はバイナリエンコーディングと実数値エンコーディングに適用できる（図4-23）。

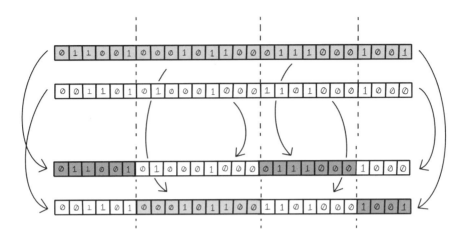

図 4-23：一様交叉

突然変異

突然変異は、新しい個体をわずかに変化させることで、個体群の多様化を促す。問題の性質とエンコーディング方式に基づいて、さまざまなアプローチが使われる。

突然変異のパラメータの 1 つは変異確率であり、新しい個体の染色体が突然変異する確率を表す。生物と同様に、染色体の中には変異しやすいものがある。子は親の染色体の厳密な組み合わせではなく、わずかに異なる遺伝子を持つ。突然変異は個体群の多様化を促し、アルゴリズムが局所最適解に陥るのを防ぐのに不可欠である。

変異確率が高いことは、個体が突然変異の対象として選択される可能性が高い、あるいは個体の染色体が突然変異する可能性が高いことを意味する。どちらを意味するかは、突然変異の手法による。高い変異確率は多様性が高いことを意味するが、多様性が高すぎるとよい解が得られにくくなることがある。

練習問題：次の染色体があるとき、一様交叉はどのような結果をもたらすか

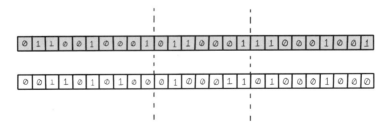

答え：次の染色体があるとき、一様交叉はどのような結果をもたらすか

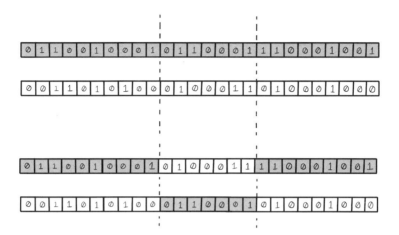

4.8.4 バイナリエンコーディングでのビット列の突然変異

　ビット列の突然変異では、0と1でコード化された染色体の遺伝子をランダムに選択し、もう1つの有効な値に変更する（図4-24）。別のエンコーディング方式を用いる場合は、他の突然変異メカニズムを適用できる。突然変異のメカニズムについては、第5章で取り上げる。

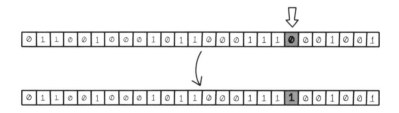

図 4-24：ビット列の突然変異

擬似コード

個体の染色体の遺伝子を 1 つだけ突然変異させるために、遺伝子インデックスをランダムに選択する。その遺伝子が 1 を表す場合は 0 に変更し、0 を表す場合は 1 に変更する。

```
mutate_individual(individual, chromosome_length):
  let random_index equal a random number between 0 and chromosome_length
  if gene at index random_index of individual is equal to 1:
    let gene at index random_index of individual equal 0
  else:
    let gene at index random_index of individual equal 1
  return individual
```

4.8.5　バイナリエンコーディングでのビット反転の突然変異

　ビット反転の突然変異では、0 と 1 でコード化された染色体のすべての遺伝子を逆の値にする。1 があった場所は 0 になり、0 があった場所は 1 になる。この種の突然変異は有能な解を大幅に劣化させるおそれがあり、通常は個体群に絶えず多様性を取り入れる必要がある場合に使われる（図 4-25）。

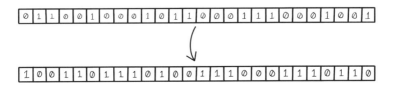

図 4-25：ビット反転の突然変異

4.9　次の世代を選択する

　個体群の各個体の適合度を計測し、新しい個体を繁殖させた後は、次の世代を形成する個体を選ぶ。通常、個体群の大きさは固定であり、繁殖によって個体数が増えるため、一部の個体が死に、個体群から削除される必要がある。

　個体群の大きさに収まる数の最良の個体を残し、それ以外の個体を削除するのがよさそうに思えるかもしれない。しかし、生き延びる個体の遺伝子構造が似ていると、個体の多様性を停滞させる結果になるかもしれない（図 4-26）。

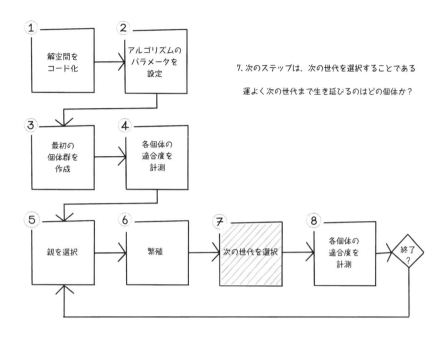

図 4-26：次の世代を選択する

　本章で説明した選択方式を使って、次の世代の個体群の一部を形成する個体を選択することができる。

4.9.1　探索と活用

　遺伝的アルゴリズムを実行するには、探索と活用をうまく両立させる必要がある。個体間に多様性があり、個体群全体が探索空間において大きく異なる候補解を追求するというのが理想的な状況である。そして、最も望ましい解を求めるために、より強い局所解を活用する。この状況の利点は、個体が進化する過程で強い解を活用しながら、探索空間をできるだけ広く探索することにある（図 4-27）。

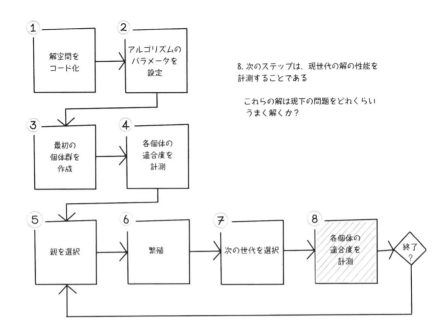

8. 次のステップは、現世代の解の性能を
計測することである

これらの解は現下の問題をどれくらい
うまく解くか？

図 4-27：各個体の適合度を計測する

4.9.2 終了条件

遺伝的アルゴリズムは世代ごとによりよい解を求めることを繰り返すため、終了条件を決めておく必要がある。そうしないとアルゴリズムの実行がいつまでも終わらないかもしれない。**終了条件**（stopping condition）は、アルゴリズムが終了するときに満たされる条件であり、その世代の個体群において最も強い個体が最良の解として選択される。

最も単純な終了条件は**定数**である。この場合、定数値はアルゴリズムを実行する世代の個数を表す。また、適合度が閾値に達したときに終了するという方法もある。この方法が役立つのは、最低限必要な適合度がわかっているものの、解が不明なときである。

停滞（stagnation）は、個体群が数世代にわたって同じような強さの解を生成するという遺伝的アルゴリズムの問題である。個体群が停滞すると、将来の世代で強い解を生成する尤度が低くなる。世代ごとに最良の個体の適合度の変化を調べて、適合度の変化がほんのわずかである場合はアルゴリズムを終了するという終了条件を定めることもできる。

擬似コード

ライフサイクル全体をまとめたメイン関数では、遺伝的アルゴリズムのさまざまなステップが使われる。変数パラメータには、交叉ステップと突然変異ステップの可変交叉位置と変異確率に加えて、個体群の大きさ、アルゴリズムを実行する世代の個数、適合度関数のナップサックの容量が含まれる。

```
run_ga(population_size, number_of_generations, knapsack_capacity):
  let best_global_fitness equal 0
  let global_population equal...
  ...generate_initial_population(population_size)
  for generation in range (number_of_generations):
    let current_best_fitness equal...
    ...calculate_population_fitness(global_population, knapsack_capacity)
    if current_best_fitness is greater than best_global_fitness:
      let best_global_fitness equal current_best_fitness
    let the_chosen equal...
    ...roulette_wheel_selection(global_population, population_size)
    let the_children equal...
    ...reproduce_children(the_chosen)
    let the_children equal...
    ...mutate_children(the_children)
    let global_population equal...
    ...merge_population_and_children(global_population, the_children)
```

　本章の冒頭で述べたように、ナップサック問題は総当たり方式でも解けないことはない。その場合は、6,000万以上の組み合わせを生成して分析する必要がある。同じ問題を解こうとしている遺伝的アルゴリズムと比較してみると、探索と活用のパラメータが正しく設定される場合は、遺伝的アルゴリズムのほうがずっと計算効率が高いことがわかる。状況によっては、遺伝的アルゴリズムが生成するのは「十分によい」解である。つまり、必ずしも最良の解ではないものの、ふさわしい解である。繰り返しになるが、遺伝的アルゴリズムを問題に適用するかどうかは状況次第である（図4-28）。

	総当たり	遺伝的アルゴリズム
イテレーション	2^26 = 67,108,864	10,000 - 100,000
正解率	100%	100%
計算時間	～7分	～3秒
最良値	13,692,887	13,692,887

図4-28：総当たり方式の性能と遺伝的アルゴリズムの性能

4.10　遺伝的アルゴリズムのパラメータを設定する

遺伝的アルゴリズムの設計と設定を行う前に、このアルゴリズムの性能に影響を与える意思決定をいくつか行う必要がある。性能に関する課題は次の 2 つの領域に分かれる。

- アルゴリズムは問題に対するよい解を見つけ出すことにおいてよい性能を達成すべきである。
- アルゴリズムは計算効率を追求すべきである。

従来の他の手法よりも解の計算量が増えるとしたら、問題を解くために遺伝的アルゴリズムを設計するのは無意味である。遺伝的アルゴリズムで使うエンコーディング方式、適合度関数、そしてアルゴリズムの他のパラメータは、上記の両方の課題に関する性能におよぼす。次のパラメータについて検討する必要がある。

- **染色体のエンコーディング**
  問題に適用できるかどうか、候補解が全体最適解に収束するかどうかという観点から、染色体のエンコーディング方式について検討する必要がある。エンコーディング方式はアルゴリズムの成功の要となる。

- **個体群の規模**
  個体群の規模も設定可能なパラメータである。個体群が大きければ大きいほど、候補解の多様性が高くなる。ただし、個体群が大きければ大きいほど、各世代で要求される計算量が増える。個体群が大きいと突然変異の必要性が相殺され、最初は多様だった個体群が世代を重ねるごとに多様性を失っていくことがある。有効なアプローチの 1 つは、小さな個体群から始めて、性能に基づいて個体群を大きくしていくことである。

- **個体群の初期化**
  個体群の各個体はランダムに初期化されるが、遺伝的アルゴリズムの計算量を最適化し、各個体を正しい制約に基づいて初期化するには、解の有効性を確保することが重要となる。

- **新しい個体の数**
  各世代で作る新しい個体（子）の個数も設定可能なパラメータである。繁殖の後、個体群の規模を元どおりにするために個体群の一部が殺されるとしよう。このとき、新しい個体の個数が多いほど多様性は高くなるが、新しい個体を受け入れるためによい解が犠牲になるおそれがある。個体群が動的であるとしたら、世代を重ねるごとに個体群の規模が変化するかもしれない。しかし、このアプローチでは、より多くのパラメータを設定・

制御することが求められる。

- **親の選択方式**

  親の選択に使われる選択方式も設定可能なパラメータである。選択方式は、現下の問題と、望ましい探索と活用に基づくものでなければならない。

- **交叉方式**

  交叉方式も設定可能なパラメータである。交叉方式はエンコーディング方式と結び付いているが、個体群の多様性を促進または抑制する目的で設定できる。とはいえ、新しい個体はやはり有効な解を生成しなければならない。

- **突然変異の確率**

  変異確率も新しい個体と候補解の多様性を促進する設定可能なパラメータである。変異確率が高いほど多様性は高くなるが、多様性がありすぎると有能な個体を劣化させることがある。変異確率については、前世代では多様性が高くなり、後世代では多様性が低くなるように変更できる。この結果を、探索とそれに続く活用として説明できる。

- **突然変異方式**

  突然変異方式は、エンコーディング方式に依存する点では、交叉方式に似ている。突然変異方式には、遺伝子を組み換えたり極端な適合度スコアを割り当てたりした後でも有効な解を生成しなければならないという重要な性質がある。

- **世代の選択方式**

  親の選択に使われる方式と同様に、世代の選択方式はその世代を生き延びる個体を選択しなければならない。選択方式によっては、アルゴリズムの収束が早すぎたり、停滞や探索が長すぎたりすることがある。

- **終了条件**

  アルゴリズムの終了条件は、現下の問題と望ましい結果に照らして適切なものでなければならない。計算量と計算時間が終了条件の主な要因となる。

4.11　遺伝的アルゴリズムのユースケース

遺伝的アルゴリズムには幅広い用途がある。単独の問題に対処するアルゴリズムもあれば、遺伝的アルゴリズムを他の手法と組み合わせることで、次のような難しい問題を解くための新しいアプローチを作り出すものもある。

- **株式市場での投資家の動きを予測する**

  投資を行う消費者は、特定の株を買い足すか、今持っている株を売るかどうかの決断を

毎日のように迫られている。このような一連の行動を展開し、投資家のポートフォリオの結果に対応付けることができる。金融機関はこの知見をもとに、価値の高い顧客サービスやガイダンスを積極的に提供できる。

● **機械学習の特徴量選択**

機械学習については第8章で説明するが、機械学習の重要なポイントは、何かに関する特徴量をもとに、その何かが何に分類されるのかを判断することにある。たとえば住宅を調べている場合は、築年数、工法、規模、色、所在地など、住宅に関連するさまざまな特性が見つかるかもしれない。しかし、市場価格を予測するときに重要となるのは、おそらく築年数、規模、所在地だけだろう。遺伝的アルゴリズムを利用すれば、最も重要となる特徴量を浮き彫りにできる。

● **暗号解読と暗号**

暗号（cipher）とは、別の何かに見えるように特定の方法で符号化されたメッセージのことであり、情報を隠蔽するためによく使われる。メッセージを解読する方法がわからない場合、受信者はメッセージを理解できない。遺伝的アルゴリズムを利用すれば、暗号化されたメッセージを変換して元のメッセージを明らかにする可能性を広げることができる。

第5章では、遺伝的アルゴリズムをさまざまな問題空間に適応させる高度な概念に取り組む。エンコーディング、交叉、突然変異、選択のさまざまな手法を調べるほか、他の効果的な手法も取り上げる。

本章のまとめ

遺伝的アルゴリズムはよい解をすばやく見つけ出すためにランダム性をうまく利用する

エンコーディングはアルゴリズムに不可欠である

1	2	3	4	5	6	7	8	9	10	11	12	13	14	15	16	17	18	19	20	21	22	23	24	25	26
0	1	1	0	0	1	0	0	0	1	0	1	1	0	0	0	1	1	1	0	0	0	1	0	0	1

適合度関数は現下の問題に対するよい解を見つけ出す上で非常に重要である

交叉は世代を重ねるごとによりよい解を生み出すことを目指す

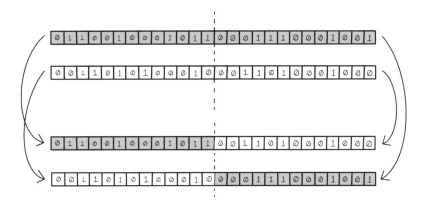

選択はより強い個体を優遇するが、弱い個体には将来強い個体を
繁殖できる機会を与える

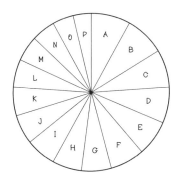

ルーレット選択

初めに探索し、終わりに向かって活用する

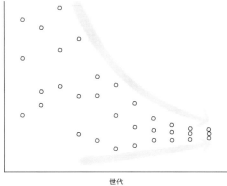

世代

高度な進化的アプローチ | 5

本章の内容

- 遺伝的アルゴリズムのライフサイクルのさまざまなステップ
- さまざまな問題を解くための遺伝的アルゴリズムの調整
- さまざまなシナリオ、問題、データセットに基づいて遺伝的アルゴリズムのライフサイクルを設定するためのパラメータ

本章の内容は第 4 章を読み終えていることを前提としている。

5.1　進化的アルゴリズムのライフサイクル

　遺伝的アルゴリズムの一般的なライフサイクルについては、第 4 章で簡単に取り上げた。本章では、次の内容を取り上げる。

- 遺伝的アルゴリズムで解くのに適していると思われる他の問題
- ここまで見てきたアプローチの一部がうまくいかない理由
- それらに代わるアプローチ

遺伝的アルゴリズムの一般的なライフサイクルは次のようなものだった。

- **個体群を作成する**
  候補解からなる個体群をランダムに作成する。

- **個体群の各個体の適合度を計測する**
  特定の解がどれくらいよいものであるかを判断する。解のよさを判断するには、適合度関数を使って解を採点する（スコアを付ける）。

- **適合度をもとに親を選択する**
  繁殖行動をとる親のペアを選択する。

- **親から個体を繁殖させる**
  親から子を作る。遺伝子情報を組み合わせ、わずかな突然変異を子に適用する。

- **次の世代を選択する**
  次の世代まで生き延びる個体と子を個体群から選択する。

本書を読み進めるにあたって、このライフサイクルの流れ（図 5-1）を頭に入れておこう。

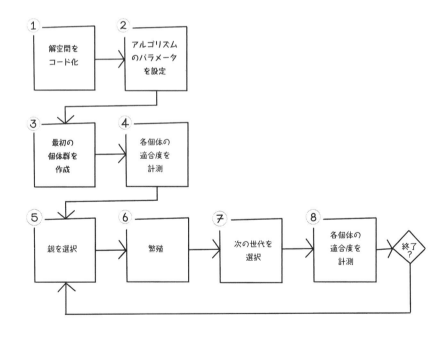

図 5-1：遺伝的アルゴリズムのライフサイクル

　本章では、まず、代わりに利用できる選択方式を調べる。遺伝的アルゴリズムではたいてい既存のアプローチをこれらのアプローチに置き換えて使うことができる。続いて、第4章のナップサック問題に少し手を加えた3つのシナリオを使って、エンコーディング、交叉、突然変異の代替アプローチの有用性を明らかにする（図5-2）。

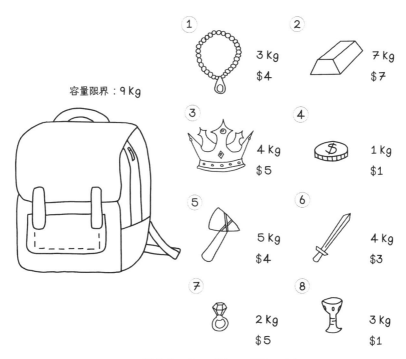

容量限界：9kg

①　3kg　$4
②　7kg　$7
③　4kg　$5
④　1kg　$1
⑤　5kg　$4
⑥　4kg　$3
⑦　2kg　$5
⑧　3kg　$1

図5-2：ナップサック問題の例

5.2　別の選択方式

　第4章では、選択方式としてルーレット選択を取り上げた。ルーレット選択は個体を選択するための最もシンプルな手法の1つである。ここで取り上げる3つの選択方式は、ルーレット選択の問題点を改善するのに役立つ。どの方式にも個体群の多様性に影響を与える長所と短所があり、最終的に最適解が見つかるかどうかを左右する。

5.2.1　ランク選択：条件を公平にする

　ルーレット選択の問題点の1つは、染色体によって適合度のばらつきが大きいことである。このばらつきによって大きなバイアスがかかり、適合度の高い個体が選択される可能性が高く

なったり、能力の低い個体が選択される可能性が必要以上に高くなったりすることがある。この問題は個体群の多様性に影響をおよぼす。多様性が高くなればなるほど探索空間での探索が増えることになるが、最適解が見つかるまでにあまりにも多くの世代が必要になることもある。

　この問題を解決しようとするのが**ランク選択**（rank selection）である。ランク選択は、各個体をその適合度に基づいてランク付けし、各個体のランクをその円盤のスライスのサイズを計算するための値として使う。ナップサック問題では、16 のアイテム（個体）の中からどれかを選択するため、1 ～ 16 の数字が使われる。個体が強いほど選択される可能性が高くなり、個体が弱いほど（それらが平均的な個体であったとしても）選択される可能性が低くなるが、厳密な適合度ではなくランクに基づいて公平に選択される機会が各個体に与えられる。16 の個体をランク付けする場合は、ルーレット選択とは少し異なる円盤になる（図 5-3）。

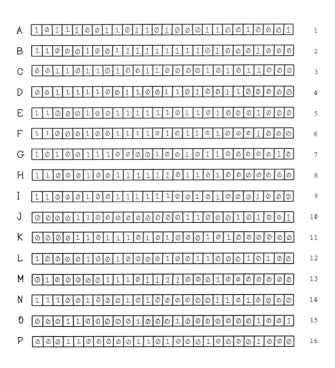
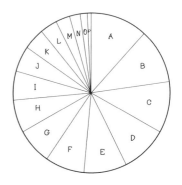

図 5-3：ランク選択の例

　図 5-4 はルーレット選択とランク選択を比較したものである。ランク選択のほうが、より性能のよい解が選択される可能性が高いことは明白だ。

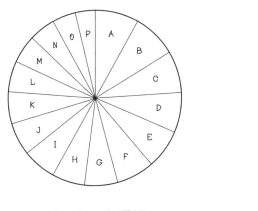
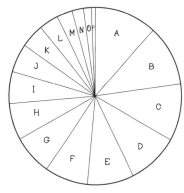

ルーレット選択　　　　　　　**ランク選択**

図5-4：ルーレット選択とランク選択

5.2.2　トーナメント選択：競わせる

　トーナメント選択（tournament selection）では、染色体どうしを競わせる。この選択方式では、個体群から決まった数の個体をランダムに選択し、それらの個体をグループにする。このプロセスをグループが特定の個数になるまで繰り返す。そして、それぞれのグループ内で最も適合度が高い個体を選択する。各グループから選択される個体は1つだけなので、グループが大きくなるほど多様性が低くなる。各個体の実際の適合度が個体群全体から個体を選択する主要因にならない点では、ランク選択と同様である。

　16の個体を4つのグループに割り当てる場合、各グループから個体を1つだけ選択すると、それぞれのグループから最も強い個体が合計で4つ選択されることになる。続いて、勝者となった4つの個体をペアにして繁殖を行うことができる（図5-5）。

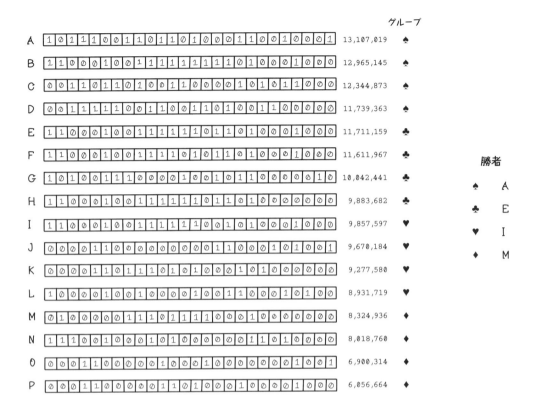

図 5-5：トーナメント選択の例

5.2.3　エリート選択：最もよい個体だけを選択する

エリート選択（elitism selection）は、個体群において最良の個体を選択する。他の選択方式では有能な個体が失われるリスクがあるが、エリート選択はそれらの個体を残すことで、そうしたリスクを排除する。この選択方式の欠点は、個体群が局所最適解に陥ってしまい、全体最適解を見つけ出すのに十分な多様性が得られない可能性があることだ。

エリート選択はルーレット選択、ランク選択、トーナメント選択との組み合わせでよく使われる。要するに、複数のエリート個体を繁殖のために選択し、個体群の残りの個体を他の選択方式の 1 つを使って選択するのである（図 5-6）。

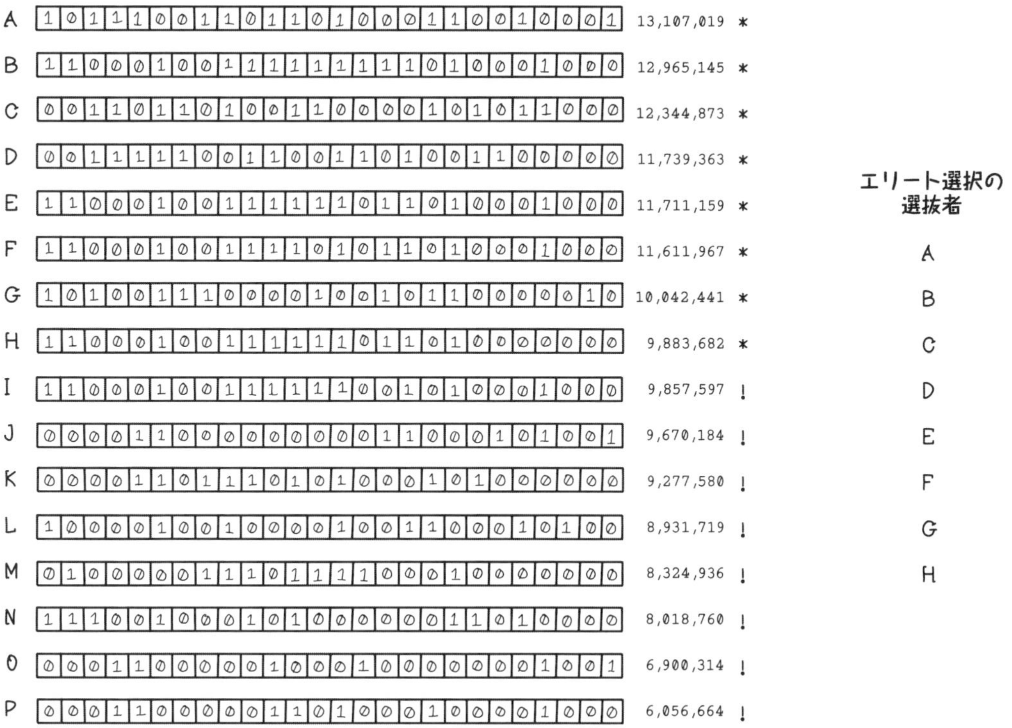

A `1 0 1 1 1 0 0 1 1 0 1 1 0 1 0 0 0 1 1 0 0 1 0 0 0 1` 13,107,019 ＊
B `1 1 0 0 0 1 0 0 1 1 1 1 1 1 1 1 1 0 1 0 0 0 1 0 0 0` 12,965,145 ＊
C `0 0 1 1 0 1 1 0 1 0 0 1 1 0 0 0 1 0 1 0 1 1 0 0 0 0` 12,344,873 ＊
D `0 0 1 1 1 1 1 0 0 1 1 0 0 1 1 0 1 0 0 1 1 0 0 0 0 0` 11,739,363 ＊
E `1 1 0 0 0 1 0 0 1 1 1 1 1 1 0 1 1 0 1 0 0 0 1 0 0 0` 11,711,159 ＊
F `1 1 0 0 0 1 0 0 1 1 1 1 0 1 0 1 0 1 0 1 0 0 1 0 0 0` 11,611,967 ＊
G `1 0 1 0 0 1 1 1 0 0 0 1 0 0 1 0 1 0 1 1 0 0 0 0 0 1 0` 10,042,441 ＊
H `1 1 0 0 0 1 0 0 1 1 1 1 1 1 0 1 1 0 1 0 1 0 0 0 0 0` 9,883,682 ＊
I `1 1 0 0 0 1 0 0 1 1 1 1 1 0 1 0 1 0 0 1 0 1 0 0 0` 9,857,597 ！
J `0 0 0 0 1 1 0 0 0 0 0 0 0 0 1 1 0 0 0 1 0 1 0 0 1` 9,670,184 ！
K `0 0 0 0 1 1 0 1 1 1 0 1 0 1 0 0 1 0 1 0 0 0 0 0` 9,277,580 ！
L `1 0 0 0 1 0 0 1 0 0 0 0 1 0 0 1 1 0 0 0 1 0 1 0 0` 8,931,719 ！
M `0 1 0 0 0 0 0 1 1 1 0 1 1 1 1 0 0 0 1 0 0 0 0 0 0` 8,324,936 ！
N `1 1 1 0 0 1 0 0 0 0 1 0 0 0 0 0 1 1 0 1 0 0 0` 8,018,760 ！
O `0 0 0 1 1 0 0 0 0 1 0 0 0 1 0 0 0 0 0 0 1 0 0 1` 6,900,314 ！
P `0 0 0 1 1 0 0 0 0 0 1 1 0 1 0 0 0 1 0 0 0 1 0 0 0` 6,056,664 ！

エリート選択の
選抜者

A
B
C
D
E
F
G
H

図5-6：エリート選択の例

　第4章で取り組んだ問題では、ナップサックに詰め込むアイテムと詰め込まないアイテム
が重要だった。問題空間の中には、バイナリエンコーディングが適していないために別のエン
コーディングを要求するものがいろいろある。次の3つの節では、これらのシナリオを見てい
こう。

5.3　実数値エンコーディング：実数を扱う

　ナップサック問題に少し変更を加えたとしよう。ナップサックの可搬重量を満たす最も価値
の高いアイテムを選ぶことに変わりはないが、その選択には各アイテムの個数が関わってくる。
表5-1に示すように、重量と価値は元のデータセットと同じだが、各アイテムの数量が追加
されている。このちょっとした調整により、新たな候補解が大量に発生する。特定のアイテム
を複数回選択できるため、それらの解の中により適切なものが1つ以上存在するかもしれない。
バイナリエンコーディングは、このようなシナリオにあまり適していない。候補解の状態を表

すのには、実数値エンコーディングのほうが適している。

表 5-1：ナップサックの容量：6,404,180kg

アイテム ID	アイテム名	重量（kg）	価値（ドル）	数量
1	斧	32,252	68,674	19
2	青銅貨	225,790	471,010	14
3	王冠	468,164	944,620	2
4	ダイヤの像	489,494	962,094	9
5	エメラルドのベルト	35,384	78,344	11
6	化石	265,590	579,152	6
7	金貨	497,911	902,698	4
8	兜	800,493	1,686,515	10
9	インク	823,576	1,688,691	7
10	宝石箱	552,202	1,056,157	3
11	ナイフ	323,618	677,562	5
12	長剣	382,846	833,132	13
13	仮面	44,676	99,192	15
14	ネックレス	169,738	376,418	8
15	オパールの勲章	610,876	1,253,986	4
16	真珠	854,190	1,853,562	9
17	矢筒	671,123	1,320,297	12
18	ルビーの指輪	698,180	1,301,637	17
19	銀のブレスレット	446,517	859,835	16
20	時計	909,620	1,677,534	7
21	制服	904,818	1,910,501	6
22	毒薬	730,061	1,528,646	9
23	毛織のマフラー	931,932	1,827,477	3
24	石弓	952,360	2,068,204	1
25	古書	926,023	1,746,556	7
26	亜鉛の杯	978,724	2,100,851	2

5.3.1 実数値エンコーディングの基礎

　実数値エンコーディングは、遺伝子を数値、文字列、または記号で表すことで、候補解を問題にとってより自然な状態で表現する。このエンコーディングを使うのは、候補解に連続値が含まれていて、バイナリエンコーディングでは簡単にコード化できない場合である。たとえば、ナップサックには特定のアイテムを複数追加できるため、各アイテムのインデックスを使ってそのアイテムがナップサックに含まれるかどうかを示すわけにはいかない。そのアイテムがナップサックにいくつ含まれるのかを示さなければならない（図 5-7）。

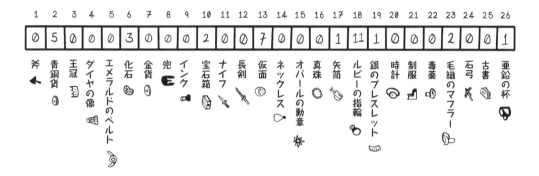

図 5-7：実数値エンコーディングの例

　エンコーディング方式が変更されているため、新しい交叉方式と突然変異方式が利用可能になる。実数値エンコーディングでは、バイナリエンコーディングで説明した交叉方式も依然として有効だが、突然変異については別のアプローチが必要である。

5.3.2 算術交叉：計算による繁殖

　算術交叉（arithmetic crossover）では、それぞれの親を変数とする算術演算を行う。両方の親を使って算術演算を行った結果が新しい個体である。この交叉方式をバイナリエンコーディングで用いる場合は、演算の結果が依然として有効な染色体であることが重要となる。算術交叉はバイナリエンコーディングと実数値エンコーディングに適用できる（図 5-8）。

> この方式ではかなり多様な個体が作られることがあり、そのことが問題になる可能性があるので注意しよう。

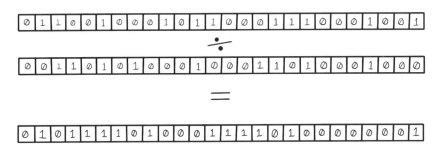

図 5-8：算術交叉の例

5.3.3　境界突然変異

　境界突然変異（boundary mutation）では、実数値エンコーディングでコード化した染色体からランダムに選択した遺伝子を下限値または上限値にランダムに設定する。染色体の遺伝子の数が 26 であるとすれば、インデックスをランダムに選択し、その値を最小値または最大値にする。図 5-9 では、インデックス 21 の元の値は 0 であり、この値をそのアイテムの最大値である 6 に調整している。最小値と最大値はすべてのインデックスで同じにしてもよいし、その問題に関する知識を意思決定に活用する場合は、インデックスごとに一意に設定することもできる。境界突然変異の目的は、個々の遺伝子が染色体におよぼす影響を評価することにある。

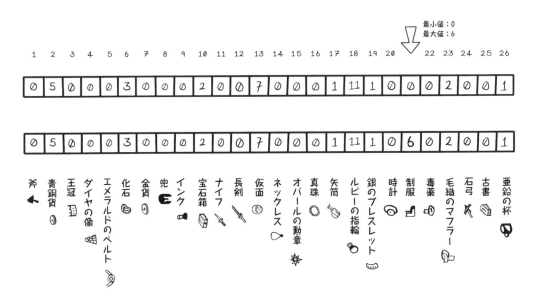

図 5-9：境界突然変異の例

5.3.4　算術突然変異

　算術突然変異（arithmetic mutation）では、実数値エンコーディングでコード化した染色体からランダムに選択した遺伝子に小さな数を足すか引くかして変更を加える。図5-10の例には整数が含まれているが、小数（分数を含む）でもよい。

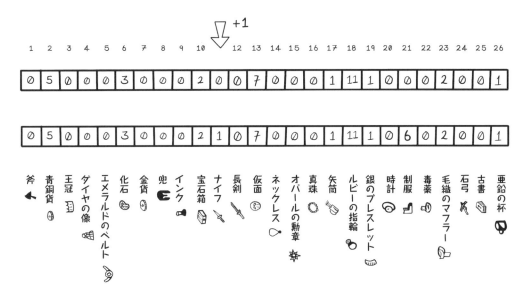

図5-10：算術突然変異の例

5.4　順序エンコーディング：シーケンスを扱う

　ここでもナップサック問題と同じアイテムを使うことにする。ただし、ナップサックに収まるアイテムを突き止めるのではなく、すべてのアイテムを精製所で処理し、各アイテムを分解して原料を取り出す必要がある。おそらく、金貨や銀のブレスレットなどのアイテムは溶かして原料化合物を抽出することになるだろう。このシナリオでは、ナップサックに詰め込むアイテムを選択するのではなく、すべてのアイテムが詰め込まれる。

　ここでもう一捻りして、この精製所が安定した価値率を要求するとしよう。価値率は精製所が1時間あたりに抽出する価値の割合であり、アイテムの抽出時間と価値によって決まる。精製した原料の価値はアイテムの価値とだいたい同じであると想定される。問題は順序である。価値率を一定に保つには、アイテムをどのような順序で処理すればよいだろうか。各アイテムとそれぞれの抽出時間をまとめると表5-2のようになる。

表 5-2：精製所が 1 時間に抽出する価値：600,000

アイテム ID	アイテム名	重量（kg）	価値（ドル）	抽出時間
1	斧	32,252	68,674	60
2	青銅貨	225,790	471,010	30
3	王冠	468,164	944,620	45
4	ダイヤの像	489,494	962,094	90
5	エメラルドのベルト	35,384	78,344	70
6	化石	265,590	579,152	20
7	金貨	497,911	902,698	15
8	兜	800,493	1,686,515	20
9	インク	823,576	1,688,691	10
10	宝石箱	552,202	1,056,157	40
11	ナイフ	323,618	677,562	15
12	長剣	382,846	833,132	60
13	仮面	44,676	99,192	10
14	ネックレス	169,738	376,418	20
15	オパールの勲章	610,876	1,253,986	60
16	真珠	854,190	1,853,562	25
17	矢筒	671,123	1,320,297	30
18	ルビーの指輪	698,180	1,301,637	70
19	銀のブレスレット	446,517	859,835	50
20	時計	909,620	1,677,534	45
21	制服	904,818	1,910,501	5
22	毒薬	730,061	1,528,646	5
23	毛織のマフラー	931,932	1,827,477	5
24	石弓	952,360	2,068,204	25
25	古書	926,023	1,746,556	5
26	亜鉛の杯	978,724	2,100,851	10

5.4.1　適合度関数の重要性

　ナップサック問題から精製所問題への変更において決定的な違いとなるのは、うまくいく解の計測である。精製所の1時間あたりの最低価値率は一定であるため、最適解を見つけ出す上で最も重要となるのは、適合度関数の正解率である。ナップサック問題では、解の適合度を計算するのは簡単だった。そのための条件は、ナップサックの重量制限を守ることと、選択されたアイテムの価値を合計することの2つだけだったからだ。精製所問題の適合度関数は、各アイテムの価値と抽出時間に基づいて、提供される価値の割合を計算しなければならない。この適合度関数の計算のほうが複雑であり、そのロジックに誤りがあれば解の品質に直結することになる。

5.4.2　順序エンコーディングの基礎

　順序エンコーディング（order encoding）は染色体を要素のシーケンスとして表すもので、**順列エンコーディング**（permutation encoding）とも呼ばれる。通常、順序エンコーディングではすべての要素が染色体内に存在することが要求される。このため、交叉や突然変異を実施するときに不明な要素や重複する要素がないように修正する必要があるかもしれない。図5-11は染色体の各遺伝子の処理順序をどのように表すのかを示している。

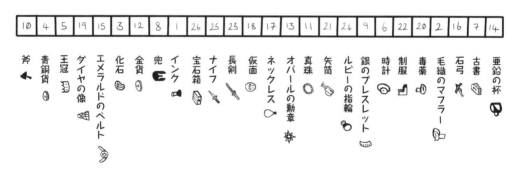

図5-11：順序エンコーディングの例

　順序エンコーディングは経路最適化問題の候補解を表すのにも不可欠である。決まった数の目的地があり、それぞれの目的地を少なくとも1回訪れながら総移動距離をできるだけ短くしなければならないとしよう。この場合は、目的地を訪れる順番に並べたシーケンスとして経路を表すことができる。第6章で群知能を取り上げるときに、この例を使うことにする。

5.4.3　順序突然変異：順序（順列）エンコーディング

　順序突然変異では、順序エンコーディングでコード化した染色体からランダムに選択した2つの遺伝子を入れ替えることで、すべての遺伝子を染色体に残した上で多様性を確保する（図5-12）。

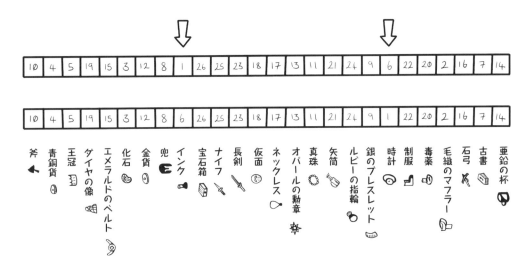

図 5-12：順序突然変異の例

5.5　木構造エンコーディング：階層を扱う

　ここまで見てきたように、集合からのアイテムの選択にはバイナリエンコーディングが役立つ。解にとって実数が重要な場合は実数値エンコーディングが役立つ。そして優先順位やシーケンスの特定には順序エンコーディングが役立つ。ナップサック問題のアイテムを箱詰めして市街地の住宅に発送するとしよう。各配送車に積み込める荷物の量は決まっている。各配送車の空きスペースをできるだけ小さくするために、荷物の最適な積み方を突き止める必要がある（表5-3）。

表 5-3：配送車の積載量：幅 1000 ×高さ 1000

アイテム ID	アイテム名	重量（kg）	価値（ドル）	幅	高さ
1	斧	32,252	68,674	20	60
2	青銅貨	225,790	471,010	10	10
3	王冠	468,164	944,620	20	20
4	ダイヤの像	489,494	962,094	30	70
5	エメラルドのベルト	35,384	78,344	30	20
6	化石	265,590	579,152	15	15
7	金貨	497,911	902,698	10	10
8	兜	800,493	1,686,515	40	50
9	インク	823,576	1,688,691	5	10
10	宝石箱	552,202	1,056,157	40	30
11	ナイフ	323,618	677,562	10	30
12	長剣	382,846	833,132	15	50
13	仮面	44,676	99,192	20	30
14	ネックレス	169,738	376,418	15	20
15	オパールの勲章	610,876	1,253,986	5	5
16	真珠	854,190	1,853,562	10	5
17	矢筒	671,123	1,320,297	30	70
18	ルビーの指輪	698,180	1,301,637	5	10
19	銀のブレスレット	446,517	859,835	10	20
20	時計	909,620	1,677,534	15	20
21	制服	904,818	1,910,501	30	40
22	毒薬	730,061	1,528,646	15	15
23	毛織のマフラー	931,932	1,827,477	20	30
24	石弓	952,360	2,068,204	50	70
25	古書	926,023	1,746,556	25	30
26	亜鉛の杯	978,724	2,100,851	15	25

　話を単純にするために、配送車の積載量を 2 次元の四角形に見立て、荷物を 3 次元の箱ではなく 2 次元の四角形として考えることにする。

5.5.1　木構造エンコーディングの基礎

　木構造エンコーディングは染色体を「要素の木」として表すもので、要素の階層が重要であるか、必要であるか、またはその両方である候補解を表すのに役立つ。木構造エンコーディングは関数をも表すことができる。その場合、関数は「式の木」で表される。このため、プログラムにおいて特定の問題を解く関数を進化させるために木構造エンコーディングを利用しようと思えばできないことはない。この解はうまくいくかもしれないが、かなり変わった外観になることがある。

　木構造エンコーディングが適している状況の例として、特定の高さと幅の配送車があり、特定の個数の荷物を積まなければならないとしよう。配送車に荷物を積むときには、空きスペースをできるだけ小さくすることが目標となる。木構造エンコーディングは、この問題に対する候補解を表すのにうってつけに思える。

　図 5-13 では、ルートノードであるノード A が配送車に積まれた荷物を上から順に表している。ノード B は横一列に積まれた荷物を表しており、ノード C とノード D も同様である。ノード E は配送車の隙間に縦に積まれた荷物を表している。

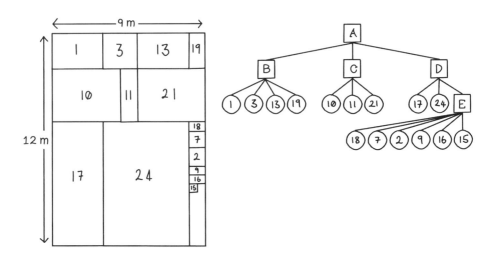

図 5-13：配送車の積載問題を表すために使われる木の例

5.5.2　木交叉：木の一部を継承する

　木交叉（tree crossover）は、次の点において前章の一点交叉と似ている。

- 木構造内の点を1つ選択し、親個体のコピーどうしで構造の一部を交換し、組み合わせることで子個体を作成する。
- 逆のプロセスを使って2つ目の子個体を作成できる。
- 新たに作られた個体が現下の問題の制約を満たす有効な解であることを検証しなければならない。

　現下の問題を解くにあたって複数の点を使うことが妥当である場合は、交叉に複数の点を使うことができる（図5-14）。

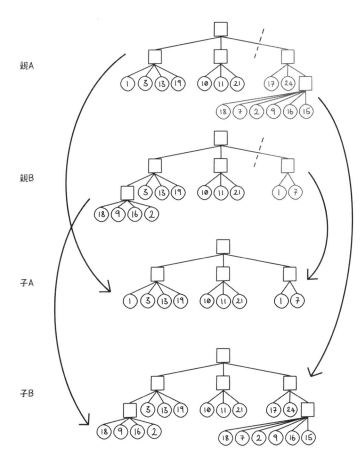

図5-14：木交叉の例

5.5.3　ノード変更突然変異：ノードの値を変更する

　ノード変更突然変異（change node mutation）では、木構造エンコーディングでコード化した染色体からランダムに選択したノードを、そのノードに対してランダムに選択した有効なオブジェクトに変更する。要するに、アイテムの構成方法を表す木があるとすれば、アイテムを別の有効なアイテムに変更できる（図5-15）。

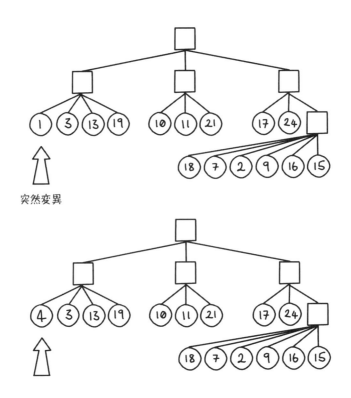

図5-15：木構造でのノード変更突然変異

　前章と本章では、さまざまなエンコーディング方式、交叉方式、選択方式を取り上げている。あなたが使っている遺伝的アルゴリズムによっては、これらのステップを独自のアプローチに置き換えることもできる。あなたが取り組んでいる問題にとってそのほうが妥当であれば、そのようにしてかまわない。

5.6　一般的な進化的アルゴリズム

　本章では、遺伝的アルゴリズムのライフサイクルと代替アプローチに焦点を合わせている。このアルゴリズムには、さまざまな問題を解くのに役立つバリエーションが存在する。遺伝的アルゴリズムの仕組みを理解したところで、これらのバリエーションとそのユースケースとして考えられるものを見ていこう。

5.6.1　遺伝的プログラミング

　遺伝的プログラミングは、遺伝的アルゴリズムと同じようなプロセスに従うが、主に問題を解くためのコンピュータプログラムの生成に使われる。前節で説明したプロセスは、遺伝的プログラミングにも当てはまる。遺伝的プログラミングでは、候補解の適合度は生成されたプログラムが計算問題をどれくらいうまく解くかを表す。この点を意識すると、木構造エンコーディング方式が遺伝的プログラミングに適していることがわかる。なぜなら、ほとんどのコンピュータプログラムは演算とプロセスを表すノードからなるグラフだからだ。この「ロジックの木」は進化させることができる。つまり、特定の問題を解くためにコンピュータプログラムが進化することになる。1 つ注意しておくと、これらのコンピュータプログラムはたいてい支離滅裂なコードに進化するため、人が理解したりデバッグしたりするのは難しい。

5.6.2　進化的プログラミング

　進化的プログラミングは遺伝的プログラミングに似ているが、候補解は生成されたコンピュータプログラムではない。コンピュータプログラム自体は事前に定義されており、その固定のプログラムに対するパラメータが候補解となる。プログラムが細かく調整された入力を要求していて、入力の適切な組み合わせを突き止めるのが難しい場合は、遺伝的アルゴリズムを使ってそれらの入力を進化させることができる。進化的プログラミングの候補解の適合度は、個体としてコード化されたパラメータを与えたときに特定のコンピュータプログラムがどれくらいうまく動作するかによって決まる。おそらく、人工ニューラルネットワーク（第 9 章）の適切なパラメータを特定するために進化的プログラミングを利用することも可能だろう。

5.7　進化的アルゴリズムの用語集

次に示すのは、今後の調査や学習に役立つ進化的アルゴリズムの用語集である。

用語	説明
対立遺伝子	染色体内の特定の遺伝子の値
染色体	候補解を表す遺伝子の集まり
個体	個体群内の 1 つの染色体
遺伝子型	計算空間における候補解からなる個体群の人工的な表現
表現型	現実世界の候補解集団の実際の表現
世代	アルゴリズムの 1 つのイテレーション
探索	さまざまな候補解を見つけ出すプロセス。よい解もあれば悪い解もある
活用	よい解を絞り込み、反復的に解を洗練させていくプロセス
適合度関数	目的関数の一種
目的関数	最大化または最小化を試みる関数

5.8　進化的アルゴリズムの他のユースケース

　前章では進化的アルゴリズムのユースケースをいくつか挙げたが、ユースケースは他にもいろいろある。次に、本章で説明した概念を 1 つ以上利用するユースケースのうち、特に興味深いものをまとめておく。

- **人工ニューラルネットワークの重みの調整**
  人工ニューラルネットワークについては第 9 章で説明するが、データからパターンや関係を学習するために重みを調整するというのがその基本的な考え方である。重みを調整する数学的手法はいくつかあるが、シナリオによっては進化的アルゴリズムを利用するほうが効率的である。

- **電子回路の設計**
  同じ部品を含んだ電子回路をさまざまな構成で設計できる。どの構成がより効率的であるかは状況による。たとえば、連動する 2 つの部品を近くに配置すると効率がよくなるかもしれない。最適な設計を見つけ出すために、進化的アルゴリズムを使ってさまざまな回路構成を進化させることができる。

- **分子構造のシミュレーションと設計**
  電子回路の設計と同様に、分子はどれも異なる動きをし、それぞれに長所と短所がある。分子の行動特性を突き止めるために、進化的アルゴリズムを使ってさまざまな分子構造を生成し、シミュレーションと観察を行うことができる。

前章では遺伝的アルゴリズムの一般的なライフサイクルを調べ、本章では高度なアプローチをいくつか取り上げた。これで、各自のソリューションに進化的アルゴリズムを応用する準備が整ったはずだ。

本章のまとめ

遺伝的アルゴリズムを使ってさまざまな問題を解決できる

選択方式によって長所と短所が異なる

実数値エンコーディングは多くの問題空間で役立つ

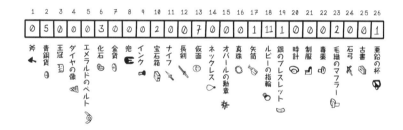

順序エンコーディングは問題を解くにあたって
シーケンスの優先順位が重要である場合に役立つ

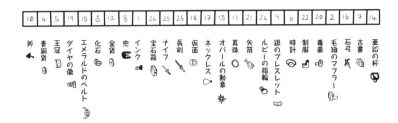

木構造エンコーディングは問題を解くにあたって
関係と階層が重要である場合に役立つ

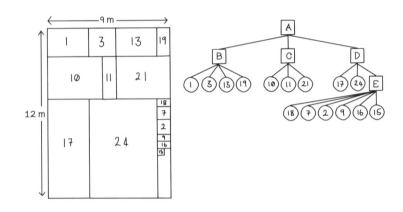

解を効率よく求めるには、
アルゴリズムのすべてのパラメータを調整することが重要である

群知能：蟻 | 6

本章の内容

- 群知能アルゴリズムの原点
- 群知能アルゴリズムによる問題解決
- 蟻コロニー最適化アルゴリズムの設計と実装

6.1　群知能とは何か

　群知能アルゴリズムは、前章で説明した進化的アルゴリズムの一部であり、自然界にヒントを得たアルゴリズムとしても知られている。進化論と同様に、群知能のもとになっている概念は自然界での生物の挙動を観察することに端を発している。周囲の世界を観察してみると、個体としては原始的で知性を欠いているように見えるものの、集団では知的な創発的行動を見せる多くの生物がいることがわかる。

　蟻はそうした生物の一例である。1匹の蟻は体重の10 〜 15倍の重さのものを運び、1分間に身長の700倍もの距離を移動できる。これらはすばらしい資質だが、集団で行動するときには、同じ1匹の蟻がはるかに高い能力を発揮する。蟻は集団となってコロニーを形成し、採餌を行う。さらには、他の蟻に警報を出したり、他の蟻を見分けたり、同調圧力を使ってコロニー内の他の蟻を動かしたりすることもある。蟻はこれらのタスクをなし遂げるために**フェロモン**（pheromone）を使う。フェロモンとは、蟻が行く先々に付けていく匂いのことである。

他の蟻はそれらの匂いを嗅いで行動を変える。蟻はさまざまな意図を伝えるために 10 ～ 20
種類のフェロモンを使い分ける。1 匹 1 匹の蟻がフェロモンを使って意図や要求を伝えるため、
蟻の集団では知的な創発的行動が観察できる。

　図 6-1 は、他の蟻が働けるようにするために蟻たちが協力して橋を作っている様子を示して
いる。他の蟻はこの橋を渡って食料や巣の材料を調達するのかもしれない。

図 6-1：蟻の集団が協力して足場のない場所に橋を作る

　採餌中の本物の蟻を使った実験により、巣から餌場までの間の最短経路に蟻が常に収束する
ことがわかっている。図 6-2 は、コロニーの行動が最初の状態からどのように変化したのか
を示している。蟻たちがそれぞれの経路を行き来し、それらの経路でフェロモンの濃度が高く
なっていくと、コロニーの行動が変化していく。たった 8 分後には蟻たちが最短経路に収束す
ることに注目しよう。

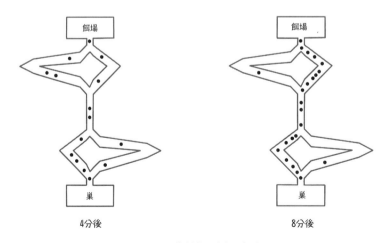

図 6-2：非対称の橋の実験

　蟻コロニー最適化（ACO）アルゴリズムは、この実験で示された創発的行動をシミュレートする。最短経路を見つけ出す問題では、ACOアルゴリズムは本物の蟻を観察したときと同じような状態に収束する。

　群知能アルゴリズムは、次のような最適化問題を解くのに役立つ —— これらの最適化問題では、特定の問題空間において複数の制約を満たす必要があり、（良いものも悪いものも含め）候補解が膨大な個数になるため、絶対的な最適解を求めるのが難しい。これらの問題は遺伝的アルゴリズムを使って解くのと同じ種類の問題であり、問題をどのように表せるか、どのように推論できるかによってアルゴリズムが決まる。なお、第7章では粒子群最適化での最適化問題を詳しく見ていく。群知能は現実のさまざまな状況で役立つが、図6-3にそのうちのいくつかを示す。

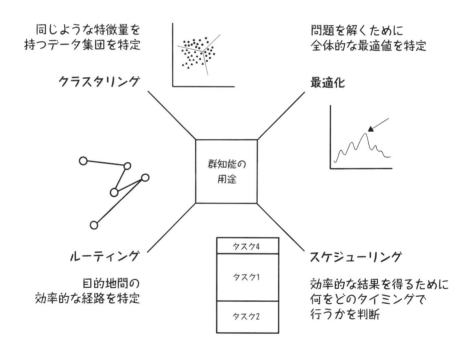

図6-3：群最適化が対処する問題

　蟻の群知能をざっと理解したところで、以下の節では、これらの概念からヒントを得た具体的な実装を見ていく。ACOアルゴリズムは蟻の挙動にヒントを得ている —— 蟻は目的地の間を移動しながらフェロモンを分泌し、フェロモンを嗅いで行動する。最も抵抗の少ない経路に収束することが、蟻の創発的行動となる。

6.2 蟻コロニー最適化に適用できる問題

多くのアトラクションがある移動遊園地を訪れているとしよう。アトラクションはそれぞれ異なる場所にあり、アトラクション間の距離はさまざまである。遠回りをして時間を無駄にしたくないので、すべてのアトラクション間の最短経路を調べることにする。

図6-4は、小さな移動遊園地のアトラクションと、アトラクション間の距離を示している。どの経路を通るかによって総移動距離が違ってくることに注目しよう。

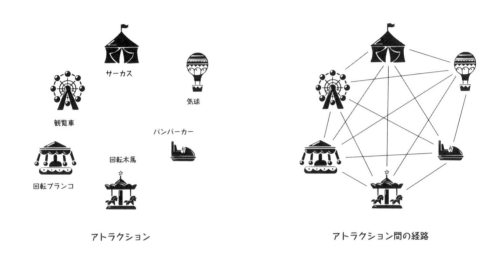

図6-4：移動遊園地のアトラクションとアトラクション間の経路

図6-4には6種類のアトラクションがあり、アトラクション間の経路は15通りである。この例には見覚えがあるはずだ。この問題は第2章で説明した完全に連結されたグラフによって表される。これらのアトラクションは頂点（ノード）であり、アトラクション間の経路はエッジである。完全に連結されたグラフでは、エッジの個数を次の式で求める。アトラクションの個数が増えるに従い、エッジの個数が爆発的に増えていく。

$$n(n-1)/2$$

アトラクション間の距離はさまざまである。図6-5はすべてのアトラクション間の経路ごとに距離を示している。また、すべてのアトラクションを訪れる経路として考えられるものを1つ示している（なお、アトラクション間の距離を表している直線の比率は正確ではない）。

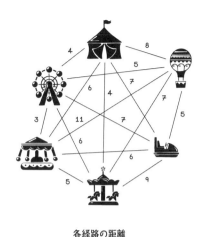
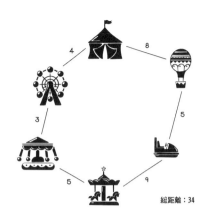

各経路の距離　　　　　　　　　　　　　　すべてのアトラクションを訪れる経路の1つ

図6-5：アトラクション間の距離と候補解

　少し時間をかけてすべてのアトラクション間の距離を分析すれば、最短経路が見つかるはずだ（図6-6）。これらのアトラクションを回転ブランコ、観覧車、サーカス、回転木馬、気球、バンパーカーの順に訪れる経路が最短である。

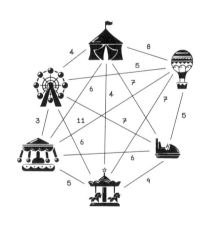
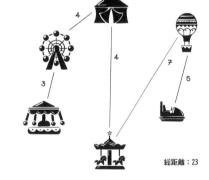

各経路の距離　　　　　　　　　　　　　　すべてのアトラクションを訪れる経路として最適と思われるもの

図6-6：アトラクション間の距離と最適解

　この小さなデータセットに含まれているアトラクションはたった6つなので、手で簡単に解くことができる。しかし、アトラクションの個数が15に増えると、候補解の個数は爆発的に増える（図6-7）。アトラクションがサーバーで、経路がネットワーク接続であると考えてみよ

う。これらの問題を解くには、スマートアルゴリズムが必要だ。

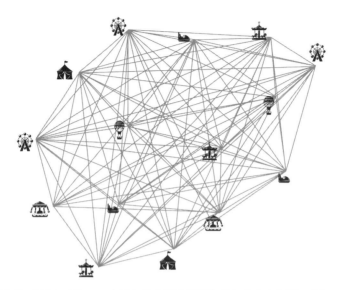

図 6-7：アトラクションとそれらの間の経路からなる大きなデータセット

練習問題：次の移動遊園地問題の最短経路を手で解くとどうなるか

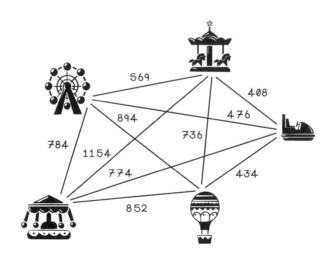

答え：次の移動遊園地問題の最短経路を手で解くとどうなるか

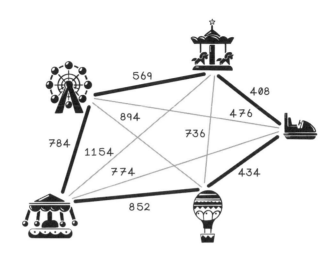

　この問題を計算的に解く方法の1つは、総当たり方式を試してみることである。つまり、総距離が最も短い経路が見つかるまで、アトラクションの巡回路の組み合わせをすべて生成し、評価する（巡回路とは、すべてのアトラクションを1回ずつ訪れるときのシーケンスのことである）。この場合も、この解き方でよいように思えるかもしれないが、データセットが大きくなると計算量が増え、時間がかかるようになる。48のアトラクションで総当たり方式を選択した場合は、最適解が見つかるまでに数十時間もかかってしまう。

6.3　状態の表現：経路と蟻をどのように表すか

　移動遊園地問題を蟻コロニー最適化（ACO）アルゴリズムで解くには、この問題のデータをこのアルゴリズムで処理するのに適した方法で表す必要がある。複数のアトラクションがあり、それらの間の距離がすべてわかっているため、距離行列を使って問題空間を正確かつ単純に表すことができる。

　距離行列（distance matrix）はすべてのインデックスがエンティティを表す配列の配列であり、行列の要素は各エンティティと別のエンティティとの距離を表す。距離行列は第2章で説明した隣接行列に似ている（図6-8）。

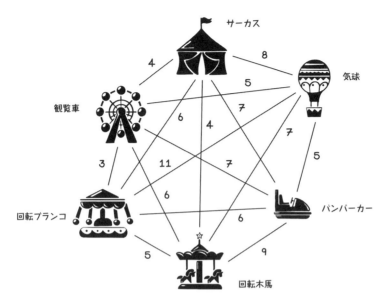

図 6-8：移動遊園地問題の例

表 6-1 はアトラクション間の距離をまとめたものだ。

表 6-1：アトラクション間の距離

	サーカス	気球	バンパーカー	回転木馬	回転ブランコ	観覧車
サーカス	0	8	7	4	6	4
気球	8	0	5	7	11	5
バンパーカー	7	5	0	9	6	7
回転木馬	4	7	9	0	5	6
回転ブランコ	6	11	6	5	0	3
観覧車	4	5	7	6	3	0

擬似コード

アトラクション間の距離は距離行列として表すことができる。距離行列は配列の配列であり、配列内の x、y に対する参照がアトラクション x、y の間の距離を表す。同じアトラクションは同じ位置にあるため、それらの距離が 0 になることに注意しよう。この配列はプログラムからも作成できる。ファイル内のデータを順番に処理しながら各要素を作成すればよい。

```
let attraction_distances equal
  [
    [0, 8, 7, 4, 6, 4]
    [8, 0, 5, 7, 11, 5]
    [7, 5, 0, 9, 6, 7]
    [4, 7, 9, 0, 5, 6]
    [6, 11, 6, 5, 0, 3]
    [4, 5, 7, 6, 3, 0]
  ]
```

　次に表す要素は蟻である。蟻はさまざまなアトラクションに移動してフェロモンを残す。また、蟻は次にどのアトラクションを訪れるべきかについても判断する。そして、蟻はそれぞれが移動した距離の合計も知っている。次に、蟻の基本的な特性をまとめておく（図6-9）。

- **記憶**
  ACOアルゴリズムでは、すでに訪れたアトラクションのリスト。

- **適合度の最適値**
  すべてのアトラクション間を移動したときの総距離のうち最も短いもの。

- **行動**
  次に訪れるべきアトラクションを選び、そこに向かう途中でフェロモンを分泌する。

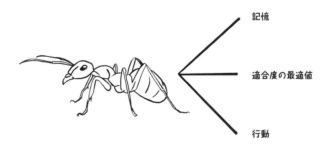

図6-9：蟻の特性

擬似コード

蟻の抽象概念には記憶、適合度の最適値、行動が含まれるが、移動遊園地問題を解くには具体的なデータや関数が必要である。蟻のロジックはクラスにカプセル化できる。蟻クラスのインスタンスを初期化すると、蟻が訪れるアトラクションのリストを表す空の配列が作成される。さらに、その蟻の出発点となるアトラクションがランダムに選択される。

```
Ant(attraction_count):
  let ant.visited_attractions equal an empty array
  append a random number between 0 and
    (attraction_count - 1) to ant.visited_attractions
```

蟻クラスには、蟻の行動に使われる関数もいくつか含まれている。visit_* 関数は蟻が次に向かうアトラクションを判断するために使われる。visit_attraction 関数は、おかしな言い方だが、ランダムなアトラクションを訪れるという「偶然」を起こす。この偶然が起きた場合は、visit_random_attraction 関数を呼び出す。この偶然が起きなかった場合は、計算した確率のリストを使って roulette_wheel_selection 関数を呼び出す。詳しくは次節で説明する。

```
Ant functions:
  visit_attraction(pheromone_trails)
  visit_random_attraction()
  visit_probabilistic_atraction(pheromone_trails)
  roulette_wheel_selection(probabilities)
  get_distance_traveled()
```

最後に、get_distance_traveled 関数を呼び出すことで、特定の蟻が訪れたアトラクションのリストを使ってその蟻が移動した総距離を計算する。最短経路を見つけ出すには、この距離をできるだけ短くしなければならない。この距離は蟻の適合度として使われる。

```
get_distance_travelled(ant):
  let total_distance equal 0
  for a in range (1, length of ant.visited_attractions):
    total_distance += distance between ant.visited_attractions [a - 1] and
                                       ant.visited_attractions [a]
  return total_distance
```

　最後に設計するデータ構造は、フェロモンの痕跡の概念である。各経路のフェロモンの強さは、アトラクション間の距離と同様に距離行列として表すことができる。ただし、この場合は要素として距離の代わりにフェロモンの強さが含まれる。図6-10は、線が太いほどフェロモンの痕跡が強いことを表している。

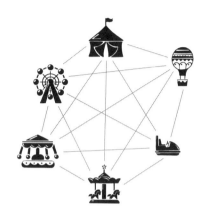

アトラクション間の経路

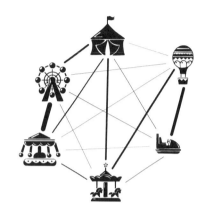

各経路で予想されるフェロモンの強さ

図6-10：各経路のフェロモンの強さの例

　表6-2は、アトラクション間のフェロモンの痕跡をまとめたものだ。

表6-2：アトラクション間のフェロモンの強さ

	サーカス	気球	バンパーカー	回転木馬	回転ブランコ	観覧車
サーカス	0	2	0	8	6	8
気球	2	0	10	8	2	2
バンパーカー	2	10	0	0	2	2
回転木馬	8	8	2	0	2	2
回転ブランコ	6	2	2	2	0	10
観覧車	8	2	2	2	10	0

6.4　蟻コロニー最適化アルゴリズムのライフサイクル

必要なデータ構造を理解したところで、蟻コロニー最適化（ACO）アルゴリズムの仕組みを見ていこう。ACOアルゴリズムの設計方法は対象となる問題空間によって決まる。問題にはそれぞれその問題ならではのコンテキストがあり、データを表す領域も異なるが、原理は同じである。

さて、移動遊園地問題を解くためにACOアルゴリズムをどのように設定すればよいだろうか。さっそく見ていこう。このようなアルゴリズムの一般的なライフサイクルは次のようになる。

- **フェロモンの痕跡を初期化する**
  - アトラクション間のフェロモンの痕跡という概念を作成し、フェロモンの強さを表す値を初期化する。

- **蟻の個体群を作成する**
  蟻の個体群を作成する。蟻はそれぞれ異なるアトラクションを出発点とする。

- **それぞれの蟻が次に訪れるアトラクションを選択する**
  それぞれの蟻がすべてのアトラクションを1回ずつ訪れるまで、次に訪れるアトラクションを選択する。

- **フェロモンの痕跡を更新する**
  フェロモンの蒸発を考慮に入れた上で、蟻の行動に基づいてフェロモンの痕跡の強さを更新する。

- **最適解を更新する**
  それぞれの蟻が移動した総距離に基づいて最適解を更新する。

- **終了条件を決める**
  蟻がアトラクションを訪れるプロセスを何回か繰り返す。1回の繰り返し（イテレーション）で、すべての蟻がすべてのアトラクションを1回だけ訪れる。イテレーションの回数は終了条件によって決まる。イテレーションの回数が多いほど、蟻がフェロモンの痕跡に基づいてよりよい決断を下せるようになる。

ACOアルゴリズムの一般的なライフサイクルは図6-11のようになる。

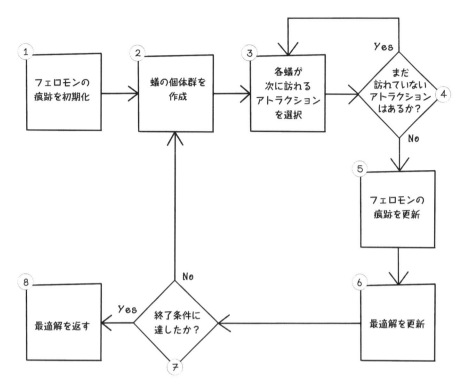

図6-11：ACO アルゴリズムのライフサイクル

6.4.1　フェロモンの痕跡を初期化する

　ACO アルゴリズムの最初のステップは、フェロモンの痕跡を初期化することである。まだ
どの蟻もアトラクション間の経路を移動していない状態なので、フェロモンの痕跡を1に初期
化する。すべてのフェロモンの痕跡を1にすると、痕跡の優劣がない状態になる。重要なのは、
フェロモンの痕跡を保持するための信頼できるデータ構造を定義することだ（図6-12）。

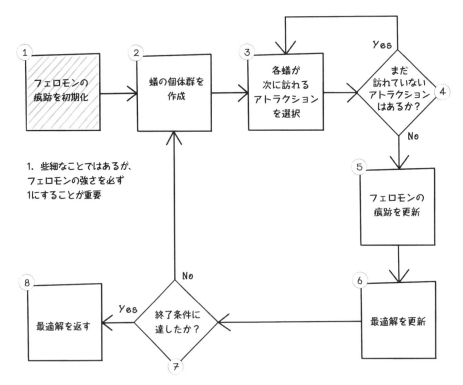

図 6-12：フェロモンの痕跡を初期化する

1. 些細なことではあるが、
フェロモンの強さを必ず
1にすることが重要

擬似コード

アトラクションの距離と同様に、フェロモンの痕跡も距離行列で表すことができるが、この場合、配列内の x, y に対する参照は、アトラクション x, y 間の経路でのフェロモンの強さを表す。どの経路でもフェロモンの強さは 1 に初期化される。どの経路にも最初からバイアスがかかることがないようにするには、すべての経路の値を同じ数字で初期化する必要がある。

```
let pheromone_trails equal
  [
    [1, 1, 1, 1, 1, 1],
    [1, 1, 1, 1, 1, 1],
    [1, 1, 1, 1, 1, 1],
    [1, 1, 1, 1, 1, 1],
    [1, 1, 1, 1, 1, 1],
    [1, 1, 1, 1, 1, 1],
  ]
```

　この概念は、フェロモンの強さが（複数の目的地間の距離ではなく）別のヒューリスティクスで定義される問題にも適用できる。

　図6-13では、ヒューリスティクスは2つの目的地間の距離である。

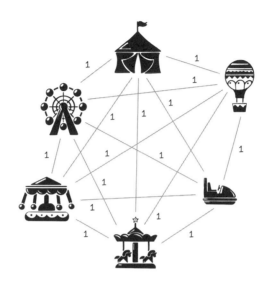

フェロモンを1に初期化

図6-13：フェロモンの初期化

6.4.2　蟻の個体群を作成する

　ACOアルゴリズムの次のステップでは、蟻の個体群を作成する。これらの蟻はアトラクションの間を移動し、その経路にフェロモンの痕跡を残す（図6-14）。

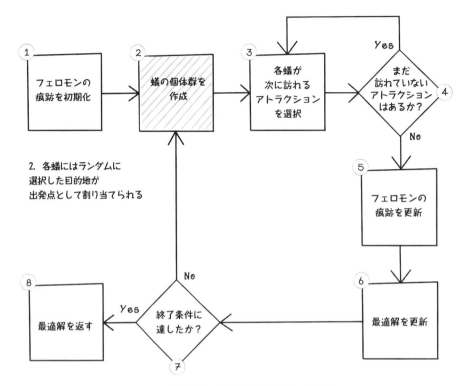

図6-14：蟻の個体群を作成する

蟻の個体群の作成（コロニーのセットアップ）では、複数の蟻を初期化し、それらの蟻をリストに追加してあとから参照できるようにする。蟻クラスの初期化関数が出発点となるアトラクションをランダムに選択することを思い出そう。

```
setup_ants(attraction_count, number_of_ants_factor):
  let number_of_ants equal round(attraction_count * number_of_ants_factor)
  let ant_colony equal to an empty array
  for i in range (0, number_of_ants):
    append new Ant to ant_colony
  return ant_colony
```

蟻はランダムに割り当てられたアトラクションから出発する（図6-15）。出発点は潜在的な
シーケンスのランダムな点である。というのも、ACOアルゴリズムは実際の距離が存在しな
い問題にも適用できるからだ。すべての目的地を巡回した後、蟻はそれぞれの出発点に向かう。

**ランダムなアトラクション
から出発する蟻**

図6-15：蟻はランダムなアトラクションを出発点とする

この原理は別の問題にも適用できる。タスクスケジューリング問題では、それぞれの蟻に出
発点として異なるタスクが割り当てられる。

6.4.3　各蟻が次に訪れるアトラクションを選択する

蟻が次に訪れるアトラクションを選択する必要がある。蟻はすべてのアトラクションを1回
ずつ訪れる（巡回する）まで新しいアトラクションを訪れる。次に訪れる目的地は以下の2つ
の要因に基づいて決める（図6-16）。

- **フェロモンの強さ**
  選択可能なすべての経路でのフェロモンの強さ。

- **ヒューリスティック値**
  選択可能なすべての経路でのヒューリスティクスの結果。ヒューリスティクスは事前に
  定義される。移動遊園地の例では、ヒューリスティクスはアトラクション間の経路の距
  離。

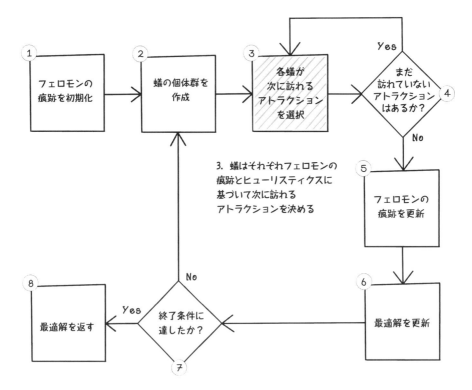

図 6-16：各蟻が次に訪れるアトラクションを選択する

　蟻はすでに訪れたアトラクションには向かわない。蟻がすでにバンパーカーを訪れている場合、現在の巡回でそのアトラクションに再び向かうことはない。

蟻の確率論的な性質

　ACO アルゴリズムには、ランダム性という要素がある。この要素の目的は、最適ではないもののすぐそばにある経路を蟻が探索できるようにすることにある。結果として、巡回全体の距離が改善されることがある。

　まず、蟻がランダムな目的地を選択するかどうかをランダムな確率で決める。0 ～ 1 の乱数を生成し、結果が 0.1 以下の場合は、ランダムな目的地を選択することに決める。つまり、ランダムな目的地を選択する確率は 10% である。蟻がランダムな目的地を選択することに決めた場合は、次に訪れる目的地をランダムに選択する必要がある（つまり、選択可能なすべての目的地から次の目的地をランダムに選択する）。

ヒューリスティクスに基づいて目的地を選択する

　ランダムではない次の目的地を選択することに決めた場合、蟻は次の式を使ってその経路の

フェロモンの強さとヒューリスティック値を割り出す。

$$\frac{(経路 x のフェロモン)^a * (1 \ / \ 経路 x のヒューリスティック値)^b}{\underset{\substack{n 個の\\目的地の\\合計}}{}\ ((経路 n のフェロモン)^a * (1 \ / \ 経路 n のヒューリスティック値)^b)}$$

　この関数をそれぞれの目的地に向かう有効な経路ごとに適用した後、蟻は総価値が最も高い目的地を選択する。図 6-17 はサーカスからそれぞれの目的地への有効な経路とフェロモンの強さを示している。

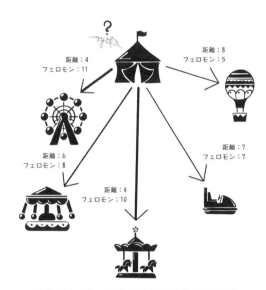

図 6-17：サーカスからの有効な経路の例

　この式が行っている計算を調べて、その結果が意思決定にどのような影響を与えるのか見てみよう（図 6-18）。

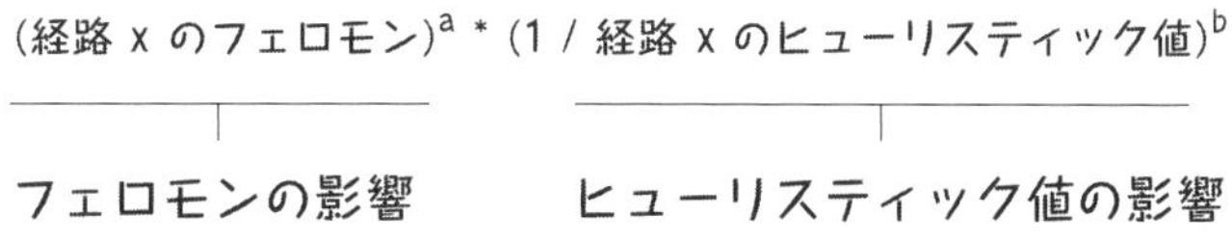

$$\underbrace{(経路 x のフェロモン)^a}_{\text{フェロモンの影響}} * \underbrace{(1 \ / \ 経路 x のヒューリスティック値)^b}_{\text{ヒューリスティック値の影響}}$$

図 6-18：式のフェロモンの影響とヒューリスティック値の影響

フェロモンの影響とヒューリスティック値の影響を重み付けするために**アルファ（a）とベータ（b）**という 2 つの変数を使っている。これらの変数を調整することで、移動先を決めるときの判断基準となる蟻の知識とフェロモンの痕跡（コロニーがその経路に関して知っていること）のバランスを調整できる。これらのパラメータは事前に定義され、通常、アルゴリズムの実行中は調整されない。

次の例では、サーカスからの各経路を調べて、それぞれのアトラクションへ向かう確率を計算する。

- a（アルファ）を 1 に設定する。
- b（ベータ）を 2 に設定する。

b は a よりも大きいため、この例ではヒューリスティック値の影響のほうが大きくなる。特定の経路を選択する確率を求める計算の例を見てみよう（図 6-19）。

$$\frac{(経路 \; x \; のフェロモン)^a * (1 \; / \; 経路 \; x \; のヒューリスティック値)^b}{\underset{\substack{n \, 個の \\ 目的地の \\ 合計}}{} \; ((経路 \; n \; のフェロモン)^a * (1 \; / \; 経路 \; n \; のヒューリスティック値)^b)}$$

$((経路 \; x \; のフェロモン)^a * (1 \; / \; 経路 \; x \; のヒューリスティック値)^b)$ ← 各アトラクションに適用

$$
\begin{aligned}
観覧車： && 11 * (1/4)^2 &= 0.688 \\
回転ブランコ： && 8 * (1/6)^2 &= 0.222 \\
回転木馬： && 10 * (1/4)^2 &= 0.625 \\
バンパーカー： && 7 * (1/7)^2 &= 0.143 \\
気球： && 5 * (1/8)^2 &= 0.078
\end{aligned}
$$

$\underset{\substack{n \, 個の \\ 目的地の \\ 合計}}{} \; ((経路 \; n \; のフェロモン)^a * (1 \; / \; 経路 \; n \; のヒューリスティック値)^b) = 1.756$ ← すべての合計

$$
\begin{aligned}
観覧車：&\mathbf{0.688 \; / \; 1.756} &= \mathbf{0.392} \\
回転ブランコ：&0.222 \; / \; 1.756 &= 0.126 \\
回転木馬：&\mathbf{0.625 \; / \; 1.756} &= \mathbf{0.356} \\
バンパーカー：&0.143 \; / \; 1.756 &= 0.081 \\
気球：&0.078 \; / \; 1.756 &= 0.044
\end{aligned}
$$

← 最も高い確率：39.2%

← 高い確率：35.6%

図 6-19：経路の確率の計算

選択可能なすべての目的地を前提としたとき、この計算によって図 6-20 の選択肢が蟻に残される。

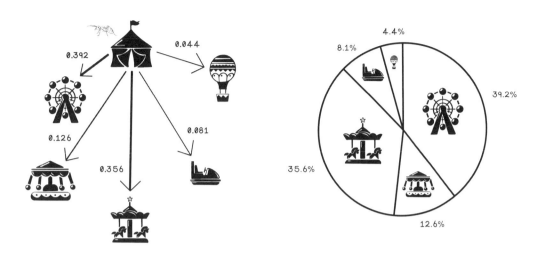

図 6-20：各アトラクションが選択される最終確率

　考慮の対象となるのは選択可能な経路だけであることを思い出そう。つまり、これらの経路はまだ探索されていない。図 6-21 はサーカスからの有効な経路を示している。観覧車はすでに訪れているので除外されている。

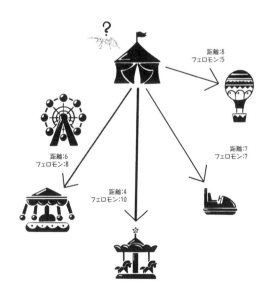

図 6-21：サーカスからの有効な経路の例（すでに訪れたアトラクションは除外）

これらの経路の確率を求める計算は図 6-22 のようになる。

$$\frac{(経路\ x\ のフェロモン)^a * (1\ /\ 経路\ x\ のヒューリスティック値)^b}{n 個の \atop {目的地の \atop 合計}} ((経路\ n\ のフェロモン)^a * (1\ /\ 経路\ n\ のヒューリスティック値)^b)$$

$((経路\ x\ のフェロモン)^a * (1\ /\ 経路\ x\ のヒューリスティック値)^b)$ ← 各アトラクションに適用

回転ブランコ：　　$8 * (1/6)^2 = 0.222$
回転木馬：　　$10 * (1/4)^2 = 0.625$
バンパーカー：　　$7 * (1/7)^2 = 0.143$
気球：　　$5 * (1/8)^2 = 0.078$

${n 個の \atop {目的地の \atop 合計}} ((経路\ n\ のフェロモン)^a * (1\ /\ 経路\ n\ のヒューリスティック値)^b) = 1.068$ ← すべての合計

回転ブランコ：$0.222\ /\ 1.068\ = 0.208$
回転木馬：$0.625\ /\ 1.068\ = 0.585$ ← 最も高い確率：58.5%
バンパーカー：$0.143\ /\ 1.068\ = 0.134$
気球：$0.078\ /\ 1.068\ = 0.073$

図6-22：経路の確率の計算

蟻は図6-23のように判断する。

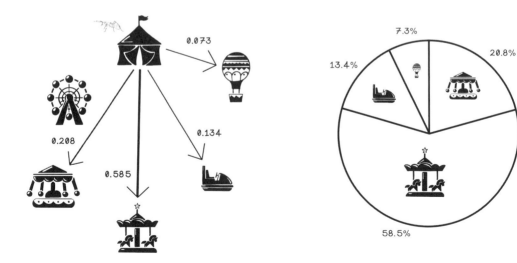

図6-23：各アトラクションを選択するための最終確率

擬似コード

選択可能なアトラクションを訪れる確率を計算するための擬似コードは、ここまで見てきた数学関数に厳密に即している。この実装には興味深い点が2つある。

- **選択可能なアトラクションを特定する**

  蟻はいくつかのアトラクションをすでに訪れているため、それらのアトラクションに戻ってはならない。possible_attractions 配列は、all_attractions（すべてのアトラクションのリスト）から visited_attractions（すでに訪れたアトラクションのリスト）の内容を差し引くことで、選択可能なアトラクションだけを格納する。

- **確率計算の結果を格納するために3つの変数を使う**

  possible_indexes はアトラクションのインデックスを格納し、possible_probabilities はそれぞれのインデックスの確率を格納する。total_probabilities はすべての確率の合計を格納するため、関数が終了するときには1に等しくなるはずである。コードを簡潔に保つために、これら3つのデータ構造をクラスで表すこともできる。

```
visit_probabilistic_attraction(pheromone_trails, attraction_count,
                               ant, alpha, beta):
 let current_attraction equal ant.visited_attractions [-1]
 let all_attractions equal range(0, attracton_count)
 let possible_attractions equal all_attractions - ant.visited_attractions

 let possible_indexes equal empty array
 let possible_probabilities equal empty array
 let total_probabilities equal 0

 for attraction in possible_attractions:
   append attraction to possible_indexes
   let pheromones_on_path equal
     math.pow(pheromone_trails [current_attraction][attraction], alpha)
   let heuristic_for_path equal
     math.pow(1 / attraction_distances [current_attraction][attracction], beta)
   let probability equal pheromones_on_path * heuristic_for_path
   append probability to possible_probabilities
   add probability to total_probabilities
 let possible_probabilities equal [probability / total_probabilities
   for probability in possible_probabilities]
 return [possible_indexes, possible_probabilities]
```

ここでもルーレット選択を利用する。ルーレット選択関数は、入力としてアトラクションのインデックスと各インデックスの確率を受け取り、スライスのリストを生成する。各スライスの

要素 0 はアトラクションのインデックス、要素 1 はスライスの先頭、要素 2 はスライスの末尾である。すべてのスライスの先頭と末尾は 0 ～ 1 になる。0 ～ 1 の乱数を生成し、該当したスライスを勝者として選択する。

```
roulette_wheel_selection(possible_indexes, possible_probabilities,
                         possible_attraction_count):
  let slices equal empty array
  let total equal 0
  for i in range (0, possible_attraction_count):
    append [possible_indexes[i], total, total + possible_probabilities[i]]
      to slices
    total += possible_probabilities[i]
  let spin equal random(0, 1)
  let result equal [slice for slice in slices if slice[1] < spin <= slice[2]]
  return result
```

　さまざまなアトラクションを選択する確率を求めたら、ルーレット選択を実施する。

　ルーレット選択（第 3 章および第 4 章）では、円盤のさまざまな部分にそれぞれの適合度に基づいて確率を割り当てる。そして円盤を「回転」させ、個体を選択する。個体は適合度が高いほど円盤上で大きなスライスを獲得する（図 6-23 を参照）。すべての蟻がすべてのアトラクションを 1 回ずつ訪れるまで、アトラクションを選択してそれらを訪れるというプロセスを蟻ごとに繰り返す。

練習問題：次の情報に基づいてアトラクションを訪れる確率を求める

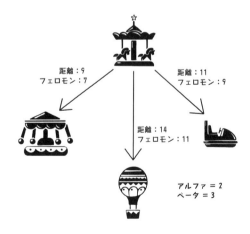

答え：次の情報に基づいてアトラクションを訪れる確率を求める

$$\frac{(\text{経路 x のフェロモン})^a * (1 \,/\, \text{経路 x のヒューリスティック値})^b}{\overset{\text{n 個の}}{\underset{\text{合計}}{\text{目的地の}}}((\text{経路 n のフェロモン})^a * (1 \,/\, \text{経路 n のヒューリスティック値})^b)}$$

$((\text{経路 x のフェロモン})^a * (1 \,/\, \text{経路 x のヒューリスティック値})^b)$

$$\text{回転ブランコ：}\quad 7^2 * (1/9)^3 = 0.067$$
$$\text{バンパーカー：}\quad 9^2 * (1/11)^3 = 0.061$$
$$\text{気球：}\quad 11^2 * (1/14)^3 = 0.044$$

$\overset{\text{n 個の}}{\underset{\text{合計}}{\text{目的地の}}}((\text{経路 n のフェロモン})^a * (1 \,/\, \text{経路 n のヒューリスティック値})^b) = 0.172$

$$\text{回転ブランコ：} 0.067 \,/\, 0.172 = 0.39$$
$$\text{バンパーカー：} 0.061 \,/\, 0.172 = 0.355$$
$$\text{気球：} 0.044 \,/\, 0.172 = 0.256$$

6.4.4　フェロモンの痕跡を更新する

　蟻がすべてのアトラクションを巡回した時点で、すべての蟻がフェロモンを残している。これにより、アトラクション間のフェロモンの痕跡が変化する（図6-24）。

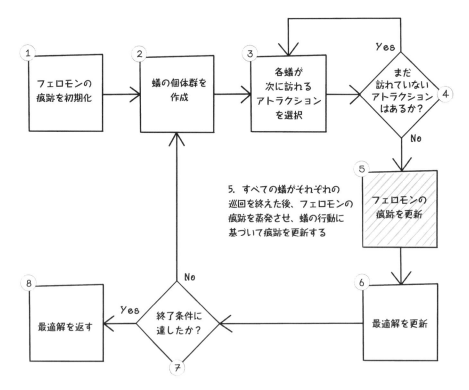

図 6-24：フェロモンの痕跡を更新する

　フェロモンの痕跡の更新には、フェロモンの蒸発と新しいフェロモンの沈着という 2 つのステップが関与する。

蒸発によるフェロモンの更新

　蒸発の概念も自然界にヒントを得ている。フェロモンの痕跡は時間とともに弱まっていく。フェロモンを更新するには、それぞれの現在の値に蒸発係数を掛ける。蒸発係数は探索と活用の観点からアルゴリズムの性能を調整できるパラメータである。蒸発によって更新されたフェロモンの痕跡は図 6-25 のようになる。

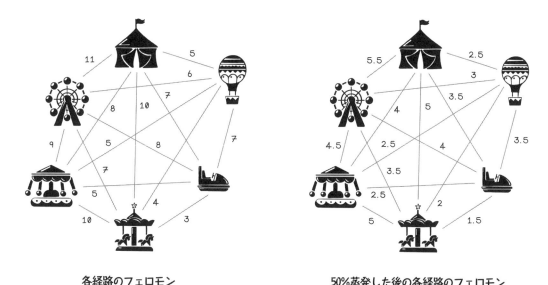

各経路のフェロモン　　　　　　　　　　50%蒸発した後の各経路のフェロモン

図 6-25：蒸発によるフェロモンの更新の例

蟻の巡回に基づくフェロモンの更新

　フェロモンは蟻が経路を移動したことによっても更新される。特定の経路を移動する蟻の個体数が増えれば増えるほど、その経路のフェロモンの量が増える。

　蟻が経路を通過するたびに、その経路のフェロモンの更新に蟻の適合度値が寄与する。結果として、他の蟻よりもよい解を持つ蟻のほうが、最適な経路に対する影響力が大きくなる。図6-26 は、蟻の行動に基づいてフェロモンの痕跡が更新される様子を示している。

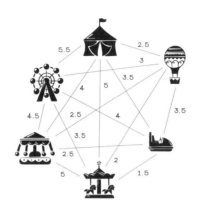

蒸発後の各経路のフェロモン

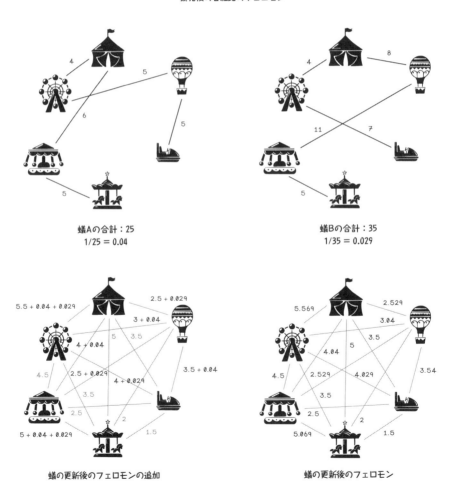

図 6-26：蟻の行動に基づいてフェロモンを更新する

練習問題：次のシナリオに基づいてフェロモンの更新を計算する

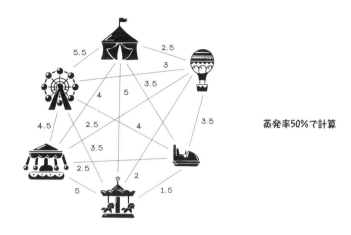

蒸発率50%で計算

各経路のフェロモン

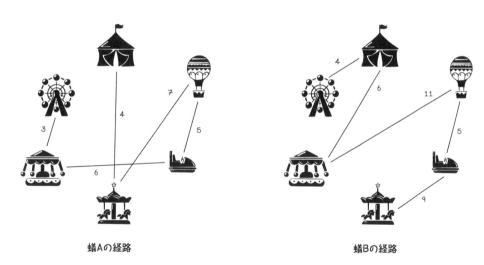

蟻Aの経路　　　　　　　　　　　蟻Bの経路

答え：次のシナリオに基づいてフェロモンの更新を計算する

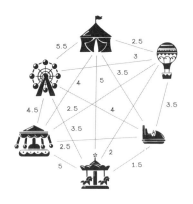

各経路のフェロモン

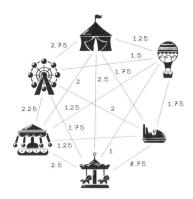

50%蒸発した後の各経路のフェロモン

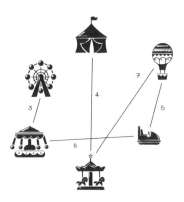

蟻Aの合計：25
1/25 = 0.04

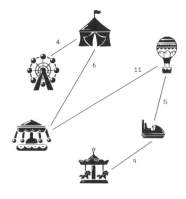

蟻Bの合計：35
1/35 = 0.029

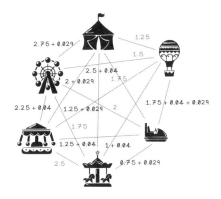

蟻の更新後のフェロモンの追加

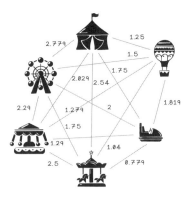

蟻の更新後のフェロモン

擬似コード

update_pheromones 関数はフェロモンの痕跡に2つの重要な処理を適用する。まず、現在のフェロモンの強さを蒸発率に基づいて弱める。たとえば、蒸発率が 0.5 である場合、フェロモンの強さは半減する。次に、経路を通過する蟻の行動に基づいてフェロモンを追加する。それぞれの蟻が追加するフェロモンの量は蟻の適合度によって決まる。この場合、適合度はそれぞれの蟻の総移動距離である。

```
update_pheromones(evaporation_rate, pheromone_trails, attraction_count):
  for x in range (0, attraction_count):
    for y in range (0, attraction_count):
      let pheromone_trails [x][y] equal pheromone_trails [x][y] * evaporation_rate
      for ant in ant_colony:
        pheromone_trails [x][y] += 1 / ant.get_distance_traveled()
```

6.4.5　最適解を更新する

　最適解は、アトラクションの巡回路のうち総距離が最も短いものによって表される（図6-27）。

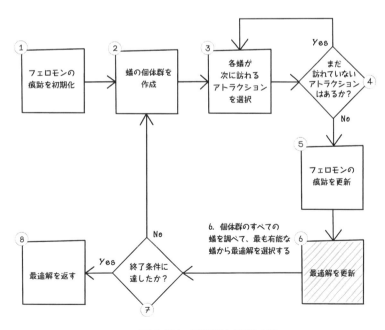

図 6-27：最適解を更新する

擬似コード

イテレーションの後、すべての蟻が巡回を終えたら（蟻がすべてのアトラクションを訪れたときに巡回が終わる）、コロニー内で最も有能な蟻を突き止めなければならない。そこで、総移動距離が最も短い蟻を突き止め、その蟻をコロニーにおいて最も有能な蟻として新たに設定する。

```
get_best(ant_population, previous_best_ant):
  let best_ant equal previous_best_ant
  for ant in ant_population:
    let distance_traveled equal ant.get_distance_traveled()
    if distance_traveled < best_ant.best_distance:
      let best_ant equal ant
  return best_ant
```

6.4.6　終了条件を決める

ACO アルゴリズムはイテレーションを何回か繰り返した後に終了する。概念的には、イテレーションの回数は蟻の集団が完了する巡回の回数である。10 回のイテレーションは、蟻がそれぞれ 10 回ずつ巡回することを意味する。蟻はそれぞれ、各アトラクションを 1 回ずつ訪れるプロセスを 10 回繰り返す（図 6-28）。

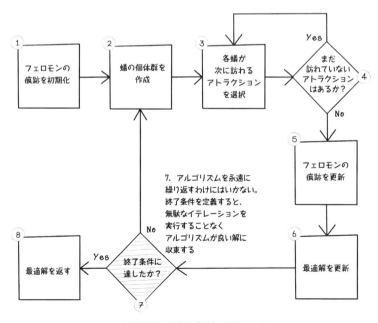

図 6-28：終了条件に達したか？

　ACO アルゴリズムの終了条件は解こうとしている問題の領域によって異なることが考えられる。現実的な制限がわかっている場合もあるが、そのような制限が不明な場合は次の方法を利用できる。

- **事前に定義した回数に達したら終了する**

　このシナリオでは、アルゴリズムが常に実行するイテレーションの回数を定義する。100 回のイテレーションを定義した場合は、それぞれの蟻が 100 回の巡回を終えたところでアルゴリズムが終了する。

- **最適解が停滞したら終了する**

　このシナリオでは、イテレーションのたびに最適解を前回の最適解と比較する。イテレーションが既定の回数に達した後も解が改善されない場合、アルゴリズムは終了する。20 回のイテレーションの結果として解の適合度が 100 になり、30 回のイテレーションでも結果が変わらない場合、それ以上の解はおそらく存在しない（必ずしもそうとも限らないが）。

擬似コード

solve 関数はすべての処理を 1 つにまとめたものである。この関数を調べれば、このアルゴリズムの処理シーケンスと全体的なライフサイクルに対する理解が深まるはずだ。イテレーションが既定の回数に達するまでアルゴリズムが実行されることに注意しよう。また、各イテレーションの最初に蟻コロニーを初期化し、各イテレーションの最後に最も有能な蟻を新たに設定する。

```
solve(total_iterations, evaporation_rate, number_of_ants_factor, attraction_count):
  let pheromone_trails equal setup_pheromones()
  let best_ant equal Nothing
  for i in range (0, total_iterations):
    let ant_colony equal setup_ants(number_of_ants_factor)
    for r in range (0, attraction_count - 1):
      move_ants(ant_colony)
    update_pheromones(evaporation_rate, pheromone_trails, attraction_count)
    let best_ant equal get_best(ant_colony)
```

　さまざまなパラメータを調整することで、ACO アルゴリズムの探索と活用に変更を加えることができる。これらのパラメータは、ACO アルゴリズムが適切な解を見つけ出すのにかかる時間に影響を与える。ある程度のランダム性は探索に有利に働く。ヒューリスティック値と

フェロモンの重み付けは、欲張り探索を試みるのか（ヒューリスティック値に加重）、それとも
フェロモンのほうを信頼するのか（フェロモンに加重）に影響を与える。このバランスは蒸発
率にも左右される。蟻の個体数とイテレーションの回数は解の質に影響を与える。蟻の個体数
とイテレーションの回数を増やせば増やすほど計算量が増えることになる。現下の問題によっ
ては、計算時間がこれらのパラメータに影響を与えることもある（図6-29）。

蟻が訪れるアトラクションをランダムに選択する確率（0〜100%）を設定（0.0〜1.0）

```
RANDOM_ATTRACTION_FACTOR = 0.3
```

蟻が選択する経路のフェロモンの重みを設定

```
ALPHA = 4
```

蟻が選択する経路のヒューリスティック値の重みを設定

```
BETA = 7
```

アトラクションの総数に基づいてコロニー内の蟻の割合を設定

```
NUMBER_OF_ANTS_FACTOR = 0.5
```

蟻が完了しなければならない巡回の回数を設定

```
TOTAL_ITERATIONS = 1000
```

フェロモンの蒸発率（0〜100%）を設定（0.0〜1.0）

```
EVAPORATION_RATE = 0.4
```

図6-29：ACOアルゴリズムで調整できるパラメータ

ACOアルゴリズムの仕組みと、これらのアルゴリズムを使って移動遊園地問題を解く方法
がわかったところで、ユースケースとして他に何が考えられるだろうか。次節では、他のユー
スケースをいくつか紹介する。それらの例は、ACOアルゴリズムを活用する機会を見つける
手がかりになるかもしれない。

6.5　蟻コロニー最適化アルゴリズムのユースケース

ACOアルゴリズムは現実のさまざまな用途に活用できる。通常、こうした用途の中心には次に示すような複雑な最適化問題がある。

- **経路最適化問題**

  経路最適化問題には、通常は複数の目的地があり、いくつかの制約に従ってそれらの目的を訪れる必要がある。物流の例では、目的地間の距離、交通状況、配達する荷物の種類、時間帯はおそらく業務を最適化するにあたって考慮に入れなければならない重要な制約である。この問題にはACOアルゴリズムで対処できる。この問題は本章の移動遊園地問題に似ているが、ヒューリスティック関数がより複雑で、コンテキストに特化したものになる可能性がある。

- **ジョブスケジューリング問題**

  ジョブスケジューリングは、ほぼどのような業界にも存在する問題である。看護師のシフトは十分な医療を提供できるようにする上で重要である。また、サーバーのハードウェアを無駄なく最大限に活用するには、サーバー上の計算ジョブを最適な方法でスケジュールしなければならない。これらの問題にもACOアルゴリズムで対処できる。蟻が訪れるエンティティを場所と見なすのではなく、蟻がさまざまな順序でタスクを訪れると考える。ヒューリスティック関数には、スケジュールするジョブのコンテキストに特化した制約とルールが含まれる。たとえば、看護師には（疲労防止のための）非番の日が必要であり、サーバー上では優先度の高いジョブを優先的に処理すべきである。

- **画像処理問題**

  ACOアルゴリズムは画像処理のエッジ検出に利用できる。画像は隣接するピクセル（画素）で構成されており、蟻はピクセルからピクセルへ移動しながらフェロモンの痕跡を残す。蟻が分泌するフェロモンの強さはピクセルの色の強さによって決まるため、最も濃いフェロモンを含んでいるオブジェクトのエッジに沿ってフェロモンの痕跡が残ることになる。このアルゴリズムは実質的にエッジ検出を行うことで画像のアウトラインをトレースする。なお、ピクセルのカラー値を一貫した方法で比較できるようにするために、前処理として画像をグレースケールに変換しなければならないことがある。

本章のまとめ

蟻コロニー最適化(ACO)アルゴリズムはフェロモンとヒューリスティクスを使う

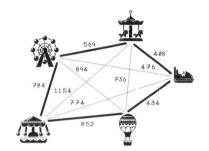

ACOアルゴリズムは最短経路の探索や
タスクスケジュールの最適化などの
最適化問題に役立つ

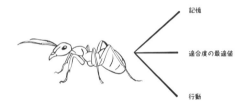

蟻には記憶と能力の概念があり、
行動をとることができる

選択の確率の計算には、ヒューリスティック値と経路のフェロモンの重み付けが使われる

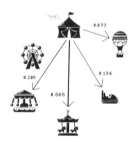

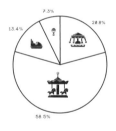

各蟻のフェロモンに対する寄与率はその蟻の能力に比例する。
また、フェロモンは蒸発する

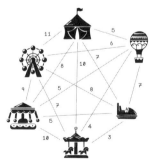

各経路のフェロモン

50%蒸発した後の各経路のフェロモン

群知能：粒子 | 7

本章の内容

- ● 粒子群知能アルゴリズムの原点
- ● 最適化問題の理解と解決
- ● 粒子群最適化アルゴリズムの設計と実装

7.1　粒子群最適化とは何か

　粒子群最適化（particle swarm optimization：PSO）はやはり群知能アルゴリズムの1つである。群知能は個体の集団としての創発的行動に基づいて難しい問題を解く。前章では、蟻がフェロモンを使って目的地間の最短経路を見つけ出す方法を確認した。

　鳥の群れも自然界での群知能の理想的な例である。1羽の鳥が空を飛ぶときには、滑空したり、上昇気流に乗って遠くへ移動したりするなど、エネルギーを温存するためのさまざまな飛行テクニックを見せることがある。この振る舞いは個体の素朴な知性を表している。しかし、鳥は季節によって「渡り」を行う必要もある。冬になると昆虫などの食料が乏しくなるし、巣作りに適した場所も少なくなる。そこで、より気候条件のよい、より温暖な地域に群れで移動することで、生き残る可能性を高める。通常、渡りは短い旅ではない。それどころか、条件のよい地域にたどり着くまで数千キロも移動する。これだけの長旅に際して、鳥は群れをなす傾向にある。鳥が群れをなすのは、天敵に出くわしたときに数の上で優位に立つことに加えて、

エネルギーの節約にもなるからだ。鳥の群れに見られる隊列にはさまざまな利点がある。体が
大きく強い鳥が隊列の先頭を飛ぶ。その鳥が翼を動かすと、その後ろに上昇気流が発生する。
このため、後ろを飛ぶ鳥たちが消費するエネルギーがずっと少なくなる。先頭の鳥は、群れが
方向転換するときや先頭の鳥が疲れたときに入れ替わることがある。特定の鳥が隊列から抜け
ると、空気抵抗によって飛行が難しくなる。そこで、群れは動きを修正して隊列を立て直す。
図 7-1 に示すような鳥の群れの隊列をあなたも見たことがあるかもしれない。

図 7-1：鳥の群れの隊列の例

　Craig Reynolds は、鳥の群れにおける創発的行動の特性を理解するためのシミュレータプ
ログラムを 1987 年に開発し、次のルールを使って集団を導いた。これらのルールは鳥の群れ
を観察することによって得られたものだ。

- Alignment（整列）
  集団を同じような方向に進ませるために、まわりの個体の平均的な方向を向くように個
  体が進まなければならない。

- Cohesion（結合）
  集団の隊列を保つために、まわりの個体の平均的な位置に向かって個体が進まなければ
  ならない。

- Separation（分離）
  ぶつかって集団の邪魔をしないようにするために、個体が混雑やまわりの個体との衝突
  を避けなければならない。

　群れの行動をシミュレートする似たような試みは他にもあり、さらに多くのルールを用いる。
図 7-2 は、さまざまなシナリオでの個体の挙動と、それぞれのルールに従うためにどの方向を
向くように仕向けられるかを示している。3 つの原則のバランスを取りながら動きを調整して
いることがわかる。

分離　　　　　　　　　　　整列　　　　　　　　　　　結合

図 7-2：群れを導くルール

　粒子群最適化では、解空間のさまざまな点に個体の集団がある。それらの集団はすべて、現実世界の群れの概念を用いて解空間の最適解を見つけ出す。本章では、粒子群最適化（PSO）アルゴリズムの仕組みを詳しく調べて、このアルゴリズムを使って問題をどのように解けるかを示す。花を探してあちこちを飛び回っている蜂の群れが、花が最も密集している場所に徐々に集結するさまを想像してみよう。花を見つける蜂が増えるほど、花に引き寄せられる蜂が増えていく。粒子群最適化は、基本的には図 7-3 のようなものだ。

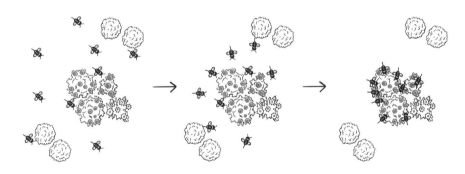

図 7-3：目標に集結する蜂の群れ

　最適化問題については、すでにいくつかの章で取り上げてきた。迷路から最適な経路を見つけ出したり、ナップサックに詰める最適なアイテムを突き止めたり、移動遊園地のアトラクションをまわる最適な経路を見つけ出したりするのは、どれも最適化問題の例である。これらの問題に取り組んだときには、その背後にある詳細には踏み込まなかった。しかし本章以降では、最適化問題をより深く理解していることが重要となる。そこで次節では、問題が発生したときにそれが最適化問題であることを見抜くための直観を養う。

7.2　より技術的な観点から見た最適化問題

　さまざまな大きさのトウガラシがあるとしよう。通常、トウガラシは小さい品種のほうが辛い。すべてのトウガラシを大きさと辛さに基づいてグラフ化すると、図 7-4 のようになるかもしれない。

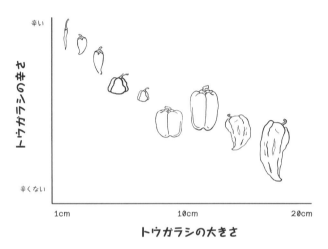

図 7-4：トウガラシの辛さと大きさ

　このグラフは各トウガラシの大きさと辛さを表している。ここで、トウガラシの絵をデータ点に置き換え、データ点を結ぶ曲線を描くと、図 7-5 のようになる。トウガラシの数をもっと増やせば、データ点が増えて、より正確な曲線になるはずだ。

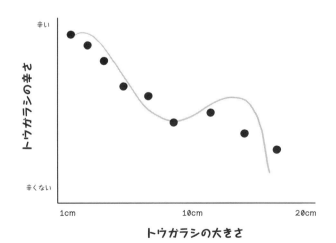

図 7-5：トウガラシの辛さと大きさの傾向

　この例は最適化問題と言ってよいだろう。左から右に向かって最小値を探索していくと、それまでよりも小さい点がいくつか見つかるが、その途中でより大きな点が見つかる。そこでやめるべきだろうか。そこでやめた場合は、最後のデータ点である実際の最小値を逃してしまうだろう。この実際の最小値を**大域的最小値**（global minimum）と呼ぶ。

　近似傾向曲線（傾向線）は図 7-6 のような関数で表すことができる。この関数の結果はトウガラシの辛さに等しく、トウガラシのサイズは x で表されるものとして解釈できる。

$$f(x) = -(x - 4)(x - 0.2)(x - 2)(x - 3) + 5$$

図 7-6：トウガラシの辛さと大きさの関数の例

　現実の問題にはたいてい数千ものデータ点があり、関数の最小出力はこの例ほど明確ではない。探索空間は巨大で、手で解けるようなものではない。

　この例では、データ点を作成するために使ったトウガラシの特性が 2 つだけであることに注目しよう。だから単純な曲線になったわけである。トウガラシの色など、別の特性も考慮に入れた場合、データの表現はがらりと変わる。このグラフは 3 次元で表す必要があり、傾向は曲線ではなく曲面になる。図 7-7 に示すように、3 次元の膨らんだ毛布のような曲面になる。この曲面も関数として表されるが、先ほどよりも複雑である。

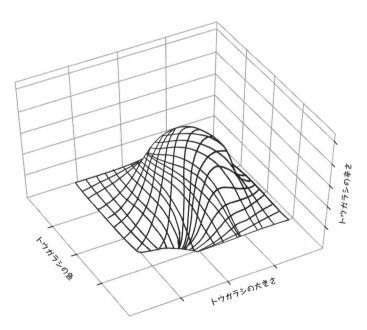

図 7.7：トウガラシの辛さと大きさと色

さらに、図 7-7 の 3 次元探索空間はかなり単純なほうであり、図 7-8 のように、目視で最小値を見つけ出すのがほぼ不可能なほど複雑なものもある。

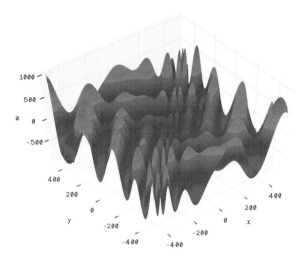

図 7-8：3 次元空間で平面として可視化された関数

この平面を表す関数は図 7-9 のようになる。

$$f(x, y) = -(y + 47) \sin \sqrt{\left| \frac{x}{2} + (y + 47) \right|} - x \sin \sqrt{|x - (y + 47)|}$$

図 7-9：図 7-8 の平面を表す関数

　おもしろくなってきた。トウガラシの大きさ、色、辛さの 3 つの属性を調べた結果、3 次元で探索を行うことになった。産地を追加したい場合はどうなるだろうか。この属性を追加すると 4 次元で探索を行うことになるので、データを可視化して理解するのはさらに難しくなるだろう。トウガラシの成熟度と栽培時に使った肥料の量を追加した場合は、6 次元の巨大な探索空間になり、この空間での探索がどのようなものになるのか想像もつかない。この探索も関数によって表されるが、人が解くにはあまりにも複雑で難しすぎる。

　PSO アルゴリズムが得意とするのは、難しい最適化問題の求解である。粒子は多次元の探索空間に分散し、適切な最大値または最小値を求めるために一体となって動く。

　PSO アルゴリズムが特に役立つのは次の状況である。

- **大きな探索空間**

  データ点と考えられる組み合わせがいくつもある。

- **高次元の探索空間**

  高次元には複雑さが伴う。よい解を求めるには、問題の次元数が多くなければならない。

練習問題：次のシナリオでは探索空間の次元数はいくつになるか

このシナリオでは、寒さが苦手な私たちのために、年間の平均最低気温に基づいて住むのに適した都市を決める必要がある。また、人口密集地は何かと不都合なことがあるため、人口が70万人未満であることも重要となる。平均不動産価格は低いに越したことはないし、市内を走る電車の数は多ければ多いほどよい。

答え：次のシナリオでは探索空間の次元数はいくつになるか

このシナリオの問題は5次元で構成される。

- 平均気温

- 人口

- 平均不動産価格

- 電車の数

- これらの属性の結果（意思決定に役立つ情報）

7.3　粒子群最適化に適した問題

ドローンを開発していて、本体とプロペラ（ドローンを飛ばすブレード）の製作に何種類かの素材を使うとしよう。試験を重ねた結果、ドローンの揚力と強風への耐性に関する最適性能が2つの素材の量によって変化することが判明した。2つの素材とは、胴体のアルミニウムとブレードのプラスチックである。どちらかの素材が多すぎても少なすぎてもドローンの性能は低下する。しかし、ドローンの性能がよくなる組み合わせがいくつかあり、ドローンの性能が並外れてよくなる組み合わせが1つだけある。

図7-10はプラスチック製の部品とアルミニウム製の部品を示している。矢印はドローンの性能に影響を与える力を表している。簡単に言うと、上昇時の抗力を抑え、風による揺れを減らすようなプラスチックとアルミニウムの割合を見つけたい。したがって、プラスチックとアルミニウムは入力であり、出力はドローンの安定性である。理想的な安定性を離陸時の抵抗と風による揺れの減少として表すことにしよう。

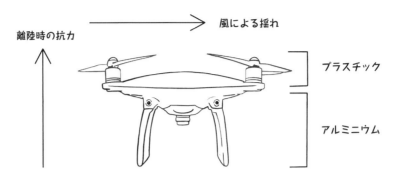

図 7-10：ドローン最適化の例

　アルミニウムとプラスチックの比率の精度は重要であり、選択肢の範囲は広い。このシナリオでは、研究者がアルミニウムとプラスチックの比率の関数を見つけ出している。ドローンの新しい試作機を製作する前に、この関数をシミュレーション環境（仮想環境）で呼び出し、抗力と揺れをテストしてそれぞれの素材の最適な値を見つけ出すことにする。また、素材の最大比率と最小比率がそれぞれ 10 と -10 であることもわかっている。この適合度関数はヒューリスティクスに似ている。

　図 7-11 はアルミニウム（x）とプラスチック（y）の比率に関する適合度関数を示している。x と y の入力値をもとに、抗力と揺れに基づく性能スコアを求める。

$$f(x, y) = (x + 2y - 7)^2 + (2x + y - 5)^2$$

図 7-11：アルミニウム（x）とプラスチック（y）を最適化する関数の例

　性能のよいドローンを製作するために必要なアルミニウムとプラスチックの量はどのようにして突き止めればよいだろうか。1 つの手は、ドローンの素材の最適な比率が見つかるまで、アルミニウムとプラスチックの値の組み合わせを片っ端から試してみることである。だが一歩下がって、この比率を求めるために必要な計算の量を想像してみよう。考えられる限りの組み合わせを試すとしたら、解が見つかるまでに無限に近い数の計算を行うことになりかねない。表 7-1 の項目について結果を計算する必要がある。アルミニウムとプラスチックの値が負であるというのは、現実的には奇妙である。しかしこの例では、アルミニウムとプラスチックの値を最適化するための適合度関数を具体的に理解するために、これらの値を使うことにする。

　この計算が制約の範囲内で考えられるすべての値で実行されることになるため、計算的に高くつく。したがって、この問題に総当たり方式で取り組むのは現実的に不可能である。もっとよい方法が必要だ。

表 7-1：アルミニウムとプラスチックの部品に対して考えられる値

アルミニウムの部品の量（x）	プラスチックの部品の量（y）
–0.1	1.34
–0.134	0.575
–1.1	0.24
–1.1645	1.432
–2.034	–0.65
–2.12	–0.874
0.743	–1.1645
0.3623	–1.87
1.75	–2.7756
...	...
–10 ≧ アルミニウム ≧ 10	–10 ≧ プラスチック ≧ 10

　粒子群最適化は、各次元の値をすべて調べることなく、大きな探索空間を探索するための手段となる。ドローン問題では、アルミニウムは問題の 1 つの次元であり、プラスチックはもう 1 つの次元である。結果として得られるドローンの性能は 3 つ目の次元である。

　次節では、粒子を表すのに必要なデータ構造と、その構造に含まれることになるデータ（問題に関するデータ）を明らかにする。

7.4　状態の表現：粒子はどのように表されるか

　粒子は探索空間内を移動するため、粒子の概念を定義する必要がある（図 7-12）。

現在の位置

最適な位置

速度

図 7-12：粒子の特性

粒子の概念は次の 3 つの属性で表される。

- **現在の位置**
  すべての次元における粒子の位置

- **最適な位置**
  適合度関数によって特定される最適な位置

- **速度**
  粒子の運動の現在の速度

擬似コード

粒子の 3 つの属性（現在の位置、最適な位置、速度）を満たすには、PSO アルゴリズムの
さまざまな演算のプロパティを粒子（Particle）のコンストラクタで定義する必要がある。
inertia、congnitive_constant、social_constant の 3 つの要素については後ほ
ど説明するので、今のところは考えなくてよい。

```
Particle(x, y, inertia, congnitive_constant, social_constant):
  let particle.x equal to x
  let particle.y equal to y
  let particle.fitness equal to infinity
  let particle.velocity equal to 0
  let particle.best_x equal to x
  let particle.best_y equal to y
  let particle.best_fitness equal to infinity
  let particle.inertia equal to inertia
  let particle.cognitive_constant equal to cognitive_constant
  let particle.social_constant equal to social_constant
```

7.5　粒子群最適化のライフサイクル

　粒子群最適化（PSO）アルゴリズムの設計方法は、対象となる問題空間によって決まる。ど
の問題にもその問題ならではのコンテキストがあり、データを表す領域もそれぞれ異なる。そ
して、さまざまな問題に対する解を評価する方法も異なる。ドローン問題を解くための PSO
アルゴリズムはどのように設計すればよいだろうか。さっそく見てみよう。
　PSO アルゴリズムの一般的なライフサイクルは次のようになる。

1. **粒子の個体群を初期化する**

   粒子の個数を決め、それぞれの粒子を探索空間内のランダムな位置に置く。

2. **各粒子の適合度を計算する**

   それぞれの粒子の位置に基づき、その粒子のその位置での適合度を割り出す。

3. **各粒子の位置を更新する**

   群知能の原理に基づき、すべての粒子の位置を繰り返し更新する。粒子は探索空間内を探索した後、適切な解に収束する。

4. **終了条件を決める**

   粒子が更新をやめ、アルゴリズムが終了するタイミングを決める。

このライフサイクルを図解すると図 7-13 のようになる。

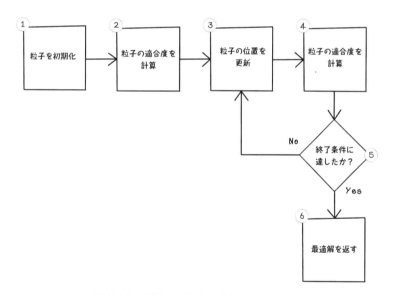

図 7-13：PSO アルゴリズムのライフサイクル

PSO アルゴリズムはかなり単純だが、ステップ 3 の詳細はかなり複雑である。ここからは、各ステップを個別に取り上げ、このアルゴリズムの細かな仕組みを明らかにする。

7.5.1　粒子の個体群を初期化する

PSO アルゴリズムはいくつかの粒子を作成することから始まる。粒子の個数はアルゴリズムのライフサイクルにわたって変化しない（図 7-14）。

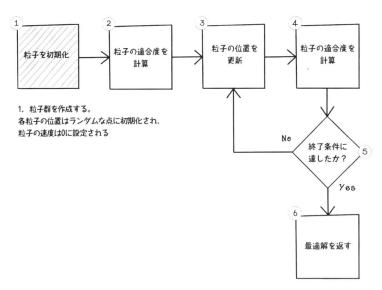

図7-14：粒子の個体群を初期化する

粒子の初期化において重要な要因は次の3つである。

- **粒子の個数**

  粒子の個数は計算に影響を与える。存在する粒子の個数が多いほど、計算量も増える。さらに、粒子の個数が多いほど、局所最適解に引き寄せられる粒子が増えるため、全体最適解への収束に時間がかかることが考えられる。問題の制約も粒子の個数に影響を与える。探索空間が広ければ広いほど、その空間を探索するために必要な粒子の個数は増えるだろう。粒子の個数は1,000個かもしれないし、たった4個かもしれない。通常は、粒子の個数を50〜100個にすると、計算コストをかけすぎることなくよい解が得られる。

- **各粒子の初期位置**

  各粒子の最初の位置はどの次元についてもランダムな位置にすべきである。重要なのは、粒子が探索空間全体に均等に散らばっていることである。探索空間の特定の領域に粒子が集まっているとしたら、それ以外の領域で解を見つけ出すのに苦労することになるだろう。

- **各粒子の初期速度**

  粒子はまだ何の影響も受けていないので、粒子の速度を0に初期化する。たとえるなら、木にとまっている鳥がまさに飛び立とうとしている状態だ。

図7-15は4つの粒子の初期位置を可視化したものである。

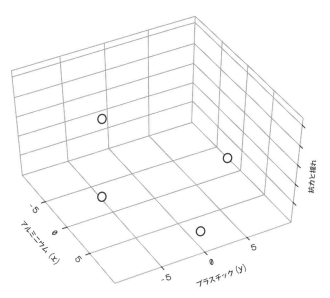

図 7-15：3 次元平面での 4 つの粒子の初期位置

　表 7-2 は、PSO アルゴリズムの初期化ステップにおいて各粒子がカプセル化するデータを示している。速度が 0 であることに注目しよう。現在の適合度と適合度の最適値が 0 なのは、それらの値がまだ計算されていないためだ。

表 7-2：各粒子のデータ属性

粒子	速度	現在のアルミニウム(x)	現在のプラスチック(y)	現在の適合度	アルミニウム(x) の最適値	プラスチック(y) の最適値	適合度の最適値
1	0	7	1	0	7	1	0
2	0	-1	9	0	-1	9	0
3	0	-10	1	0	-10	1	0
4	0	-2	-5	0	-2	-5	0

擬似コード

粒子群を生成するには、空のリストを作成し、そこに新しい粒子を追加する。重要なポイントは次の 3 つである。

● 粒子の個数を設定できるようにする。

- 一様分布に基づいて乱数を生成する。つまり、制約の範囲内で探索空間全体に乱数が散らばった状態になる。この実装は乱数生成器の特性に左右される。

- 探索空間の制約が指定されるようにする。この場合は、粒子の x と y の両方に -10 と 10 を指定する。

```
generate_swarm(number_of_particles):
  let particles equal an empty list
  for particle in range(number_of_particles):
    append Particle(random(-10, 10), random(-10, 10), INERTIA,
                    COGNITIVE_CONSTANT, SOCIAL_CONSTANT) to particles
  return particles
```

7.5.2　各粒子の適合度を計算する

　次のステップでは、各粒子の現在の位置での適合度を計算する。粒子の適合度は群全体の位置が変化するたびに計算される（図7-16）。

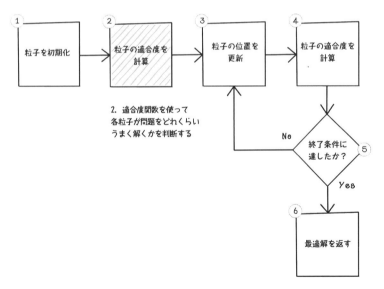

図 7-16：各粒子の適合度を計算する

ドローンの例では、いくつかのアルミニウムの部品とプラスチックの部品に基づいて抗力と揺れの量を求める関数が科学者から提供された。この例では、この関数を PSO アルゴリズムの適合度関数として使う（図 7-17）。

$$f(x, y) = (x + 2y - 7)^2 + (2x + y - 5)^2$$

図 7-17：アルミニウム (x) とプラスチック (y) を最適化する関数の例

x がアルミニウム、y がプラスチックであるとすれば、粒子ごとに図 7-18 の計算を行い、x と y をアルミニウムとプラスチックの値に置き換えることで、その適合度を求めることができる。

$$f(7,1) = (7 + 2(1) - 7)^2 + (2(7) + 1 - 5)^2 = 104$$
$$f(-1,9) = (-1 + 2(9) - 7)^2 + (2(-1) + 9 - 5)^2 = 104$$
$$f(-10,1) = (-10 + 2(1) - 7)^2 + (2(-10) + 1 - 5)^2 = 801$$
$$f(-2,-5) = (-2 + 2(-5) - 7)^2 + (2(-2) - 5 - 5)^2 = 557$$

図 7-18：各粒子の適合度の計算

結果として、粒子の表が粒子ごとに計算した適合度を表すようになる。最初のイテレーションでは、既知の適合度はこれらの値だけなので、各粒子の適合度の最適値としても設定される。最初のイテレーションの後、各粒子の適合度の最適値はその粒子のそれまでで最良の適合度となる（表 7-3）。

表 7-3：各粒子のデータ属性

粒子	速度	現在のアルミニウム(x)	現在のプラスチック(y)	現在の適合度	アルミニウム (x) の最適値	プラスチック (y) の最適値	適合度の最適値
1	0	7	1	104	7	1	104
2	0	-1	9	104	-1	9	104
3	0	-10	1	801	-10	1	801
4	0	-2	-5	557	-2	-5	557

練習問題：ドローン適合度関数が次のように定義されているとすれば、以下の入力に対する適合度はいくつになるか

$$f(x, y) = (x + 2y - 7)^2 + (2x + y - 5)^2$$

粒子	速度	現在のアルミニウム(x)	現在のプラスチック(y)	現在の適合度	アルミニウム(x) の最適値	プラスチック(y) の最適値	適合度の最適値
1	0	5	-3	0	5	-3	0
2	0	-6	-1	0	-6	-1	0
3	0	7	3	0	7	3	0
4	0	-1	9	0	-1	9	0

答え：ドローン適合度関数が次のように定義されているとすれば、以下の入力に対する適合度はいくつになるか

$$f(5, -3) = (5 + 2(-3) - 7)^2 + (2(5) - 3 - 5)^2 = 68$$

$$f(-6, -1) = (-6 + 2(-1) - 7)^2 + (2(-6) - 1 - 5)^2 = 549$$

$$f(7, 3) = (7 + 2(3) - 7)^2 + (2(7) + 3 - 5)^2 = 180$$

$$f(-1, 9) = (-1 + 2(9) - 7)^2 + (2(-1) + 9 - 5)^2 = 104$$

擬似コード

適合度関数は、コード上では数学関数になる。どの数学ライブラリにも、幕関数や平方根関数など、必要な演算が含まれているはずだ。

```
calculate_fitness(x, y):
  return power(x + 2 * y- 7, 2) + power(2 * x + y - 5, 2)
```

粒子の適合度を更新する関数も非常に単純で、新しい適合度がこれまでの最適値よりもよいかどうかを判断し、その情報を格納する。

```
update_fitness(x, y):
  let particle.fitness equal the result of calculate_fitness(x, y)
  if particle.fitness is less than particle.best_fitness:
    let particle.best_fitness equal particle.fitness
    let particle.best_x equal x
    let particle.best_y equal y
```

粒子群において最も有能な粒子を特定する関数は、すべての粒子を順番に処理しながら、それらの粒子の新しい位置に基づいて適合度を更新し、適合度関数の値が最も小さい粒子を見つけ出す。この場合は最小化を行っているので、値は小さければ小さいほどよい。

```
get_best(swarm):
  let best_fitness equal infinity
  let best_particle equal nothing
  for particle in swarm:
    update fitness of particle
    if particle.fitness is less than best_fitness:
      let best_fitness equal particle.fitness
      let best_particle equal particle
  return best_particle
```

7.5.3　各粒子の位置を更新する

　PSO アルゴリズムの更新ステップはきわめて複雑である。というのも、ここで奇跡が起きるからだ。更新ステップでは、自然界での群知能の特性を数学モデルにまとめることで、よい解を絞り込みながら探索空間を探索できる（図 7-19）。

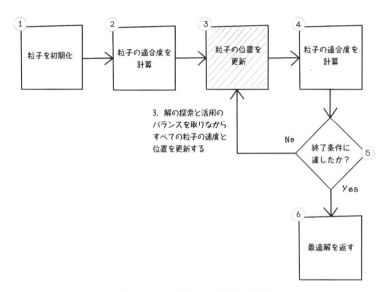

図 7-19：各粒子の位置を更新する

　粒子群の粒子は認知能力とまわりの環境内の因子（慣性や群の行動など）に基づいて位置を更新する。これらの因子は各粒子の速度と位置に影響を与える。速度をどのように更新するのかを理解することが最初のステップとなる。粒子が動く方向と速さは速度によって決まる。

　粒子群の粒子はより適切な解を見つけ出すために探索空間内のさまざまな点に移動する。各粒子の拠りどころとなるのは、よい解に関する記憶と粒子群の最適解に関する知識である。粒子の位置を更新すると、粒子群の各粒子が移動する（図 7-20）。

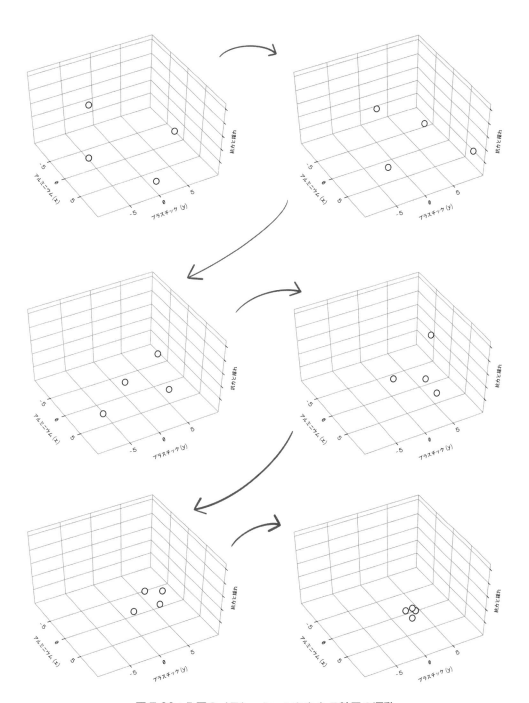

図 7-20：5 回のイテレーションにわたる粒子の運動

速度の更新に関する構成要素

　各粒子の新しい速度の計算には、慣性、認知性、社会性の3つの要素を使う。これらの要素はどれも粒子の運動に影響を与える。これらの要素を組み合わせて粒子の速度と（最終的には）位置を更新するが、その方法について説明する前に、これらの要素がどのようなものであるか確認しておこう。

慣性（inertia）

　慣性は特定の粒子の運動に対する抵抗または向きの変化を表す要素であり、その粒子の速度に影響を与える。慣性要素は慣性の大きさと粒子の現在の速度という2つの値で構成される。慣性値は0〜1の数字で表される。

慣性要素：

```
inertia * current velocity
```

- 0に近い値は探索として解釈され、イテレーションの回数が増える可能性がある。
- 1に近い値は、より多くの探索をより少ないイテレーションで行うこととして解釈される。

認知性（cognitive）

　認知性は特定の粒子に内在する認知能力を表す要素である。認知能力は、粒子が最適な位置を知り、その位置を使って粒子の運動を間接的に制御する能力である。認知性定数は0よりも大きく2よりも小さい数字で表される。認知性定数の値が大きいほど粒子による探索が増える。

認知性要素：

```
cognitive acceleration * (particle best position - current position)
```

cognitive acceleration = cognitive constant * random cognitive number

社会性（social）

　社会性は粒子が群とやり取りする能力を表す要素である。粒子は粒子群での最適な位置を知り、この情報をもとにその運動を間接的に制御する。社会性の加速係数は定数を乱数でスケーリングすることによって求められる。社会性定数はアルゴリズムのライフタイムにわたって変化せず、ランダム因子は社会性因子を優先した上で多様性を促す。

社会性要素：

social acceleration * (swarm best position - current position)

　　social acceleration = social constant * random social number

　　粒子は社会性定数の値が大きいほどこの要素を優先するようになるため、結果として探索が増えることになる。社会性定数は 0 〜 2 の数字で表される。

速度を更新する

　　慣性要素、認知性要素、社会性要素がわかったところで、これらの要素を組み合わせて粒子の速度を更新する方法を見てみよう（図 7-21）。

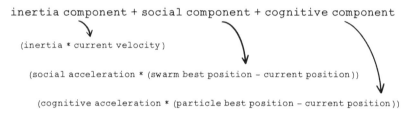

新しい速度：

inertia component + social component + cognitive component

　　(inertia * current velocity)

　　　(social acceleration * (swarm best position - current position))

　　　　(cognitive acceleration * (particle best position - current position))

図 7-21：速度の計算式

　　この計算式を見ても、関数のさまざまな要素が粒子の速度にどのような影響を与えるのかがよくわからないかもしれない。図 7-22 は、さまざまな因子が粒子にどのような影響を与えるのかを示している。

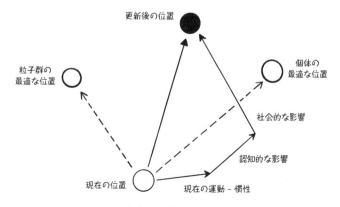

図 7-22：速度の更新に影響を与える因子

適合度を計算した後の各粒子のデータ属性は表 7-4 のようになる。

表7-4：各粒子のデータ属性

粒子	速度	現在のアルミニウム (x)	現在のプラスチック (y)	現在の適合度	アルミニウム (x) の最適値	プラスチック (y) の最適値	適合度の最適値
1	0	7	1	104	7	1	104
2	0	-1	9	104	-1	9	104
3	0	-10	1	801	-10	1	801
4	0	-2	-5	557	-2	-5	557

次に、ここまで見てきた式に基づいて粒子の速度を更新してみよう。

このシナリオでは、各定数が次のように設定されている。

- **慣性定数は 0.2 に設定される**
  この設定では、より低速な探索が優先される。

- **認知性定数は 0.35 に設定される**
  この定数は社会性定数よりも小さいため、個々の粒子の認知性要素よりも社会性要素が優先される。

- **社会性定数は 0.45 に設定される**
  この定数は認知性定数よりも大きいため、社会性要素のほうが優先される。つまり、粒子は群が見つけた最適な値のほうを重視する。

速度更新式の慣性要素、認知性要素、社会性要素の計算は図 7-23 のようになる。

これらの計算をすべての粒子で行った後、各粒子の速度は表 7-5 のように更新される。

表7-5：各粒子のデータ属性

粒子	速度	現在のアルミニウム (x)	現在のプラスチック (y)	現在の適合度	アルミニウム (x) の最適値	プラスチック (y) の最適値	適合度の最適値
1	2.295	7	1	104	7	1	104
2	1.626	-1	9	104	-1	9	104
3	2.043	-10	1	801	-10	1	801
4	1.35	-2	-5	557	-2	-5	557

慣性要素：

```
inertia * current velocity
= 0.2 * 0
= 0
```

認知性要素：

```
cognitive acceleration = cognitive constant * random cognitive number
= 0.35 * 0.2
= 0.07
```

```
cognitive acceleration * (particle best position - current position)
= 0.07 * ([7,1] - [7,1])
= 0.07 * 0
= 0
```

社会性要素：

```
social acceleration = social constant * random social number
= 0.45 * 0.3
= 0.135
```

```
social acceleration * (swarm best position - current position)
= 0.135 * ([-10,1] - [7,1])
= 0.135 * sqrt((-10 - 7)² + (1 - 1)²)        距離の式: sqrt((x1 - x2)² + (y1 - y2)²)
= 0.135 * 17
= 2.295
```

新しい速度：

```
inertia component + cognitive component + social component
= 0 + 0 + 2.295
= 2.295
```

図 7-23：粒子の速度を更新する

位置を更新する

　速度がどのように更新されるのかがわかったところで、新しい速度を使って各粒子の現在の位置を更新してみよう（図 7-24）。

位置：

```
current position + new velocity
```

新しい位置：

```
current position + new velocity
= ([7,1]) + 2.295
= [9.295, 3.295]
```

図 7-24：粒子の新しい位置を計算する

　各粒子の新しい位置を計算するには、現在の位置と新しい速度を加算する。そして、粒子の
データ属性の表を新しい速度値で更新する。続いて、新しい位置に基づいて各粒子の適合度を
再び計算すると、その最適な位置が記憶される（表 7-6）。

表 7-6：各粒子のデータ属性

粒子	速度	現在のアルミニウム(x)	現在のプラスチック(y)	現在の適合度	アルミニウム(x)の最適値	プラスチック(y)の最適値	適合度の最適値
1	2.295	9.925	3.295	419.776	9.925	3.295	419.776
2	1.626	0.626	10.626	268.662	0.626	10.626	268.662
3	2.043	-7.957	3.043	398.068	-7.957	3.043	398.068
4	1.35	-0.65	-3.65	322.506	-0.65	-3.65	322.506

　各粒子の初期速度の計算は、最初のイテレーションでは非常に単純である。というのも、ど
の粒子にも過去の最適な位置が存在しないからだ。そこにあるのは、社会性要素にのみ影響を
与える粒子群の最適な位置だけである。
　「各粒子の最適な位置」と「粒子群の新しい最適な位置」という新たな情報がある状態では、
速度更新計算はどのように行われるのだろうか。さっそく見てみよう。粒子 1 の計算は図
7-25 のようになる。
　このシナリオでは、認知性要素と社会性要素の両方が速度の更新に影響を与えている。図
7-23 のシナリオでは、影響を与えるのは社会性要素だけだが、これは最初のイテレーション
だからである。

慣性要素：

```
inertia * current velocity
= 0.2 * 2.295
= 0.59
```

認知性要素：

```
cognitive acceleration = cognitive constant * random cognitive number
= 0.35 * 0.2    注：わかりやすいように同じ乱数を使っている
= 0.07
```

```
cognitive acceleration * (particle best position - current position)
= 0.07 * ([7,1] - [9.925,3.325])
```

$$= 0.07 * \mathrm{sqrt}((7 - 9.925)^2 + (1 - 3.325)^2)$$

```
= 0.07 * 3.736
= 0.266
```

社会性要素：

```
social acceleration = social constant * random social number
= 0.45 * 0.3
= 0.135
```

```
social acceleration * (swarm best position - current position)
= 0.135 * ([0.626,10.626] - [9.925,3.325])
```

$$= 0.135 * \mathrm{sqrt}((0.626 - 9.925)^2 + (10.626 - 3.325)^2)$$

```
= 0.135 * 11.823
= 1.596
```

新しい速度：

```
inertia component + cognitive component + social component
= 0.59 + 0.266 + 1.596
= 2.452
```

図 7-25：粒子の速度を更新する

粒子はイテレーションを繰り返しながらさまざまな位置に移動する。図 7-26 は粒子の運動と解への収束を可視化したものだ。

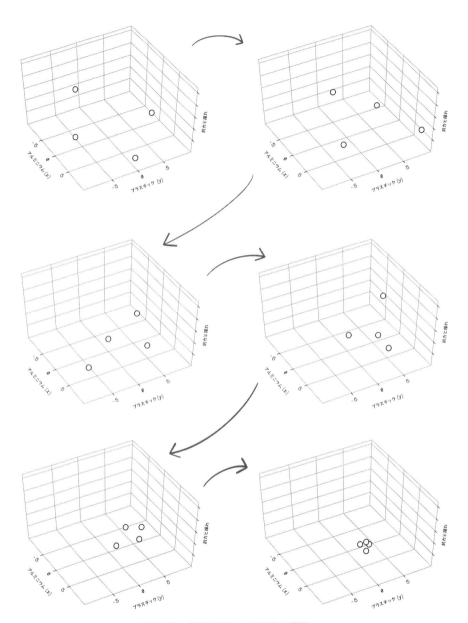

図 7-26：探索空間での粒子の運動

　図 7-26 の最後のフレームで、すべての粒子が探索空間の特定の領域に収束していることが
わかる。粒子群の最適な解が最終的な解として使われることになる。現実の最適化問題では、
探索空間全体を可視化することは不可能である（そんなことができるなら最適化アルゴリズム
はいらない）。しかし、ドローンの例で使ったのは Booth 関数と呼ばれる既知の関数である。
この関数を 3 次元のデカルト平面に写像すると、粒子が実際に探索空間内の最小点に収束して
いることがわかる（図 7-27）。

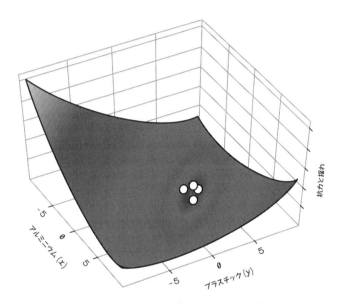

図 7-27：粒子の収束と既知の平面の可視化

　ドローンの例に PSO アルゴリズムを適用すると、抗力と揺れをできるだけ小さくするため
のアルミニウムとプラスチックの最適な比率が 1 対 3 であることがわかる。つまり、アルミ
ニウムの部品 1 つに対してプラスチックの部品が 3 つである。これらの値を適合度関数に与
えると、結果は 0 になる。この値がこの関数の最小値である。

擬似コード

更新ステップは手ごわく思えるかもしれないが、それぞれの要素を焦点の絞られた単純な関数に分解すると、コードがより単純になり、コードを書いたり、使ったり、理解したりするのが容易になる。最初の関数は、慣性計算関数、認知性加速関数、社会性加速関数の 3 つである。また、2 点間の距離を測る関数も必要である。この関数は x 値の差の 2 乗と y 値の差の 2 乗の和の平方根を求めるものとして表される。

```
calculate_inertia(inertia_constant, velocity):
  return inertia_constant * current_velocity

calculate_cognitive_acceleration(cognitive_constant):
  return cognitive_constant * random number between 0 and 1

calculate_social_acceleration(social_constant):
  return social_constant * random number between 0 and 1

calculate_distance(best_x, best_y, current_x, current_y):
  return square_root(power((best_x - current_x), 2) + power((best_y - current_y), 2))
```

認知性要素を計算するには、上記の関数と、粒子の最適な値と現在の位置との距離を使って、認知性の加速係数を求める。

```
calculate_cognitive(cognitive_constant,
                    particle_best_x, particle_best_y
                    particle_current_x, particle_current_y):
  let acceleration equal cognitive_acceleration(cognitive_constant)
  let distance equal calculate_distance(particle_best_x,
                                        particle_best_y
                                        particle_current_x,
                                        particle_current_y)
  return acceleration * distance
```

社会性要素を計算するには、上記の関数と、粒子群の最適な位置と粒子の現在位置との距離を使って、社会性の加速係数を求める。

```
calculate_social(social_constant,
                swarm_best_x, swarm_best_y
                particle_current_x, particle_current_y):
  let acceleration equal social_acceleration(social_constant)
  let distance equal calculate_distance(swarm_best_x,
                                        swarm_best_y
                                        particle_current_x,
```

```
                                        particle_current_y)
    return acceleration * distance
```

粒子の速度と位置を実際に更新するために定義してきたものをすべてまとめたのが更新関数である。速度は慣性要素、認知性要素、社会性要素を使って計算する。位置を計算するには、新しい速度を粒子の現在の位置に足す。

```
update_particle(cognitive_constant, social_constant, particle_velocity,
            particle_best_x, particle_best_y,
            swarm_best_x, swarm_best_y,
            particle_current_x, particle_current_y):
 let inertia equal calculate_inertia(inertia_constant, particle_constant)
 let cognitive equal calculate_cognitive(cognitive_constant,
                                    particle_best_x, particle_best_y
                                    particle_current_x, particle_current_y)
 let social equal calculate_social(social_constant,
                                swarm_best_x, swarm_best_y
                                particle_current_x, particle_current_y)
 let particle.velocity equal inertia + cognitive + social
 let particle.x equal particle.x + velocity
 let particle.y equal particle.y + velocity
```

練習問題：粒子に関する以下の情報をもとに、粒子 1 の新たな速度と位置を求める

- 慣性は 0.1 に設定される
- 認知性定数は 0.5 に設定され、認知性乱数は 0.2 である
- 社会性定数は 0.5 に設定され、社会性乱数は 0.5 である

粒子	速度	現在のアルミニウム (x)	現在のプラスチック (y)	現在の適合度	アルミニウム (x) の最適値	プラスチック (y) の最適値	適合度の最適値
1	3	4	8	290	7	1	104
2	4	3	3	20	0.626	10.626	268.662
3	1	6	2	90	-10	1	801
4	2	2	5	41	-0.65	-3.65	322.506

答え：粒子に関する以下の情報をもとに、粒子 1 の新たな速度と位置を求める

慣性要素：

inertia * current velocity

= 0.1 * 3

= 0.3

認知性要素：

cognitive acceleration = cognitive constant * random cognitive number

= 0.5 * 0.2

= 0.1

cognitive acceleration * (particle best position – current position)

= 0.1 * ([7,1] – [4,8])

= 0.1 * sqrt((7 – 4)^2 + (1 – 8)^2)

= 0.1 * 7.616

= 0.7616

社会性要素：

social acceleration = social constant * random social number

= 0.5 * 0.5

= 0.25

social acceleration * (swarm best position – current position)

= 0.25 * ([0.626,10.626] – [4,8])

= 0.25 * sqrt((0.626 – 4)^2 + (10.626 – 8)^2)

= 0.25 * 4.275

= 1.069

新しい速度：

inertia component + cognitive component + social component

= 0.3 + 0.7616 + 1.069

= 2.1306

7.5.4　終了条件を決める

　粒子群の粒子の更新と探索を永遠に続けるわけにはいかない。アルゴリズムが妥当な回数のイテレーションを実行して適切な解を見つけ出せるようにするには、終了条件を決めておく必要がある（図 7-28）。

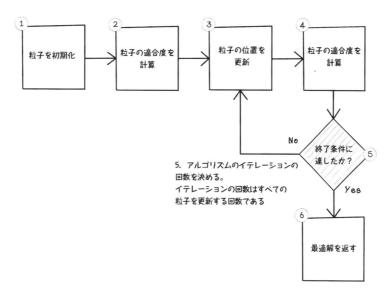

図 7-28：アルゴリズムは終了条件に達したか？

イテレーションの回数は、次を含め、求解のさまざまな部分に影響を与える。

- **探索**
  粒子が探索空間を探索してより適切な解がある領域を見つけ出すには、時間が必要である。また、速度更新関数で定義される定数も探索に影響を与える。

- **活用**
  粒子はある程度の探索を行った後、適切な解に収束すべきである。

　アルゴリズムを終了する方法の1つは、粒子群の最適な解を調べて、最適な解が停滞しているかどうかを突き止めることである。停滞が起きているのは、最適な解の値が変化しないか、大きく変化しないときであり、イテレーションをさらに繰り返してもそれよりもよい解は見つからない。最適な解が停滞に陥っている場合は、更新関数のパラメータを調整することで、さらなる探索を促すことができる。さらに探索を行うことが望ましい場合は、この調整により、通常はさらにイテレーションが繰り返されることになる。停滞は、適切な解が見つかったことを意味する場合と、粒子群が局所最適解に陥っていることを意味する場合がある。最初に十分な量の探索を行っていて、粒子群が徐々に停滞していくとしたら、粒子群は適切な解に収束している（図7-29）。

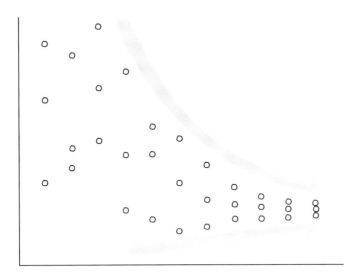

図 7-29：探索の収束と活用

7.6　粒子群最適化アルゴリズムのユースケース

　PSO アルゴリズムが興味深いのは、自然現象をシミュレートしているために理解しやすいからだが、このアルゴリズムは抽象化のレベルが異なる幅広い問題に適用できる。本章ではドローン製作の最適化問題を取り上げたが、PSO アルゴリズムを人工ニューラルネットワークといった他のアルゴリズムと組み合わせて利用すれば、適切な解を求める上で小粒ながらも非常に重要な役割を果たす。

　PSO アルゴリズムの興味深い用途の 1 つは、脳深部刺激療法である。脳深部刺激療法とは、電極の付いたプローブを人間の脳に埋め込み、脳を刺激することでパーキンソン病などの病気を治療するというものだ。プローブにはそれぞれ電極が付いており、患者に合わせて正しい治療を行うために電極の向きを調整できる。ミネソタ州立大学の研究者が開発した PSO アルゴリズムは、対象領域（ROI）を最大化して回避領域（ROA）を最小化するために電極の向きを最適化し、エネルギー消費量を最小限に抑える。粒子はこのような多次元の問題空間の探索に有効なので、PSO アルゴリズムはプローブの電極の最適な設定を見つけ出すのに効果がある（図7-30）。

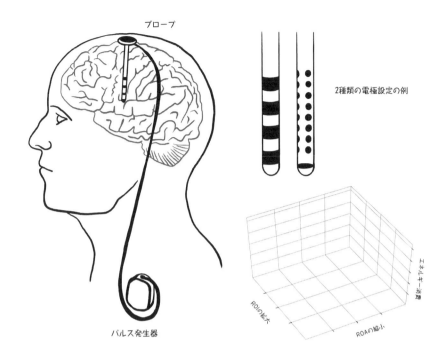

図 7-30：脳深部刺激療法のプローブに関する因子

PSO アルゴリズムには、この他にも現実的な用途がいくつかある。

- **人工ニューラルネットワークでの重みの最適化**

  人工ニューラルネットワークは人間の脳の働きをモデルにしている。ニューロンは他の
  ニューロンに信号を送るが、その前に信号を調整する。人工ニューラルネットワークは
  重みを使って各信号を調整する。ニューラルネットワークの強みは、データに埋もれて
  いる関係をパターン化するために重みの適切なバランスを見つけ出すことにある。探索
  空間は巨大であるため、重みの調整は計算的に高くつく。10 個の重みに対して考えられ
  る小数の組み合わせをすべて総当たり方式で試さなければならないとしたらどうだろう
  か。それこそ何年もかかるだろう。

  この概念をよく理解できなくても心配はいらない。人工ニューラルネットワークの仕組
  みについては第 9 章で説明する。PSO は探索空間内の値をしらみつぶしに試すことなく
  最適な値を求めるため、ニューラルネットワークの重みをより高速に調整するのに役立
  つ。

- **動画のモーショントラッキング**

  モーショントラッキングはコンピュータビジョンにおける難しいタスクであり、人の姿

勢を識別し、動画の画像からの情報だけを頼りに人の動きを追跡することが目標となる。関節の動きは誰しも同じだが、動作は人によって異なる。画像にはさまざまな要素が含まれるため、その分探索空間が大きくなり、人の動きを予測するためにいくつもの次元が使われる。高次元の探索空間にうまく対応するPSOは、動作の追跡や予測の性能を向上させるのに役立つ。

- **オーディオの音声強調**

  音声録音には微妙な質感がある。常に背景に雑音が入っていて、録音されている会話の内容が聞き取りにくくなることがある。解決法は、録音された会話のオーディオクリップからノイズを取り除くことである。そこで、ノイズを含んでいるオーディオクリップをフィルタリングし、同じような音を比較してオーディオクリップのノイズを取り除くという方法が用いられる。特定の周波数の振幅を弱めるとうまくいくパートがあるかもしれないが、他のパートの品質を低下させるかもしれないため、これでもまだ複雑である。ノイズをきちんと取り除くには、探索と照合を細かく行わなければならない。探索空間は広大なので、従来の方法では時間がかかってしまう。大きな探索空間にうまく対応するPSOは、オーディオクリップからノイズを取り除くプロセスを高速化するのに役立つ。

本章のまとめ

粒子群最適化は大きな探索空間で適切な解を見つけ出す

粒子はそれぞれの最適な位置と粒子群の最適な位置に基づいて探索空間内を移動する

PSOアルゴリズムは慣性、認知的な影響、社会的な影響を用いるため、粒子の速度を調整することが重要となる

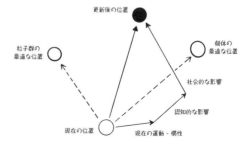

新しい速度：

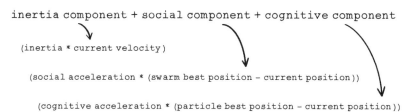

inertia component + social component + cognitive component

(inertia * current velocity)

(social acceleration * (swarm best position – current position))

(cognitive acceleration * (particle best position – current position))

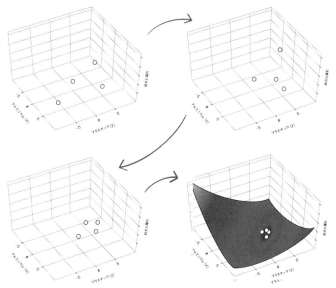

粒子はさまざまなよい解を
探しながら探索空間内を移
動し、理想的には全体最適
解に収束する

機械学習 | 8

本章の内容

- 機械学習アルゴリズムを使った問題の求解

- 機械学習のライフサイクルの理解、データの前処理、アルゴリズムの選択

- 予想のための線形回帰アルゴリズムの理解と実装

- 分類のための決定木学習アルゴリズムの理解と実装

- その他の機械学習アルゴリズムとそれらの有用性

8.1 機械学習とは何か

　機械学習は、習得して応用するとなると手の出しにくい概念に思えるかもしれない。しかし、そのプロセスとアルゴリズムを正しく捉えて理解すれば、おもしろくて楽しいものになるはずだ。

　新しい引っ越し先を探しているとしよう。友達や家族に相談したり、市内のアパートをオンラインで検索したりする中で、ふとアパートの家賃が地域によって異なることに気付く。あなたの調べでは、次のようなことがわかった。

- 街の中心にある（職場に近い）寝室が 1 つのアパートの毎月の家賃は 5,000 ドル。

- 街の中心にある寝室が 2 つのアパートの毎月の家賃は 7,000 ドル。

- 街の中心にある寝室が 1 つの駐車場付きアパートの毎月の家賃は 6,000 ドル。

- 街の中心から離れた場所にあり（通勤に時間がかかる）、寝室が 1 つのアパートの毎月の家賃は 3,000 ドル。
- 街の中心から離れた場所にある寝室が 2 つのアパートの家賃は毎月 4,500 ドル。
- 街の中心から離れた場所にある寝室が 1 つの駐車場付きアパートの毎月の家賃は 3,800 ドル。

　いくつかのパターンが見て取れる。街の中心にあるアパートは家賃が高く、月々の家賃はだいたい 5,000 ドルから 7,000 ドルである。街の中心から離れた場所にあるアパートのほうが家賃は安い。部屋の数が増えると毎月 1,500 〜 2,000 ドル高くなり、駐車場付きの場合は毎月 800 〜 1,000 ドル高くなる（図 8-1）。

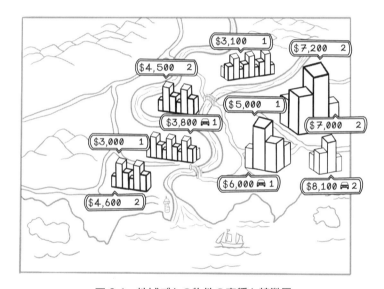

図 8-1：地域ごとの物件の家賃と特徴量

　この例は、データからパターンを見つけ出し、意思決定を行う方法を示している。寝室が 2 つで駐車場付きのアパートを街の中心部で見つけた場合、毎月の家賃は 8,000 ドル前後になると考えてよいだろう。

　機械学習（machine learning）の目的は、現実の問題に応用できそうなパターンをデータから見つけ出すことにある。このデータセットは小さいので、私たちでもパターンを見つけ出せないことはない。しかし、機械学習は私たちの代わりに大きく複雑なデータセットからパターンを見つけ出してくれる。図 8-2 は、このデータのさまざまな属性の関係を示している。それぞれの点は個々の物件を表している。

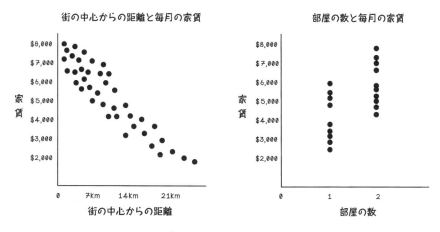

図 8-2：データの間の関係を可視化した例

　街の中心により多くの点が集まっていることがわかる（左図）。また、街の中心からの距離と毎月の家賃との関係から明らかなパターンが見て取れる。街の中心から遠ざかるほど家賃が安くなっていく。また、部屋の数と毎月の家賃との関係からもパターンが見て取れる（右図）。点の集まりが途中で上下に分かれており、そこで家賃が大きく跳ね上がることを示している。単純な推測では、この効果は街の中心からの距離と関係がありそうだ。機械学習のアルゴリズムは、この推測が正しいのか、それとも間違っているのかを検証するのに役立つ。本章では、このプロセスの仕組みを詳しく見ていく。

　一般に、データは表（テーブル）で表される。列はデータの**特徴量**（feature）と呼ばれ、行は**サンプル**（example）または**インスタンス**（instance）と呼ばれる。2つの特徴量を比較するときには、計測（評価）の対象となる特徴量を y、変更（訓練）の対象となる特徴量を x で表すことがある。いくつかの問題に取り組んでいくうちに、この用語を直観的に捉えられるようになるだろう。

8.2　機械学習に適用できる問題

　機械学習が役立つのは、データとそのデータが答えるであろう質問が存在する場合だけである。機械学習のアルゴリズムはデータからパターンを見つけ出すが、何か有益なことを魔法のほうにやってのけるわけではない。機械学習のアルゴリズムにはさまざまなカテゴリがあり、どのようなシナリオで、どのようなアプローチで、どのような質問に答えるかはカテゴリによって異なる。これらのカテゴリを大きく分けると、教師あり学習、教師なし学習、強化学習の3つに分類される（図 8-3）。

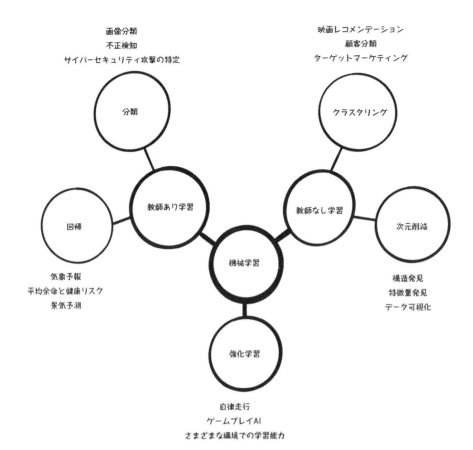

図 8-3：機械学習の分類と用途

8.2.1 教師あり学習

　従来の機械学習において最も一般的な手法の1つは**教師あり学習**（supervised learning）である。データを調べて内在するパターンと関係を理解し、同じフォーマットの異なるデータのインスタンスが新たに与えられたときに結果を予測できるようにしたい。アパート検索の問題はパターンを見つけ出す教師あり学習の例である。検索キーワードを入力するときのオートコンプリート機能や、ユーザーのアクティビティや好みに基づいて新しい楽曲を提案する音楽アプリケーションも、教師あり学習の例である。教師あり学習はさらに回帰と分類の2つに分かれている。

　回帰（regression）は、データ点の集合を通る線のうち、データの全体的な形状と最も適合する線を引くというものだ。回帰はマーケティング戦略と売上の間の傾向分析などに応用できるほか、何かに影響を与える要因の特定にも利用できる。たとえば、前者は「オンライン広告

と実際の商品の売上との間に直接の関係はあるか」といった質問に答え、後者は「時間と暗号通貨の価値との間に直接の関係はあるか」といった質問や「暗号通貨の価値は時間が経つにつれて幾何級数的に増えていくか」といった質問に答える。

　分類（classification）の目的は、インスタンスのカテゴリを特徴量に基づいて予測することにある。たとえば、「車輪の数、重量、最高速度に基づいて乗用車とトラックのどちらであるかを判断できるか」といった質問に答える。

8.2.2　教師なし学習

　教師なし学習（unsupervised learning）は、データを手動で調べてもなかなか見つからないようなパターンを見つけ出す。教師なし学習では、同じような特徴量を持つデータをクラスタ化し、そのデータにおいて重要な特徴量を明らかにする。たとえば、オンラインショップの商品を顧客の購買行動に基づいてクラスタ化したとしよう。多くの顧客が石鹸、スポンジ、タオルを同時に購入しているとしたら、その商品の組み合わせをほしがる顧客が他にもいることが考えられる。このため、石鹸、スポンジ、タオルをセットにして（クラスタリング）、新しい顧客に勧めることができる。

8.2.3　強化学習

　強化学習（reinforcement learning）は、行動心理学にヒントを得ており、ある環境での行動に基づいて報酬またはペナルティを与えるという仕組みになっている。教師あり学習や教師なし学習と似ている点もあるが、相違点もいろいろある。強化学習の目的は、報酬とペナルティに基づいて環境内のエージェントを訓練することにある。お行儀のよかったペットにご褒美としておやつを与える場面を想像してみよう。特定の行動に対して報酬を与えれば与えるほど、ペットはその行動をとるようになる。強化学習については、第10章で説明する。

8.3　機械学習のワークフロー

　機械学習とは、単なるアルゴリズムのことではない。実際には、データのコンテキスト、データの前処理、そしてどのような質問をするかがその鍵を握っていることが多い。

　質問を見つける方法は2つある。

- 機械学習で解決できる問題があり、その解決に役立つ正しいデータを集める必要がある。たとえば、銀行が正しい取引と不正な取引に関する膨大な量のデータを抱えていて、「不正取引をリアルタイムに検知できるか」という質問を使ってモデルを訓練したいと考えているなど。

● 特定のコンテキストのデータがあり、このデータを使ってさまざまな問題をどのように
解決できるかを突き止めたい。たとえば、さまざまな場所の気候、さまざまな植物に必
要な栄養素、そしてさまざまな場所の土壌成分に関するデータを持つ農業法人があると
しよう。この場合の質問は「さまざまな種類のデータの間でどのような相関や関係を見
つけ出せるか」になるかもしれない。そして、それらの関係から「その場所の気候と土壌
に基づいて特定の植物を育てるのに最適な場所を判断できるか」といったより具体的な
質問を引き出せるかもしれない。

一般的な機械学習プロジェクトの手順をざっくりまとめると図 8-4 のようになる。

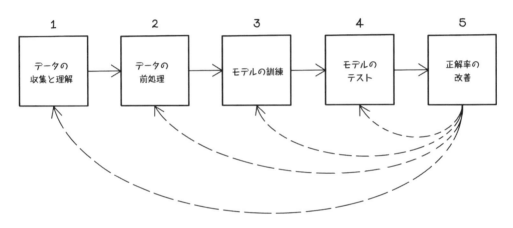

図 8-4：機械学習プロジェクトのワークフロー

8.3.1　データの収集と理解：コンテキストを知る

機械学習に用いるデータを収集して理解することは、機械学習プロジェクトを成功させる上
で非常に重要である。あなたが達成しようとしている目標についての質問に答えるには、その
ためのデータが必要である。たとえば、金融業界の一分野で働いている場合、最も効果的なデー
タを調達するために重要となるのは、その分野のプロセスやデータに関する専門用語と仕組み
に関する知識である。不正検知システムを構築したい場合、不正取引を特定する上で非常に重
要となるのは、取引に関してどのようなデータが格納され、それらのデータがどのような意味
を持つのかを理解していることである。また、データを有効なものにするために、さまざまな
システムからデータを調達して組み合わせる必要もあるだろう。場合によっては、データをよ
り正確なものにするために、手持ちのデータを組織の外から調達したデータで補強することも
ある。ここでは、機械学習のワークフローを理解し、さまざまなアルゴリズムを調べるために、

ダイヤモンドの寸法に関するサンプルデータセットを使うことにする（図8-5）。

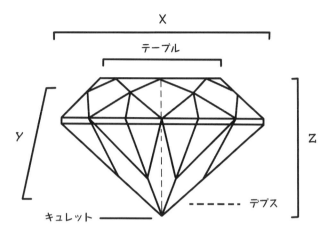

図8-5：ダイヤモンドの寸法に関する専門用語

　表8-1は、いくつかのダイヤモンドとそれらの特性をまとめたものだ。X、Y、Zは、3つの空間次元でのダイヤモンドの大きさを表している。以下の例では、データの一部のみを使う。

表8-1：ダイヤモンドのデータセット

	カラット	カット	カラー	クラリティ	デプス	テーブル	価格	X	Y	Z
1	0.30	Good	J	SI1	64.0	55	339	4.25	4.28	2.73
2	0.41	Ideal	I	SI1	61.7	55	561	4.77	4.80	2.95
3	0.75	Very Good	D	SI1	63.2	56	2,760	5.80	5.75	3.65
4	0.91	Fair	H	SI2	65.7	60	2,763	6.03	5.99	3.95
5	1.20	Fair	F	I1	64.6	56	2,809	6.73	6.66	4.33
6	1.31	Premium	J	SI2	59.7	59	3,697	7.06	7.01	4.20
7	1.50	Premium	H	I1	62.9	60	4,022	7.31	7.22	4.57
8	1.74	Very Good	H	I1	63.2	55	4,677	7.62	7.59	4.80
9	1.96	Fair	I	I1	66.8	55	6,147	7.62	7.60	5.08
10	2.21	Premium	H	I1	62.2	58	6,535	8.31	8.27	5.16

このダイヤモンドデータセットは、**特徴量**と呼ばれる 10 個のデータ列で構成されている。このデータセット全体の行は 5 万行以上である。それぞれの特徴量の意味は次のとおり。

- **カラット**
  ダイヤモンドの重量（参考までに、1 カラットは 200mg）。

- **カット**
  ダイヤモンドの品質。Fair、Good、Very good、Premium、Ideal の順に品質が高くなる。

- **カラー**
  ダイヤモンドの色。D から J まであり、D が最も評価が高く、J が最も評価が低いとされる。D は透明で、J は曇った色をしている。

- **クラリティ**
  ダイヤモンドの不完全性を表し、FL、IF、VVS1、VVS2、VS1、VS2、SI1、SI2、I1、I2、I3 の順に品質が下がる（これらのコード名は完全性の度合いを表すだけなので、覚えなくてもよい）。

- **デプス**
  ダイヤモンドのキュレットからテーブルまでの長さの割合。一般に、テーブルとデプスの比率はダイヤモンドの「輝き」にとって重要である。

- **テーブル**
  x の寸法に対するダイヤモンドの平らな面の割合。

- **価格**
  そのダイヤモンドの販売価格。

- **X**
  ダイヤモンドの x の寸法（ミリ単位）。

- **Y**
  ダイヤモンドの y の寸法（ミリ単位）。

- **Z**
  ダイヤモンドの z の寸法（ミリ単位）。

ここでは、このデータセットを使って、機械学習アルゴリズムがデータの前処理、訓練、テストをどのように行うのかを見ていく。

8.3.2　データの前処理

　現実のデータが機械学習に適した状態であった試しがない。データは整合性に関する基準や
ルールが異なるさまざまなシステムや組織から調達されたものかもしれない。データが欠損し
ていたり、矛盾していたり、あなたが使いたいアルゴリズムでは扱いにくいフォーマットに
なっていたりするのはいつものことである。

　繰り返しになるが、表 8-2 に示すダイヤモンドデータセットでは、各列がデータの**特徴量**と
呼ばれることと、各行がデータの**サンプル**または**インスタンス**と呼ばれることを覚えておこう。

表 8-2：欠損データを含んでいるダイヤモンドデータセット

	カラット	カット	カラー	クラリティ	デプス	テーブル	価格	X	Y	Z
1	0.30	Good	J	SI1	64.0	55	339	4.25	4.28	2.73
2	0.41	Ideal	I	si1	61.7	55	561	4.77	4.80	2.95
3	0.75	Very Good	D	SI1	63.2	56	2,760	5.80	5.75	3.65
4	0.91	-	H	SI2	-	60	2,763	6.03	5.99	3.95
5	1.20	Fair	F	I1	64.6	56	2,809	6.73	6.66	4.33
6	1.21	Good	E	I1	57.2	62	3,144	7.01	6.96	3.99
7	1.31	Premium	J	SI2	59.7	59	3,697	7.06	7.01	4.20
8	1.50	Premium	H	I1	62.9	60	4,022	7.31	7.22	4.57
9	1.74	Very Good	H	i1	63.2	55	4,677	7.62	7.59	4.80
10	1.83	fair	J	I1	70.0	58	5,083	7.34	7.28	5.12
11	1.96	Fair	I	I1	66.8	55	6,147	7.62	7.60	5.08
12	-	Premium	H	i1	62.2	-	6,535	8.31	-	5.16

欠損値

　表 8-2 のインスタンス 4（行 4）を見ると、カット特徴量とデプス特徴量の値が欠損してい
ることがわかる。インスタンス 12 では、カラット、テーブル、Y の 3 つの特徴量の値が欠損
している。インスタンスを比較するには、データを完全に理解している必要があるが、欠損値
があるとデータを理解するのが難しくなる。機械学習プロジェクトによっては、欠損値を推測
することが目標になることもある。そうした推測については、後ほど取り上げる。データを何
か有益なことに利用するという目標にとって欠損値が問題になるとしよう。欠損値に対処する
方法がいくつかある。

- 削除

  特徴量の値が欠損しているインスタンスを削除する。この例では、表 8-2 のインスタンス 4 とインスタンス 12 が該当する。このアプローチの利点は、余計なことを想定しないのでデータの信頼性が高まることである。ただし、削除したインスタンスが達成しようとしている目標にとって重要だった、ということもあり得る。

表 8-3：欠損データを含んでいるダイヤモンドデータセット - インスタンスを削除する

	カラット	カット	カラー	クラリティ	デプス	テーブル	価格	X	Y	Z
1	0.30	Good	J	SI1	64.0	55	339	4.25	4.28	2.73
2	0.41	Ideal	I	si1	61.7	55	561	4.77	4.80	2.95
3	0.75	Very Good	D	SI1	63.2	56	2,760	5.80	5.75	3.65
4	0.91	-	H	SI2	-	60	2,763	6.03	5.99	3.95
5	1.20	Fair	F	I1	64.6	56	2,809	6.73	6.66	4.33
6	1.21	Good	E	I1	57.2	62	3,144	7.01	6.96	3.99
7	1.31	Premium	J	SI2	59.7	59	3,697	7.06	7.01	4.20
8	1.50	Premium	H	I1	62.9	60	4,022	7.31	7.22	4.57
9	1.74	Very Good	H	i1	63.2	55	4,677	7.62	7.59	4.80
10	1.83	fair	J	I1	70.0	58	5,083	7.34	7.28	5.12
11	1.96	Fair	I	I1	66.8	55	6,147	7.62	7.60	5.08
12	-	Premium	H	i1	62.2	-	6,535	8.31	-	5.16

- 平均値または中央値

  欠損値をそれぞれの特徴量の平均値または中央値と置き換えるという手もある。**平均値**（mean）はすべての値を合計してインスタンスの個数で割ったものである。**中央値**（median）はインスタンスを値の小さいものから順に並べたときに中央に来る値である。平均値を使うのは簡単で効率的だが、特徴量の間に相関があったとしても考慮されなくなる。ダイヤモンドデータセットのカット、クラリティ、デプスといったカテゴリ値の特徴量では、このアプローチは利用できない（表 8-4）。

表 8-4：欠損データを含んでいるダイヤモンドデータセット - 平均値を使う

	カラット	カット	カラー	クラリティ	デプス	テーブル	価格	X	Y	Z
1	0.30	Good	J	SI1	64.0	55	339	4.25	4.28	2.73
2	0.41	Ideal	I	si1	61.7	55	561	4.77	4.80	2.95
3	0.75	Very Good	D	SI1	63.2	56	2,760	5.80	5.75	3.65
4	0.91	-	H	SI2	-	60	2,763	6.03	5.99	3.95
5	1.20	Fair	F	I1	64.6	56	2,809	6.73	6.66	4.33
6	1.21	Good	E	I1	57.2	62	3,144	7.01	6.96	3.99
7	1.31	Premium	J	SI2	59.7	59	3,697	7.06	7.01	4.20
8	1.50	Premium	H	I1	62.9	60	4,022	7.31	7.22	4.57
9	1.74	Very Good	H	i1	63.2	55	4,677	7.62	7.59	4.80
10	1.83	fair	J	I1	70.0	58	5,083	7.34	7.28	5.12
11	1.96	Fair	I	I1	66.8	55	6,147	7.62	7.60	5.08
12	**1.19**	Premium	H	i1	62.2	**57**	6,535	8.31	-	5.16

テーブル特徴量の平均値（Table mean）を計算するには、利用可能な値の合計を求め、それらの値の総数で割る。

```
Table mean = (55 + 55 + 56 + 60 + 56 + 62 + 59 + 60 + 55 + 58 + 55) / 11
Table mean = 631 / 11
Table mean = 57.364
```

サンプルデータを見た限りでは、テーブルの大きさはインスタンスごとに大きく異なるわけではないようなので、テーブル特徴量の欠損値の代わりに平均値を使うのは妥当に思える。しかし、テーブルの大きさとダイヤモンドの幅（X）との関係など、私たちには見えていない相関が存在しないとも限らない。

一方で、カラット特徴量の欠損値の代わりに平均値を使うのは妥当ではない。データをグラフ化してみるとわかるが、カラット特徴量と価格特徴量の間には相関が認められるからだ。カラット特徴量の値が大きくなるに従い、価格特徴量の値も大きくなる。

● **最頻値**

欠損値をその特徴量において最も頻繁に出現する値と置き換えるという手もある。このような値を**最頻値**（mode）と呼ぶ。この方法はカテゴリ値の特徴量ではうまくいくが、特徴量の間に相関があったとしても考慮されなくなる。また、最頻値を使うとバイアスが生じることもある。

- **統計学的手法（高度）**

  k 最近傍法またはニューラルネットワークを使う高度なアプローチもある。k 最近傍法はデータのさまざまな特徴量を使って欠損値を推測する。k 最近傍法と同様に、ニューラルネットワークも欠損値を正確に予測できるが、十分なデータがあることが前提となる。どちらのアルゴリズムも欠損値への対処という目的に関しては計算的に高くつく。

- **何もしない（高度）**

  XGBoost のように、欠損値があってもデータをそのまま（前処理を行うことなく）処理できるアルゴリズムもある。ただし、ここで調べようとしているアルゴリズムは、それではうまくいかない。

あいまいな値

　もう 1 つの問題は、同じものを意味するが、表し方が異なる値である。ダイヤモンドデータセットでこれに該当するのは、インスタンス 2、9、10、12 である。カット特徴量とクラリティ特徴量の値が大文字ではなく小文字になっている。このことに気付くのは、私たちがこれらの特徴量とその有効な値を理解しているからだ。この知識がないと、Fair と fair を別々のカテゴリと見なしてしまうかもしれない。この問題を修正するには、これらの値を大文字または小文字に標準化すればよい。このようにすると、データの整合性を保つことができる（表 8-5）。

表 8-5：欠損データを含んでいるダイヤモンドデータセット - 値を標準化する

	カラット	カット	カラー	クラリティ	デプス	テーブル	価格	X	Y	Z
1	0.30	Good	J	SI1	64.0	55	339	4.25	4.28	2.73
2	0.41	Ideal	I	si1	61.7	55	561	4.77	4.80	2.95
3	0.75	Very Good	D	SI1	63.2	56	2,760	5.80	5.75	3.65
4	0.91	-	H	SI2	-	60	2,763	6.03	5.99	3.95
5	1.20	Fair	F	I1	64.6	56	2,809	6.73	6.66	4.33
6	1.21	Good	E	I1	57.2	62	3,144	7.01	6.96	3.99
7	1.31	Premium	J	SI2	59.7	59	3,697	7.06	7.01	4.20
8	1.50	Premium	H	I1	62.9	60	4,022	7.31	7.22	4.57
9	1.74	Very Good	H	i1	63.2	55	4,677	7.62	7.59	4.80
10	1.83	fair	J	I1	70.0	58	5,083	7.34	7.28	5.12
11	1.96	Fair	I	I1	66.8	55	6,147	7.62	7.60	5.08
12	1.19	Premium	H	i1	62.2	57	6,535	8.31	-	5.16

カテゴリ値のエンコーディング

コンピュータや統計モデルが扱うのは数値であるため、Fair、Good、SI1、I1 のような文字列値やカテゴリ値をモデル化するとなると問題がある。これらのカテゴリ値を数値として表す必要があり、そのための方法がいくつかある。

- **one-hot エンコーディング**

  one-hot エンコーディングについては、1 つを除いてすべてがオフになる一連のスイッチとして考えることができる。オンのスイッチは、その位置にある特徴量が存在することを表す。たとえば、カット特徴量を one-hot エンコーディングで表すとしたら、カット特徴量は 5 つの異なる特徴量になる。そして、各インスタンスのカット特徴量の値を表すものを除いて、それぞれの値が 0 になる。なお、表 8-6 では(ページの都合上)カラットとカット以外の特徴量を省略している。

表 8-6:ダイヤモンドデータセットのエンコードされた値

	カラット	カット: Fair	カット: Good	カット: Very Good	カット: Premium	カット: Ideal
1	0.30	0	1	0	0	0
2	0.41	0	0	0	0	1
3	0.75	0	0	1	0	0
4	0.91	0	0	0	0	0
5	1.20	1	0	0	0	0
6	1.21	0	1	0	0	0
7	1.31	0	0	0	1	0
8	1.50	0	0	0	1	0
9	1.74	0	0	1	0	0
10	1.83	1	0	0	0	0
11	1.96	1	0	0	0	0
12	1.19	0	0	0	1	0

- **ラベルエンコーディング**

  各カテゴリを 0 からカテゴリの個数までの数字で表す。このアプローチを用いるのは格付けまたは格付け関連のラベルだけにすべきである。そのようにしないと、訓練しているモデルがその数字をインスタンスの重みを表すものと見なし、想定外のバイアスをもたらすことがある。

練習問題：問題のあるデータを特定して修正する

　次のデータセットの修正に利用できるデータ前処理手法はどれか。削除するのはどの行か、平均値を使うのはどの値か、カテゴリ値はどのようにエンコードするかを判断する。次のデータセットはここまで使ってきたものとは少し異なるので注意しよう。

	カラット	原産地	デプス	テーブル	価格	X	Y	Z
1	0.35	South Africa	64.0	55	450	4.25		2.73
2	0.42	Canada	61.7	55	680		4.80	2.95
3	0.87	Canada	63.2	56	2,689	5.80	5.75	3.65
4	0.99	Botswana	65.7		2,734	6.03	5.99	3.95
5	1.34	Botswana	64.6	56	2,901	6.73	6.66	
6	1.45	South Africa	59.7	59	3,723	7.06	7.01	4.20
7	1.65	Botswana	62.9	60	4,245	7.31	7.22	4.57
8	1.79		63.2	55	4,734	7.62	7.59	4.80
9	1.81	Botswana	66.8	55	6,093	7.62	7.60	5.08
10	2.01	South Africa	62.2	58	7,452	8.31	8.27	5.16

答え：問題のあるデータを特定して修正する

　このデータセットを修正する方法の1つは、次の3つのタスクで構成される。

- **原産地が欠損している行8を削除する**

　このデータセットがどのような目的で使われるのかはわからない。原産地特徴量が重要である場合、行8ではこの特徴量の値が欠損しているため、問題を引き起こすかもしれない。この特徴量の値が他の特徴量と関係している場合は、この特徴量の値を推測できるかもしれない。

- **one-hotエンコーディングを使って原産地特徴量の値をエンコードする**

　本章のここまでの例では、文字列値から数値への変換にラベルエンコーディングを使ってきた。それらの値がより高品質なカット、クラリティ、またはカラーを表す場合は、その方法でうまくいった。原産地特徴量の値はダイヤモンドが採掘された場所を表す。このデータセットでは、原産地に優劣がないため、ラベルエンコーディングを使うとデータセットにバイアスがかかってしまう。

● **欠損値の平均を求める**

行 1、2、4、5 では、Y、X、テーブル、Z の値がそれぞれ欠損している。もうわかっているように、ダイヤモンドの大きさを表す特徴量とテーブル特徴量の間には関連性があるため、平均値を使うのはよい方法と言えるだろう。

データのテストと訓練

線形回帰モデルの訓練に進む前に、モデルに学習させる（モデルを訓練するための）データと、モデルをテストするためのデータを準備する必要がある。モデルのテストでは、新しいインスタンスを与えたときにそのモデルが予測をどれくらいうまく行うかをテストする。アパートの家賃の例を振り返ってみよう。家賃に影響を与える属性に見当をつけた後は、距離と部屋の数を調べて家賃を予測することができた。この例では、訓練データとして表 8-7 を使うことにする（この後の訓練では、もっと現実的なデータを使う）。

8.3.3　モデルの訓練：線形回帰による予測

アルゴリズムの選択は、データに対する質問と利用可能なデータの性質という 2 つの主な要因によって決まる。質問が「特定の重さ（カラット）のダイヤモンドの価格」を予測することである場合は、回帰アルゴリズムが役立つ可能性がある。アルゴリズムの選択は、データセットの特徴量の個数と特徴量どうしの関係にも左右される。データの次元の数（予測を行うにあたって検討すべき特徴量の個数）が多い場合は、何種類かのアルゴリズムとアプローチを検討できる。

回帰（regression）はダイヤモンドの価格やカラットといった連続値を予測することを意味する。連続値は、ある範囲の値であればどれでもよいことを意味する。たとえば 2,271 ドルという価格は、0 から回帰を使って予測できるダイヤモンドの最高価格までの間にある連続値である。

線形回帰（linear regression）は最も単純な機械学習アルゴリズムの 1 つである。線形回帰は 2 つの変数間の関係を突き止めることで、一方の変数に基づいてもう一方の変数を予測できるようにする。カラットの値に基づいてダイヤモンドの価格を予測するのは線形回帰の例である。価格特徴量とカラット特徴量の値を含んでいる既知のダイヤモンドのインスタンスを大量に調べることで、この関係をモデルに学習させ、予測値を生成させることができる。

直線をデータに適合させる

　まず、データの傾向を調べて、試しに予測値をいくつか生成してみよう。線形回帰の小手調べとして、「ダイヤモンドのカラットとその価格の間に相関はあるか。相関があるとしたら、正確な予測値を生成することは可能か」という質問をするとしよう。

　最初の作業は、カラット特徴量と価格特徴量を取り出し、データをプロットすることである。ここでは、カラット特徴量の値に基づいて価格特徴量の値を推測したいので、カラット特徴量を x、価格特徴量を y として扱うことにする。このアプローチを選択した理由は次のとおりである。

- **カラットは独立変数（x）**
  独立変数（independent variable）とは、従属変数への影響を調べる実験において変更の対象となる値のことであり、**説明変数**とも呼ばれる。この例では、カラット特徴量の値に基づいてダイヤモンドの価格を割り出すために、カラット特徴量の値を調整する。

- **価格は従属変数（y）**
  従属変数（dependent variable）とは、テストの対象となる値のことであり、**目的変数**とも呼ばれる。従属変数は独立変数の影響を受け、独立変数の値の変化に応じて変化する。この例では、カラット特徴量が特定の値のときの価格を予測する。

　カラットデータと価格データをプロットすると図 8-6 のようになる。実際のデータは表 8-7 のとおりである。

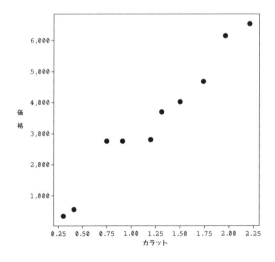

図 8-6：カラットデータと価格データの散布図

表 8-7：カラットデータと価格データ

	カラット（x）	価格（y）
1	0.30	339
2	0.41	561
3	0.75	2,760
4	0.91	2,763
5	1.20	2,809
6	1.31	3,697
7	1.50	4,022
8	1.74	4,677
9	1.96	6,147
10	2.21	6,535

　価格特徴量の値と比べてカラット特徴量の値が非常に小さいことに注目しよう。価格の範囲は数百から数千までだが、カラットの範囲は純小数から整数部が1桁の帯小数までである。カラット特徴量の値の尺度を取り直して（スケーリングして）価格特徴量の値と同等にすると、計算がわかりやすくなる。この後のウォークスルーでは計算を手で行うが、カラット特徴量の値にそれぞれ1,000を掛けると計算しやすい数字になる。すべてのインスタンスに同じ演算が適用されるため、すべての行の尺度を取り直してもデータの関係には影響を与えない。尺度を取り直した後のデータ（図8-7）は表8-8のようになる。

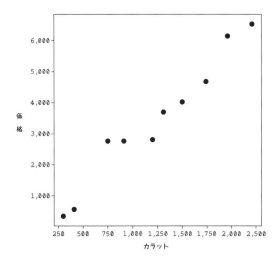

図8-7：カラットデータと価格データの散布図

表8-8：カラット特徴量の値を
調整した後のデータ

	カラット（x）	価格（y）
1	300	339
2	410	561
3	750	2,760
4	910	2,763
5	1,200	2,809
6	1,310	3,697
7	1,500	4,022
8	1,740	4,677
9	1,960	6,147
10	2,210	6,535

特徴量の平均を求める

　回帰直線を見つけ出すための最初の作業は、各特徴量の平均を求めることである。平均値はすべての値の合計を値の個数で割ったものである。カラット特徴量の平均値は1,229であり、x軸の垂直線で表される（図8-8）。価格特徴量の平均値は3,431ドルであり、y軸の水平線で表される。

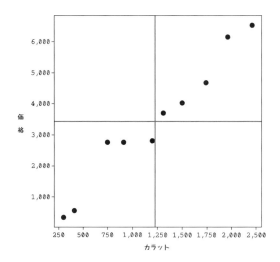

図 8-8：垂直線と水平線で表される x と y の平均値

　平均値が重要となるのは、数学的には、回帰直線が x の平均値と y の平均値が交わる点を通過することになるからだ。この点を通る直線はいくつもあるだろう。その中に他の直線よりもデータによく適合する回帰直線があるかもしれない。**最小二乗法**（method of least squares）の目的は、直線とデータセット内のすべての点との距離が最小になるような直線を引くことにある。図 8-9 は回帰直線の例を示している。

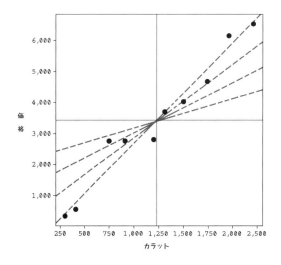

図 8-9：回帰直線の例

最小二乗法を使って回帰直線を求める

　それはよいとして、回帰直線の目的は何だろうか。たとえば、地下鉄を建設していて、主要なオフィスビルのできるだけ近くを通るようにしたいとしよう。地下鉄の駅をすべてのビルに接続させるのは現実的に不可能である。それだと駅の数が増えすぎるし、費用もかさんでしまう。そこで、各ビルとの距離が最も短くなるまっすぐな路線を引いてみる。歩く距離が少し長くなる通勤客がいるかもしれないが、この直線は通勤客全員のオフィスに対して最適化される。これこそ回帰直線が目指しているものだ。オフィスビルはデータ点であり、直線は地下鉄のまっすぐな路線である（図 8-10）。

実現不可能　　　　　　　　　　　実現可能

図 8-10：回帰直線を直観的に捉える

　線形回帰は、データ点全体の距離を最小化するために、データに適合する直線を求める（直線フィッティング）。ここでの目的は、直線を表す変数の値をどのように求めるかを学ぶことにある。このため、直線の方程式を理解していることが重要となる。

　直線は方程式 $y = c + mx$ によって表される（図 8-11）。

- y：従属変数
- x：独立変数
- m：直線の傾き
- c：直線が y 軸と交差するときの y の値

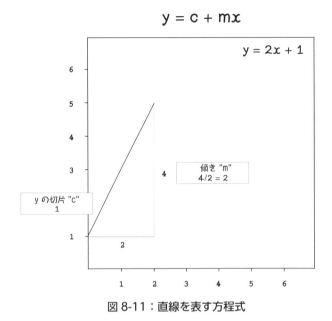

図 8-11：直線を表す方程式

　回帰直線を求めるために使うのが最小二乗法である。このプロセスを大まかにまとめると図 8-12 のようになる。データの最も近くにある直線を調べるために、実際のデータ値と予測値との差を求める。データ点によって差にばらつきが出るだろうし、差が大きいものもあれば小さいものもあるだろう。差が負の値になることもあれば、正の値になることもあるだろう。そこで、すべてのデータ点の差を考慮に入れるために、それらの差を 2 乗したものを合計する。この合計値を最小化すれば、適切な回帰直線をもたらす最小二乗値が得られる。図 8-12 を見て少し心がひるんだとしても心配はいらない。ここでは、各ステップを順番に見ていく。

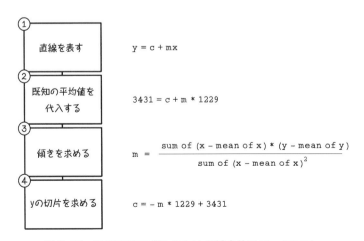

図 8-12：回帰直線を求めるための基本的なワークフロー

これまでのところ、この直線には既知の変数がいくつかある。x の値が 1,229 で、y の値が 3,431 であることがわかっている(ステップ 2)。

次に、各カラット特徴量の値とその平均値との差と、各価格特徴量の値とその平均値との差を計算することで、ステップ 3 で使う x - mean of x と y - mean of y を求める(表 8-9)。

表 8-9:ダイヤモンドデータセットと計算

	カラット(x)	価格(y)	x - x の平均値		y - y の平均値	
1	300	339	300 - 1,229	-929	339 - 3,431	-3,092
2	410	561	410 - 1,229	-819	561 - 3,431	-2,870
3	750	2,760	750 - 1,229	-479	2,760 - 3,431	-671
4	910	2,763	910 - 1,229	-319	2,763 - 3,431	-668
5	1,200	2,809	2,100 - 1,229	-29	2,809 - 3,431	622
6	1,310	3,697	1,310 - 1,229	81	3,697 - 3,431	266
7	1,500	4,022	1,500 - 1,229	271	4,022 - 3,431	591
8	1,740	4,677	1,740 - 1,229	511	4,677 - 3,431	1,246
9	1,960	6,147	1,960 - 1,229	731	6,147 - 3,431	2,716
10	2,210	6,535	2,210 - 1,229	981	6,535 - 3,431	3,104
(平均)	**1,229**	**3,431**				

ステップ 3 では、$(x$ - mean of $x)^2$ を求めるために各カラット特徴量の値とその平均値との差の 2 乗を計算する必要もある。また、最小化するためにそれらの値を合計すると、3,703,690 になる(表 8-10)。

ステップ 3 の方程式に足りない最後の値は $(x$ - mean of $x)$ * $(y$ - mean of $y)$ である。この値も合計する必要があり、11,624,370 になる(表 8-11)。

表 8-10：ダイヤモンドデータセットと計算（その 2）

	カラット（x）	価格（y）	x - x の平均値		y - y の平均値		(x - x の平均値)²
1	300	339	300 - 1,229	-929	339 - 3,431	-3,092	863,041
2	410	561	410 - 1,229	-819	561 - 3,431	-2,870	670,761
3	750	2,760	750 - 1,229	-479	2,760 - 3,431	-671	229,441
4	910	2,763	910 - 1,229	-319	2,763 - 3,431	-668	101,761
5	1,200	2,809	2,100 - 1,229	-29	2,809 - 3,431	-622	841
6	1,310	3,697	1,310 - 1,229	81	3,697 - 3,431	266	6,561
7	1,500	4,022	1,500 - 1,229	271	4,022 - 3,431	591	73,441
8	1,740	4,677	1,740 - 1,229	511	4,677 - 3,431	1,246	261,121
9	1,960	6,147	1,960 - 1,229	731	6,147 - 3,431	2,716	534,361
10	2,210	6,535	2,210 - 1,229	981	6,535 - 3,431	3,104	962,361
（平均）	1,229	3,431				（合計）	3,703,690

表 8-11：ダイヤモンドデータセットと計算（その 3）

	カラット(x)	価格(y)	x - x の平均値		y - y の平均値		(x - x の平均値)²	(x - x の平均値)*(y - y の平均値)
1	300	339	300 - 1,229	-929	339 - 3,431	-3,092	863,041	2,872,468
2	410	561	410 - 1,229	-819	561 - 3,431	-2,870	670,761	2,350,530
3	750	2,760	750 - 1,229	-479	2,760 - 3,431	-671	229,441	321,409
4	910	2,763	910 - 1,229	-319	2,763 - 3,431	-668	101,761	213,092
5	1,200	2,809	2,100 - 1,229	-29	2,809 - 3,431	-622	841	18,038
6	1,310	3,697	1,310 - 1,229	81	3,697 - 3,431	266	6,561	21,546
7	1,500	4,022	1,500 - 1,229	271	4,022 - 3,431	591	73,441	160,161
8	1,740	4,677	1,740 - 1,229	511	4,677 - 3,431	1,246	261,121	636,706
9	1,960	6,147	1,960 - 1,229	731	6,147 - 3,431	2,716	534,361	1,985,396
10	2,210	6,535	2,210 - 1,229	981	6,535 - 3,431	3,104	962,361	3,045,024
（平均）	1,229	3,431				（合計）	3,703,690	11,624,370

計算した値を最小二乗法の方程式に代入して m を求めてみよう。

```
m = 11624370 / 3703690
m = 3.139
```

m の値を求めたら、x と y の平均値を代入することで c を求めることができる。すべての回帰直線がこの点を通ることを思い出そう。したがって、この点は回帰直線上の既知の点である。

```
y = c + mx

3431 = c + 3.139x
3431 = c + 3857.831
3431 - 3857.831 = c
c = -426.83
```

回帰直線を完成させる:

```
y = -426 + 3.139x
```

最後に、直線をプロットする。最小値から最大値までの間でカラット特徴量の値をいくつか生成し、回帰直線を表す方程式にそれらの値を代入した上でプロットする（図 8-13）。

```
x (Carat) minimum = 300
x (Carat) maximum = 2210
```

最小値から最大値までの間で、500間隔でサンプリング:
```
x = [300, 2210]
```

x の値を回帰直線の方程式に代入:
```
y = [-426 + 3.139(300) = 515.7,
     -426 + 3.139(2210) = 6511.19]
```

x と y のインスタンスが完成:
```
x = [300, 2210]
y = [515.7, 6511.19]
```

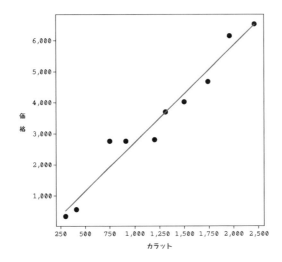

図 8-13：データ点と回帰直線

　ここでは、ダイヤモンドデータセットに基づいて線形回帰直線を訓練し、データに正確に適合させた。つまり、機械学習を手動で行った。

練習問題：最小二乗法を使って回帰直線を求める

　上記の手順に従い、次のデータセットを使って回帰直線を最小二乗法で計算してみよう。

	カラット（x）	価格（y）
1	320	350
2	460	560
3	800	2,760
4	910	2,800
5	1,350	2,900
6	1,390	3,600
7	1,650	4,000
8	1,700	4,650
9	1,950	6,100
10	2,000	6,500

答え：最小二乗法を使って回帰直線を求める

　各次元の平均値を計算する必要がある。x の平均値は 1,253、y の平均値は 3,422 である。次に、各値とその平均値の差を計算する。さらに、x と x の平均値の差の平方を計算したものを合計すると、3,251,610 になる。最後に、x と x の平均値の差に y と y の平均値の差を掛けたものを合計すると、10,566,940 になる。

	カラット（x）	価格（y）	x - xの平均値	y - yの平均値	(x - xの平均値)²	(x - xの平均値) * (y - yの平均値)
1	320	350	-933	-3,072	870,489	2,866,176
2	460	560	-793	-2,862	628,849	2,269,566
3	800	2,760	-453	-662	205,209	299,886
4	910	2,800	-343	-622	117,649	213,346
5	1,350	2,900	97	-522	9,409	-50,634
6	1,390	3,600	137	178	18,769	24,386
7	1,650	4,000	397	578	157,609	229,466
8	1,700	4,650	447	1,228	199,809	548,916
9	1,950	6,100	697	2,678	485,809	1,866,566
10	2,000	6,500	747	3,078	558,009	2,299,266
	1,253	3,422			3,251,610	10,566,940

　これらの値を使って傾き m を求めることができる。

```
m = 10566940 / 3251610
m = 3.25
```

直線の方程式を思い出そう。

```
y = c + mx
```

x と y の平均値と先ほど計算した m を代入する。

```
3422 = c + 3.25 * 1253
c = -650.25
```

x の最小値と最大値を代入して、直線をプロットするためのデータ点を求める。

```
データ点 1：カラットの最小値を使用（x = 320）
y = -650.25 + 3.25 * 320
y = 389.75

データ点 2：カラットの最大値を使用（x = 2000）
y = -650.25 + 3.25 * 2000
y = 5849.75
```

線形回帰の使い方と回帰直線の求め方がわかったところで、擬似コードを見てみよう。

擬似コード

コードは先ほど説明した手順とだいたい同じである。興味深い点と言えば、データセット内のすべての要素をループ処理して合計値を求めるために for ループを 2 つ使っていることくらいである。

```
fit_regression_line(carats, prices):
  let mean_X equal mean(carats)
  let mean_Y equal mean(prices)
  let sum_x_squared equal 0
  for i in range (n):
    let ans equal(carats[i] - mean_X) ** 2
    sum_x_squared equal sum_x_squared + ans
  let sum_multiple equal 0
  for i in range (n):
    let ans equal(carats[i] - mean_X) * (prices[i] - mean_Y)
    sum_multiple equal sum_multiple + ans
  let b1 equal sum_multiple / sum_x_squared
  let b0 equal mean_Y - (b1 * mean_X)
  let min_x equal min(carats)
  let max_x equal max(carats)
  let y1 equal b0 + b1 * min_x  # 回帰直線の 1 つ目の点を y = c + mx で表す
  let y2 equal b0 + b1 * max_x  # 回帰直線の 2 つ目の点を y = c + mx で表す
```

8.3.4　モデルのテスト：モデルの正解率を求める

　回帰直線を求めた後は、この直線を使ってカラット特徴量の他の値についても価格を予測できる。実際の価格がわかっている新しいインスタンスを使って回帰直線の性能を計測すれば、線形回帰モデルの正解率を特定できる。

　モデルをテストするときには、そのモデルの訓練に使ったものと同じデータを使うことはで

きない。そのようにすると正解率が高くなってしまい、テストの意味がないからだ。訓練した
モデルは、訓練に使っていない本物のデータでテストしなければならない。

訓練データとテストデータを分割する

　訓練データとテストデータは、通常は 80 対 20 で分割する。つまり、利用可能なデータの
80% を訓練データとして使い、残りの 20% をテストデータとして使う。パーセンテージを使
うのは、モデルを正しく訓練するのに必要なインスタンスの個数を知ることは難しいからだ。
必要なデータの量はコンテキストや質問に応じて変わることがある。

　図 8-14 と表 8-12 はダイヤモンドの例のテストデータセットを示している。カラット特徴
量の値を扱いやすくするために、それらの値の尺度を取り直して（カラット特徴量のすべての
値に 1,000 を掛ける）価格特徴量の値と同等にしたことを思い出そう。グラフ上の点はテスト
データ点を表しており、直線は訓練済みの回帰直線を表している。

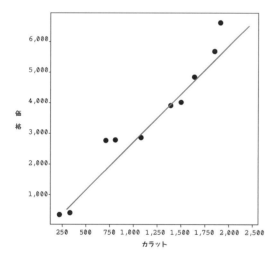

図 8-14：データ点とプロットされた回帰直線

表 8-12：カラットデータと価格データ

	カラット（x）	価格（y）
1	220	342
2	330	403
3	710	2,772
4	810	2,789
5	1,080	2,869
6	1,390	3,914
7	1,500	4,022
8	1,640	4,849
9	1,850	5,688
10	1,910	6,632

　モデルのテストでは、未知の訓練データを使って予測値を生成した後、それらの予測値を実
際の値（正解値）と比較することでモデルの正解率を求める。ダイヤモンドの例では、価格特
徴量の実際の値があるため、モデルの予測値を実際の値と比較してみることにしよう。

回帰直線の性能を計測する

　線形回帰においてモデルの正解率を求める一般的な方法は、R^2（決定係数）を計算すること
である。R^2 は正解値と予測値の相違を特定するために使われる。R^2 スコアを計算する式は次

のようになる。

$$R^2 = \frac{\text{sum of (predicted y – mean of actual y)}^2}{\text{sum of (actual y – mean of actual y)}^2}$$

　訓練のときと同様に、最初のステップは次のようになる。価格特徴量の実際の値の平均値を計算し、実際の値と平均値との差を求めた後、それらの値の平方を求める。ここでは図 8-14 に点としてプロットした値を使っている（表 8-13）。

表 8-13：ダイヤモンドデータセットと計算

	カラット（x）	価格（y）	y - y の平均値	(y - y の平均値)²
1	220	342	-3,086	9,523,396
2	330	403	-3,025	9,150,625
3	710	2,772	-656	430,336
4	810	2,789	-639	408,321
5	1,080	2,869	-559	312,481
6	1,390	3,914	486	236,196
7	1,500	4,022	594	352,836
8	1,640	4,849	1,421	2,019,241
9	1,850	5,688	2,260	5,107,600
10	1,910	6,632	3,204	10,265,616
	（平均）	**3,428**	（合計）	**37,806,648**

　次のステップは、カラット特徴量の各値に対して予測される価格特徴量の値を計算し、その値の平方を求め、それらすべての値を合計することである（表 8-14）。

表8-14：ダイヤモンドデータセットと計算（その2）

	カラット（x）	価格（y）	y − y の平均値	(y − y の平均値)^2	y の予測値	y の予測値 − y の平均値	(y の予測値 − y の平均値)^2
1	220	342	-3,086	9,523,396	264	-3,164	10,009,876
2	330	403	-3,025	9,150,625	609	-2,819	7,944,471
3	710	2,772	-656	430,336	1,802	-1,626	2,643,645
4	810	2,789	-639	408,321	2,116	-1,312	1,721,527
5	1,080	2,869	-559	312,481	2,963	-465	215,900
6	1,390	3,914	486	236,196	3,936	508	258,382
7	1,500	4,022	594	352,836	4,282	854	728,562
8	1,640	4,849	1,421	2,019,241	4,721	1,293	1,671,748
9	1,850	5,688	2,260	5,107,600	5,380	1,952	3,810,559
10	1,910	6,632	3,204	10,265,616	5,568	2,140	4,581,230
	（平均）	3,428	（合計）	3,7806,648			33,585,901

　価格の予測値と平均値との差を2乗したものの合計と、価格の正解値と平均値との差を2乗したものの合計を使って、R^2スコアを計算できる。

$$R^2 = \frac{\text{sum of (predicted y − mean of actual y)}^2}{\text{sum of (actual y − mean of actual y)}^2}$$

$$R^2 = 33585901 / 37806648$$
$$R^2 = 0.88$$

　0.88というR^2スコアは、新しい未知のデータに対するモデルの正解率が88%であることを意味する。悪くない数字であり、この線形回帰モデルがかなり正確であることを示している。このダイヤモンドの例では、満足のいく結果である。この正解率が、現下の問題にとって満足のいくものであるかどうかは、どのような領域の問題を扱っているかによる。次項では、機械学習モデルの性能を調べる。

　なお、データを直線に適合させる（直線フィッティング）という概念については、『Math for Programmers』（Manning Publications、2021年）で丁寧に解説されている[1]。線形回帰は次元の数がもっと多い場合にも適用できる。たとえば、**重回帰**（multiple regression）という

---

[1]　http://mng.bz/Ed5q

プロセスを通じて、ダイヤモンドのカラット特徴量、価格特徴量、カット特徴量の値の関係を突き止めることができる。計算は少し複雑になるが、基本的な原理は同じである。

8.3.5　正解率の改善

　訓練データを使ってモデルを訓練し、新しいテストデータを使ってモデルをテストしたところ、モデルの性能がどれくらいよいかが明らかになった。多くの場合、モデルは期待したほどの性能を示さず、（可能であれば）モデルの性能を向上させるための追加の作業が必要になる。この改善作業では、機械学習のライフサイクルのさまざまなステップを繰り返すことになる（図8-15）。

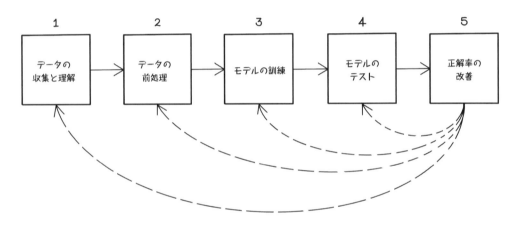

図8-15：機械学習のライフサイクルの再確認

　結果によっては、次の1つ以上の領域に注意を払う必要があるかもしれない。機械学習は実験的な作業であり、最も性能がよいアプローチが決まるまでに、さまざまなステージでさまざまな戦術をテストする。ダイヤモンドの例では、カラット特徴量の値を使って価格特徴量の値を予測するモデルを訓練した。このモデルの性能がよくなかった場合、ダイヤモンドの大きさを表す特徴量（次元）をカラット特徴量の値と組み合わせることで、価格特徴量の値をより正確に予測しようとするかもしれない。次に、モデルの正解率を向上させる方法をいくつか挙げておく。

● **データをさらに集める**
　　調査しているデータセットに関連するデータをさらに集める。関連性のあるデータを外部から調達してデータを補強したり、以前は考慮しなかったデータを追加したりすることが考えられる。

- **データの前処理を別の方法で行う**

  訓練データの前処理の方法を変える必要があるかもしれない。本章ではデータの修正に使われる方法について説明したが、そのアプローチに誤りがあるかもしれない。欠損値を埋める方法、あいまいなデータを置き換える方法、カテゴリ値のデータをエンコードする方法を変える必要があるかもしれない。

- **データセットの別の特徴量を選択する**

  データセットの別の特徴量のほうが従属変数の予測に適しているかもしれない。図 8-5 に示したように、たとえば X の大きさを表す値はテーブルの値と物理的に関係しているため、テーブルの値を予測するのに適しているかもしれない。一方で、クラリティの値を X の大きさで予測するのは無意味である。

- **モデルの訓練に別のアルゴリズムを使う**

  選択したアルゴリズムが現下の問題に適していなかったり、データの性質に合っていなかったりすることがある。次節で説明するように、さまざまな目標に合わせて異なるアルゴリズムを使うことができる。

- **偽陽性テストに対処する**

  テストに騙されることもある。テストスコアを見た限りではそのモデルの性能がよいように思えたとしても、未知のデータを与えてみるとモデルの性能がよくないことがある。この問題の原因はデータの過学習かもしれない。**過学習**（overfitting）は、モデルが訓練データに適合しすぎていて、バリアンスが高いために、新しいデータに対応できるほど柔軟ではないことを意味する。このアプローチはたいてい分類問題に適用できる。この点についても次節で説明する。

線形回帰では意味のある結果が得られない、あるいは別の質問がある場合は、他のさまざまなアルゴリズムを試してみることができる。次の 2 つの節では、質問が本質的に異なる場合に使うアルゴリズムを調べてみよう。

8.4　決定木による分類

端的に言うと、分類問題では、インスタンスの属性に基づいてインスタンスにラベルを割り当てる。これらの問題は値を推測する回帰とは異なる種類のものだ。ここでは、分類問題を詳しく調べて、どのように解くのかを確認する。

8.4.1　分類問題：これ？ それともこれ？

回帰の説明では、ダイヤモンドのカラット特徴量の値に基づいて価格特徴量の値を予測する

など、1 つ以上の他の変数に基づいて値を予測することを学んだ。値の予測を目的とする点では分類も同じだが、予測するのは連続値ではなく離散値（クラス）である。離散値は、ダイヤモンドデータセットの価格やデプスといった連続値の特徴量ではなく、カット、カラー、クラリティといったカテゴリ値の特徴量である。

　別の例として、乗用車かトラックに分類される何種類かの車両があるとしよう。この例では、各車両の重量と車輪の数を調べるが、乗用車とトラックの外観が異なることはひとまず無視する。ほとんどの乗用車は車輪が 4 つだが、多くの大型トラックは車輪が 6 つ以上付いている。トラックはたいてい乗用車よりも重いが、大型の SUV 車の重さは小型トラックと同じくらいかもしれない。車両の重量と車輪の数との関係を調べれば、車両が乗用車なのかトラックなのかを予測できるかもしれない（図 8-16）。

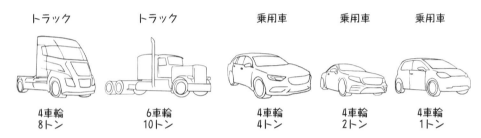

トラック	トラック	乗用車	乗用車	乗用車
4車輪 8トン	6車輪 10トン	4車輪 4トン	4車輪 2トン	4車輪 1トン

図 8-16：車輪の数と重量に基づく車両の分類

練習問題：回帰と分類

　次のシナリオを調べて回帰問題と分類問題のどちらであるかを判断してみよう。

1. ラットに関するデータがあり、平均寿命特徴量と肥満特徴量の値がわかっている。これら 2 つの特徴量の間の相関を調べようとしている。

2. 動物に関するデータがあり、各動物の体重と翼の有無がわかっている。どの動物が鳥であるかを特定しようとしている。

3. コンピュータデバイスに関するデータがあり、さまざまなデバイスの画面のサイズ、重量、オペレーティングシステムがわかっている。どのデバイスがタブレット、ラップトップ、スマートフォンであるかを特定したい。

4. 気象に関するデータがあり、降水量と湿度値がわかっている。さまざまな雨季の湿度を特定したい。

答え：回帰と分類

1. **回帰**

   ２つの変数の関係を調べている。平均寿命特徴量は従属変数であり、肥満特徴量は独立変数である。

2. **分類**

   各インスタンスの体重特徴量と翼特徴量を使ってそのインスタンスを「鳥」または「鳥ではない」に分類している。

3. **分類**

   デバイスの特徴量を使ってそのインスタンスをタブレット、ラップトップ、スマートフォンのいずれかに分類している。

4. **回帰**

   降水量と湿度の関係を調べている。湿度は従属変数であり、降水量は独立変数である。

8.4.2　決定木の基礎

　回帰問題と分類問題では、さまざまなアルゴリズムが使われる。サポートベクトルマシン、決定木、ランダムフォレストなどのアルゴリズムがよく知られている。ここでは、分類を学ぶために決定木アルゴリズムを調べることにする。

　決定木（decision tree）は、問題の解を求めるために行われる一連の決定を表す構造である（図 8-17）。今日の服装をショートパンツにするかどうかを決めるときには、情報に基づいて決断を下すために取捨選択を行うかもしれない。日中は寒いだろうか。気温が下がる夜間に外出するだろうか。暖かい日はショートパンツを履くことにし、気温が下がる時間帯に外出するときはショートパンツを履かないことにするかもしれない。

今日はショートパンツを履いてもOK？

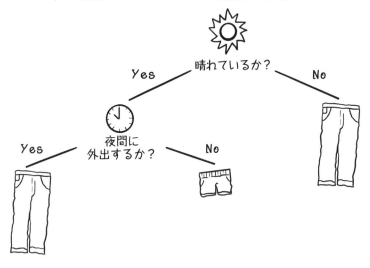

図 8-17：基本的な決定木の例

　決定木アルゴリズムを使って、ダイヤモンドデータセットのカラット特徴量と価格特徴量の値に基づいてカット特徴量の値を予測してみることにしよう。話を単純にするために、ここではさまざまなカットを大きく 2 種類に分ける。Fair カットと Good カットは Okay というカテゴリに分類し、Very Good カット、Premium カット、Ideal カットは Perfect というカテゴリに分類する。サンプルデータセットは表 8-15 のようになる。

1	Fair	1	Okay
2	Good		
3	Very Good	2	Perfect
4	Premium		
5	Ideal		

表8-15：分類の例に使うデータセット

	カラット	価格	カット
1	0.21	327	Okay
2	0.39	897	Perfect
3	0.50	1,122	Perfect
4	0.76	907	Okay
5	0.87	2,757	Okay
6	0.98	2,865	Okay
7	1.13	3,045	Perfect
8	1.34	3,914	Perfect
9	1.67	4,849	Perfect
10	1.81	5,688	Perfect

　この小さなサンプルの値を調べてパターンを直観的に探してみると、何かに気付くかもしれない。0.87 カラットを超えると価格が急に高くなるようだ。価格の上昇と Perfect のダイヤモンドとの間には相関が認められるが、カラット値が小さいダイヤモンドは平均的な価格になる傾向にある。しかし、インスタンス 3 は Perfect だが、カラット数が小さい。このデータを手作業で分類するための質問を作成すると、図 8-18 のようになる。質問が決定ノードに含まれていて、分類されたインスタンスが葉ノードに含まれていることに注目しよう。

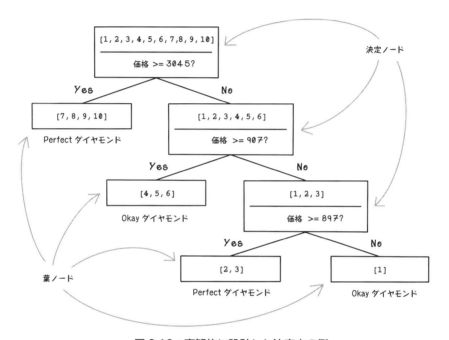

図 8-18：直観的に設計した決定木の例

　データセットが小さければ、手作業でもこれらのダイヤモンドを分類できないことはない。しかし、現実のデータセットでは膨大な量のインスタンスを扱わなければならず、特徴量が数千種類におよぶこともあるため、決定木を手作業で作成するのは不可能に近い。ここで登場するのが決定木アルゴリズムである。決定木はインスタンスを取捨選択するための質問を作成できる。決定木は私たちが見逃してしまうかもしれないパターンを見つけ出し、取捨選択をより正確に行う。

8.4.3　決定木を訓練する

　ダイヤモンドを分類するための正しい決定を知的に行う決定木を作成するには、データから学習するための訓練アルゴリズムが必要である。ここでは、決定木学習のアルゴリズムの中から CART（Classification and Regression Tree）と呼ばれるものを選んでみた。CART とその他の決定木学習アルゴリズムの基本的な仕組みは次のようになる —— これらのアルゴリズムは、インスタンスをそれぞれのカテゴリに分類するためにどのような質問をするのか、その質問をどのタイミングでするのかを決める。ダイヤモンドの例では、CART アルゴリズムはダイヤモンドを Okay カテゴリと Perfect カテゴリに最もうまく分類するために、カラット特徴量の値と価格特徴量の値に関する最も効果的な質問とそれらの質問をするタイミングを学習しなければならない。

決定木のデータ構造

　決定木による取捨選択をどのように構造化するのかを理解するために、次のデータ構造を見てみよう。これらのデータ構造はロジックとデータを決定木学習アルゴリズムに適した方法でまとめる。

クラス（ラベル）によるグループ化を表すマップ

　　マップ（map）は、キーと値のペアを要素とする連想配列であり、同じキーを 2 つ持つことはできない。このデータ構造は特定のラベルと一致するインスタンスの個数を格納するのに便利であり、エントロピーを計算するのに必要な値の格納に役立つ。エントロピーは**不確実性**（uncertainty）とも呼ばれる。エントロピーについては、この後すぐに説明する。

ノードの木

　　図 8-18 の木を見てわかるように、複数のノードが結び付いて木構造を形成する。ここまでの章でも同じような例を見た覚えがあるかもしれない。木のノードはインスタンスをカテゴリに分類する上で重要となる。

- **決定ノード**
  データセットを分割（選別）するノード。
  - 質問：どのような質問をするか（次の「質問」を参照）
  - 真のインスタンス：質問を満たすインスタンス
  - 偽のインスタンス：質問を満たさないインスタンス
- **葉ノード（インスタンスノード）**
  インスタンスのリストのみを含んでいるノード。このリストに含まれているインス

タンスはすべて正しく分類されている。

質問

質問の表し方はどれくらい柔軟なものにできるかによって異なる。「カラット値は 0.5 よりも大きく 1.13 よりも小さいか」と質問することもできるが、この例では「Is Carat >= 0.5?」または「Is Price >=3,045?」のように、質問を特徴量、変数値、>= 演算子で組み立てている。

- **特徴量**

  質問の対象となる特徴量

- **値**

  定数値。比較する値はこの値よりも大きいか等しくなければならない

決定木学習のライフサイクル

ここでは、決定木アルゴリズムがデータセットを正しく分類するためにデータを取捨選択する方法について説明する。決定木を訓練するときの手順は図 8-19 のようになる。本節の残りの部分では、図 8-19 の各ステップを詳しく見ていく。

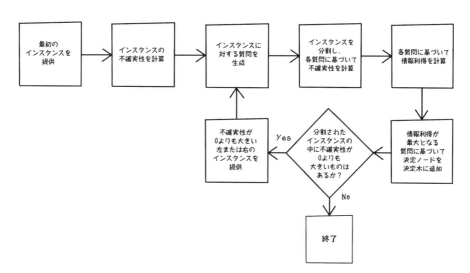

図 8-19：決定木を構築するときの基本的な流れ

決定木の構築では、考えられる質問をすべてテストすることで、決定木の特定のポイントにおいて最も効果的な質問はどれかを判断する。質問のテストには、**エントロピー**（entropy）の概念を使う。エントロピーはデータセットの不確実性の指標である。たとえば、Perfect ダ

イヤモンドが 5 個、Okay ダイヤモンドが 5 個あるとしよう。合計 10 個のダイヤモンドから Perfect ダイヤモンドをランダムに選び出すとしたら、そのダイヤモンドが Perfect である確率はどれくらいになるだろうか（図 8-20）。

図 8-20：不確実性の例

　カラット特徴量、価格特徴量、カット特徴量を含んだ最初のダイヤモンドデータセットがあるとすれば、このデータセットの不確実性を、**ジニ不純度**（Gini impurity）を使って求めることができる。0 のジニ不純度は、データセットに不確実性がなく、純粋であることを意味する。たとえば、10 個とも Perfect ダイヤモンドの場合がそうである。ジニ不純度の計算方法は図 8-21 のようになる。

	Carat	Price	Cut
1	0.21	327	Okay
2	0.39	897	Perfect
3	0.50	1,122	Perfect
4	0.76	907	Okay
5	0.87	2,757	Okay
6	0.98	2,865	Okay
7	1.13	3,045	Okay
8	1.34	3,914	Perfect
9	1.67	4,849	Perfect
10	1.81	5,688	Perfect

$$Gini = 1 - (Okay\ count\ /\ total)^2 + (Perfect\ count\ /\ total)^2$$

$$Gini = 1 - (5\ /\ 10)^2 + (5\ /\ 10)^2$$
$$Gini = 1 - (0.5)^2 + (0.5)^2$$
$$Gini = 1 - 0.5$$
$$Gini = 0.5$$

図 8-21：ジニ不純度の計算

　ジニ不純度は 0.5 であるため、図 8-20 に示したように、ランダムに選んだときに正しくないラベルが付いたインスタンスを選択する確率は 50% である。

　次に、データを分割するための決定ノードを作成する。決定ノードには、データを理にかなった方法で分割し、不確実性を減らすために利用できる質問が含まれる。先ほど述べたように、0 のジニ不純度はデータセットに不確実性がないことを意味する。データセットを不確実性が 0 のサブセットに分割することがここでの目標となる。

　各インスタンスのすべての特徴量に基づいて、データを分割してその結果が最もよいものを突き止めるための質問がいくつも生成される。この例では、特徴量が2つ、インスタンスが10個であるため、全部で20個の質問が生成される。図8-22はそれらの質問の一部 ―― 特徴量の値が指定された値よりも大きいまたは等しいかどうかを尋ねる単純な質問 ―― を示している。

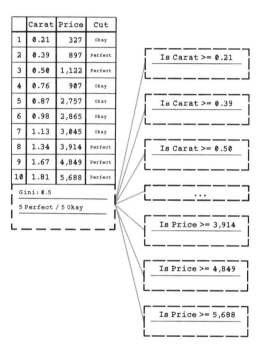

図8-22：決定ノードを使ってデータを分割するための質問の例

　データセットの不確実性は**ジニ不純度**によって決まる。これらの質問の目的は不確実性を減らすことにある。**エントロピー**は無秩序さを表すもう1つの指標であり、質問に基づいて分割されたデータのサブセットのジニ不純度を使って無秩序さの度合いを計測する。質問によって不確実性がどれくらい減少したのかを判断する方法が必要であり、この判断を行うために情報利得を計測する。**情報利得**（information gain）は、特定の質問をすることによって得られる情報量を表す。情報量が多いほど、不確実性は減少する。

　情報利得を計算する手順は次のようになる。要するに、質問を行う前のエントロピーから質問を行った後のエントロピーを引く。

1. 質問を行ってデータセットを分割する。
2. 分割後の左のサブセットのジニ不純度を求める。

3. 分割後の左のサブセットを分割前のデータセットと比較することでエントロピーを求める。

4. 分割後の右のサブセットのジニ不純度を求める。

5. 分割後の右のサブセットを分割前のデータセットと比較することでエントロピーを求める。

6. 左のエントロピーと右のエントロピーを合計して分割後の総エントロピーを求める。

7. 分割後の総エントロピーを分割前の総エントロピーから引くことで情報利得を求める。

図 8-23 は「Is Price >= 3914?」という質問に基づくデータ分割と情報利得を示している。

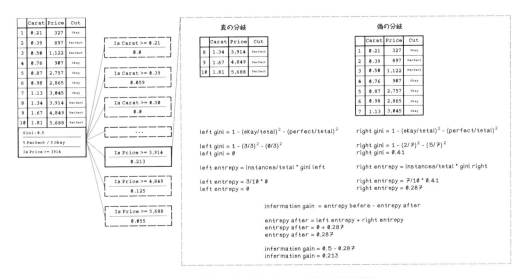

図 8-23：質問に基づくデータ分割と情報利得

　図 8-23 の例では、すべての質問について情報利得を求めている。そして、情報利得が最も高い質問を決定木のそのポイントにおいて最も効果的な質問として選択している。それにより、「Is Price >= 3914?」という質問を含んでいる決定ノードに基づいて元のデータセットが分割される。この質問を含んでいる決定ノードが決定木に追加され、決定木はそのノードから左右に分岐する。

　図 8-24 では、データセットが分割された後、左側には Perfect ダイヤモンドからなる純粋なデータセットが含まれており、右側には 2 つの Perfect ダイヤモンドと 5 つの Okay ダイヤモンドからなる混合分類のデータセットが含まれていることがわかる。データセットをさらに分割するには、右側で新しい質問をしなければならない。この場合も、データセット内の各インスタンスの特徴量を使ってさまざまな質問を生成する。

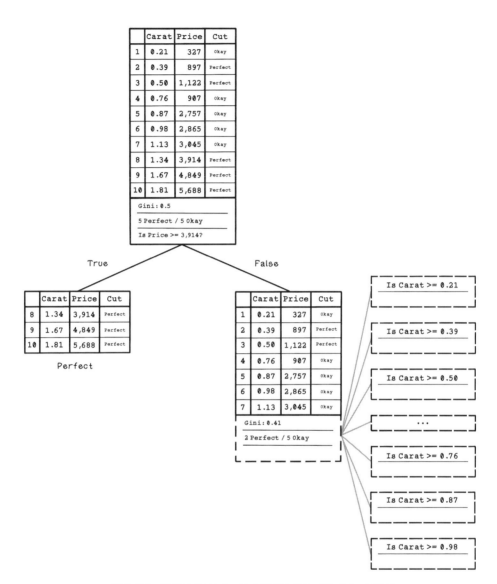

図 8-24：最初の決定ノードの結果と次に考えられる質問

練習問題：質問に対する不確実性と情報利得の計算

　ここまでの知識と図 8-23 を参考に、「Is Carat >= 0.76?」という質問の情報利得を計算してみよう。

答え：質問に対する不確実性と情報利得の計算

　図 8-25 に示す解から、質問に基づいてエントロピーと情報利得を計算するパターンを再利

用することがわかる。さらに質問を追加して、結果を図中の情報利得値と比較してみよう。

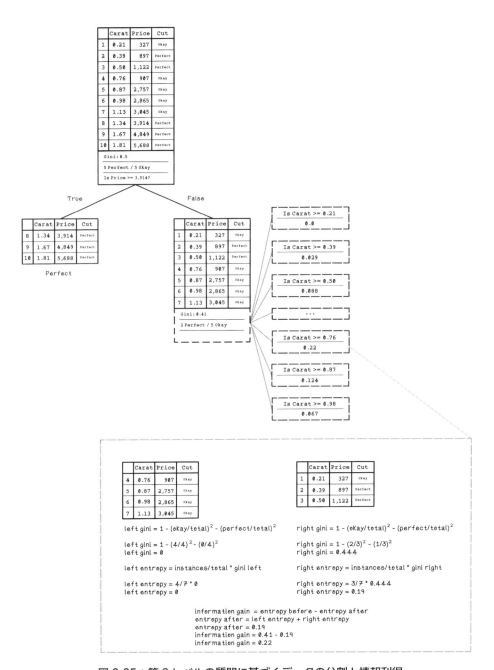

図 8-25：第 2 レベルの質問に基づくデータの分割と情報利得

　この「分割、質問の生成、情報利得の特定」のプロセスは、データセットが質問によって完全に分類されるまで再帰的に実行される。すべての質問とその結果として得られた分割を含んだ完全な決定木は図 8-26 のようになる。

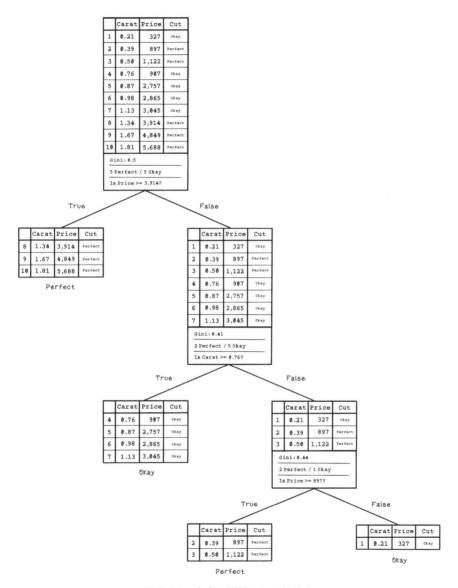

図 8-26：完全に訓練された決定木

決定木の訓練には、通常はこれよりもはるかに大きなデータセットを使うことに注意しよう。

より幅広いデータに対応するには、これらの質問がもっと一般的なものでなければならない。このため、さまざまなインスタンスを使って学習を行う必要があるだろう。

擬似コード

決定木を一からプログラムするときの最初の手順は、各クラスのインスタンスの個数を調べることである。この場合は、Okay ダイヤモンドの個数と Perfect ダイヤモンドの個数を数える。

```
find_unique_label_counts(examples):
  let class_count equal empty map
  for example in examples:
    let label equal example['quality']
    if label not in class_count:
      let class_count[label] equal 0
    class_count[label] equal class_count[label] + 1
  return class_count
```

次に、質問に基づいてインスタンス（example）を分割する。質問を満たしているインスタンスは examples_true に格納し、それ以外のインスタンスは examples_false に格納する。

```
split_examples(examples, question):
  let examples_true equal empty array
  let examples_false equal empty array
  for example in examples:
    if question.filter(example):
      append example to examples_true
    else:
      append example to examples_false
  return examples_true, examples_false
```

一連のインスタンスについてジニ不純度を計算する関数が必要である。次の関数は図 8-23 で説明した方法でジニ不純度を計算する。

```
calculate_gini(examples):
  let label_counts equal find_unique_label_counts(examples)
  let uncertainty equal 1
  for label in label_counts:
    let probability_of_label equal label_counts[label] / length(examples))
    uncertainty equals uncertainty - probability_of_label ^ 2
  return uncertainty
```

calculate_information_gain 関数は左右の分割と現在の不確実性を使って情報利得を割り出す。

```
calculate_information_gain(left, right, current_uncertainty):
  let total equal length(left) + length(right)
  let left_gini equal calculate_gini(left)
  let left_entropy equal length(left) / total * left_gini
  let right_gini equal calculate_gini(right)
  let right_entropy equal length(right) / total * right_gini
  let uncertainty_after equal left_entropy + right_entropy
  let information_gain equal current_uncertainty - uncertainty_after
  return information_gain
```

次の関数は手ごわそうに見えるかもしれないが、最も効果的な質問を判断するために、データセット内のすべての特徴量とその値をループ処理して情報利得が最も高いものを突き止めるだけである。

```
find_best_split(examples, number_of_features):
  let best_gain equal 0
  let best_question equal None
  let current_uncertainty equal calculate_gini(examples)
  for feature_index in range (number_of_features):
    let values equal [example[feature_index] for example in examples]
    for value in values:
      let question equal Question(feature_index, value)
      let true_examples, false_examples equal split_examples(examples, question)
      if length(true_examples) != 0 or length(false_examples) != 0:
        let gain equal calculate_information_gain(true_examples, false_examples,
                                                  current_uncertainty)
        if gain >= best_gain:
          best_gain, best_question equal gain, question
  return best_gain, best_question
```

次の関数は、ここまで定義してきた関数をつなぎ合わせて決定木を構築する。

```
build_tree(examples, number_of_features):
  let gain, question equal find_best_split(examples, number_of_features)
  if gain == 0:
    return ExamplesNode(examples)
  let true_examples, false_examples equal split_examples(examples, question)
  let true_branch equal build_tree(true_examples)
  let false_branch equal build_tree(false_examples)
  return DecisionNode(question, true_branch, false_branch)
```

なお、この関数が再帰的に実行されることに注意しよう。この関数は、データを分割し、結果として得られたサブセットを情報利得がなくなるまで（それ以上インスタンスを分割できなくなるまで）再帰的に分割する。念のために述べておくと、インスタンスの分割には決定ノードを使い、インスタンスの集合の格納には葉ノード（インスタンスノード）を使う。

　ここでは、決定木分類器の構築方法を学んだ。訓練した決定木モデルは、先の線形回帰モデルと同じように、未知のデータでテストすることを覚えておこう。

　決定木には過学習という問題がある。モデルがいくつかのインスタンスで訓練されすぎていて、新しいインスタンスを与えても十分な性能を発揮しない場合、そのモデルは過学習に陥っている。つまり、過学習が発生するのは、モデルは訓練データのパターンを学習しているが、新しい現実のデータがほんの少し異なっているために、訓練済みのモデルの分割条件を満たさないときである。モデルの正解率が 100% であるとしたら、そのモデルはたいていデータに過剰適合（オーバーフィッティング）している。正しく分類されないインスタンスがいくつかあるくらいが理想的である。というのも、さまざまなケースに対応するモデルはより汎用であるため、正しく分類されないインスタンスがいくつかあってもおかしくないからだ。過学習は決定木モデルだけではなくどの機械学習モデルでも起きる可能性がある。

　図 8-27 は過学習の概念を表している。学習不足（アンダーフィッティング）では、正しく分類されないインスタンスが多すぎることがわかる。過学習では、正しく分類されないインスタンスが少なすぎる。その中間が理想的である。

学習不足　　　　　　　理想　　　　　　　過学習

図 8-27：学習不足、理想、過学習

8.4.4　決定木を使ってインスタンスを分類する

　決定木を訓練して正しい質問を決定したところで、決定木に新しいデータを与えてテストすることができる。ここでテストするモデルは、訓練ステップで作成した質問からなる決定木である。

　モデルをテストするには、新しいインスタンスをいくつか与えて、それらのインスタンスが正しく分類されているかどうかを調べる。したがって、テストデータのラベルを知っている必要がある。ダイヤモンドデータセットの場合、決定木をテストするにはカット特徴量を持つ新しいダイヤモンドデータが必要だ（表8-16）。

表8-16：分類するダイヤモンドデータセット

	カラット	価格	カット
1	0.26	689	Perfect
2	0.41	967	Perfect
3	0.52	1,012	Perfect
4	0.76	907	Okay
5	0.81	2,650	Okay
6	0.90	2,634	Okay
7	1.24	2,999	Perfect
8	1.42	3850	Perfect
9	1.61	4,345	Perfect
10	1.78	3,100	Okay

　図8-28は先ほど訓練した決定木モデルを示している。このモデルを使って新しいインスタンスを分類する。インスタンスはそれぞれこの決定木を通って分類される。

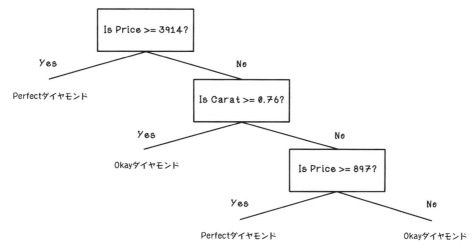

図8-28：新しいインスタンスを分類する決定木モデル

　分類の結果として得られた予測値は表 8-17 のようになる。Okay ダイヤモンドを予測しよ
うとしているとしよう。正しく分類されていないインスタンスが 3 つあることがわかる。正し
く分類されていないのは 10 個のうちの 3 個なので、モデルはテストデータの 70%（10 分の 7）
を正しく予測したことになる。このモデルの性能はそれほどひどいわけではないが、インスタ
ンスの分類を間違える可能性があることがわかる。

表 8-17：分類するダイヤモンドデータセットとその予測値

	カラット	価格	カット	予測値	
1	0.26	689	Okay	Okay	✔
2	0.41	880	Perfect	Perfect	✔
3	0.52	1,012	Perfect	Perfect	✔
4	0.76	907	Okay	Okay	✔
5	0.81	2,650	Okay	Okay	✔
6	0.90	2,634	Okay	Okay	✔
7	1.24	2,999	**Perfect**	Okay	†
8	1.42	3,850	**Perfect**	Okay	†
9	1.61	4,345	Perfect	Perfect	✔
10	1.78	3,100	**Okay**	**Perfect**	†

　テストデータセットを使ったモデルの性能の計測には、よく混同行列が使われる。**混同行列**
（confusion matrix）は次の指標を使って性能を表す（図 8-29）。

- **真陽性（TP）**
  インスタンスを Okay として正しく分類

- **真陰性（TN）**
  インスタンスを Perfect として正しく分類

- **偽陽性（FP）**
  Perfect インスタンスを Okay として誤分類

- **偽陰性（FN）**
  Okay インスタンスを Perfect として誤分類

	陽性予測	陰性予測	
実際に陽性	真陽性 TP	偽陰性 FN	感度 TP / TP + FN
実際に陰性	偽陽性 FP	真陰性 TN	特異度 TN / TN + FP
	適合率 TP / TP + FP	陰性適合率 TN / TN + FN	正解率 $\frac{TP + TN}{TP + TN + FP + FN}$

図 8-29：混同行列

モデルを未知のインスタンスでテストした結果を使って、さまざまな指標を導き出すことができる。

- **適合率**（precision）
  Okay ダイヤモンドが正しく分類される割合。陽性的中率とも呼ばれる。

- **陰性適合率**（negative precision）
  Perfect ダイヤモンドが正しく分類される割合。陰性的中率とも呼ばれる。

- **感度**（sensitivity）
  訓練データセットに実際に含まれているすべての Okay ダイヤモンドと正しく分類された Okay ダイヤモンドの比率。**真陽性率**（true-positive rate）または**再現率**（recall）とも呼ばれる。

- **特異度**（specificity）
  訓練データセットに実際に含まれているすべての Perfect ダイヤモンドと正しく分類された Perfect ダイヤモンドの比率。**真陰性率**（true-negative rate）とも呼ばれる。

- **正解率**（accuracy）
  全体として分類器がどれくらい正しいか。

ダイヤモンドデータセットの結果を混同行列に入力した結果は図 8-30 のようになる。正解率は重要だが、モデルの性能に関する有益な追加情報が他の指標によって明らかになることがある。

	陽性予測	陰性予測	
実際に陽性	真陽性 4	偽陰性 1	感度 4 / 4 + 1 = 0.8
実際に陰性	偽陽性 2	真陰性 3	特異度 3 / 3 + 2 = 0.6
	適合率 4 / 6 = 0.67	陰性適合率 3 / 4 = 0.75	正解率 $\frac{7}{10}$ = 0.7

図 8-30：ダイヤモンドデータセットのテスト結果

　機械学習のライフサイクルでこれらの指標を用いることで、より多くの知識に基づいて決定を下し、モデルの性能を向上させることができる。本章で説明してきたように、機械学習は試行錯誤を伴う実験的な試みであり、これらの指標はこのプロセスを導くものとなる。

8.5　よく知られているその他の機械学習アルゴリズム

　本章では、よく知られている基本的な機械学習アルゴリズムを 2 つ取り上げた。線形回帰アルゴリズムは、特徴量の間の関係を明らかにする回帰問題に使われる。決定木アルゴリズムは、特徴量の間の関係やインスタンスのカテゴリを明らかにする回帰問題に使われる。しかし、さまざまなコンテキストでさまざまな問題を解くのに適した機械学習アルゴリズムは他にもたくさんある。図 8-31 はよく知られているアルゴリズムと機械学習全体でのそれらの位置付けを示している。

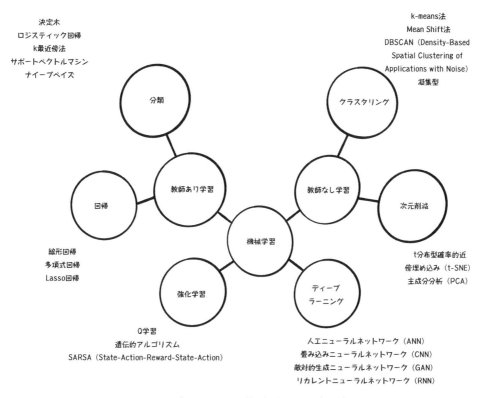

決定木
ロジスティック回帰
k最近傍法
サポートベクトルマシン
ナイーブベイズ

k-means法
Mean Shift法
DBSCAN（Density-Based
Spatial Clustering of
Applications with Noise）
凝集型

分類

クラスタリング

回帰

教師あり学習

教師なし学習

次元削減

機械学習

線形回帰
多項式回帰
Lasso回帰

強化学習

ディープ
ラーニング

t分布型確率的近
傍埋め込み（t-SNE）
主成分分析（PCA）

Q学習
遺伝的アルゴリズム
SARSA（State-Action-Reward-State-Action）

人工ニューラルネットワーク（ANN）
畳み込みニューラルネットワーク（CNN）
敵対的生成ニューラルネットワーク（GAN）
リカレントニューラルネットワーク（RNN）

図 8-31：よく知られている機械学習アルゴリズムの位置付け

　分類アルゴリズムと回帰アルゴリズムは本章で取り上げたような問題に対応する。教師なし学習に分類されるアルゴリズムには、次のような能力がある。

- データ前処理ステップを手助けする。
- データから隠れた関係を見つけ出す。
- 機械学習プロジェクトでどのような質問ができるかに関する情報を提供する。

　図 8-31 にディープラーニングが含まれている点に注目しよう。第 9 章では、ディープラーニングの重要な概念である人工ニューラルネットワーク（ANN）を取り上げる。その際には、ANN で解決できる問題の種類と、これらのアルゴリズムの実装方法について理解を深めることにする。

8.6 機械学習アルゴリズムのユースケース

さまざまな分野のさまざまな問題を解決するために、ほぼどのような業界でも機械学習を応用することができる。正しいデータと正しい質問が与えられれば、機械学習は無限の可能性を秘めている。私たち全員が機械学習やデータモデリングの一部を利用した商品やサービスを日常的に使っている。ここでは、機械学習を使って現実の問題を解決するために広く使われている方法をいくつか紹介する。

- **不正検知と脅威検知**
  金融業界では、不正取引の検知と防止に機械学習を使っている。金融機関には、長年にわたって蓄積された膨大な量の取引情報がある。その中には、顧客からの不正取引の報告も含まれている。そうした報告は不正取引の分類や特徴量化に対する入力となる。顧客の潜在的損失や金融機関の保険損失を防ぐために、取引が発生した場所、金額、引受業者などに基づいて取引を分類するモデルが考えられる。同じモデルをネットワークの脅威検知に応用すれば、既知のネットワークの使用状況と報告された異常行動に基づいて攻撃を検知し、未然に防ぐことができる。

- **商品やコンテンツのレコメンデーション**
  多くの人々がオンラインショップで商品を購入したり、ストリーミングサービスでオーディオやビデオを視聴したりしている。購買履歴に基づいて商品を勧められたり、各自の興味に基づいてコンテンツを勧められたりすることもある。このような機能を可能にしているのはたいてい機械学習である。機械学習は人々のやり取りから購買や視聴行動のパターンを導き出す。売上を伸ばしたり、ユーザーエクスペリエンスを改善したりするためにレコメンダシステムを導入する業界やアプリケーションは増える一方である。

- **商品やサービスの動的な価格設定**
  商品やサービスの価格が、顧客が支払ってもよいと思う金額やリスクに基づいて設定されることもよくある。ライドシェアリングシステムの場合、空いている車が需要よりも少ない場合に価格を引き上げるのは合理的かもしれない（**サージプライシング**）。保険業界では、ハイリスクに分類される人の保険料を高く設定することがある。動的な条件と個人情報に基づいて価格設定に影響を与える属性とそれらの属性の間の関係を見つけ出すために機械学習が使われる。

- **健康状態のリスク予測**
  医療業界では、患者を診断して治療する医療従事者が十分な知識を有していることが求められる。医療業界には、長年にわたって蓄積された患者に関する膨大な量のデータ（血液型、DNA、家族の病歴、生活習慣など）がある。このデータを使って病気の診断の指

針となる潜在的なパターンを見つけ出すことができる。データを診断に役立てることができれば、症状が悪化する前に治療を行うことができる。さらに、その結果をフィードバックとして機械学習システムに提供することで、予測の信頼性を向上させることもできる。

本章のまとめ

機械学習はアルゴリズムというよりも、コンテキスト、データの理解、
正しい質問をすることに関するものである

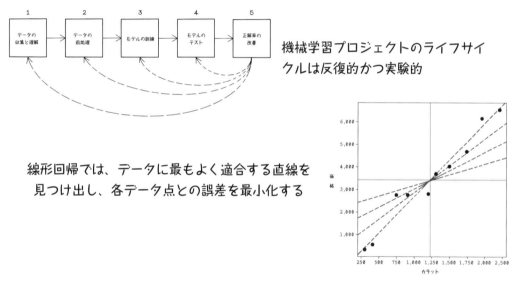

機械学習プロジェクトのライフサイクルは反復的かつ実験的

線形回帰では、データに最もよく適合する直線を
見つけ出し、各データ点との誤差を最小化する

決定木では、データセットが各カテゴリに完全に分類されるまで、
質問を使ってデータを分割していく。
データセットの不確実性を減らすことが主な目的となる

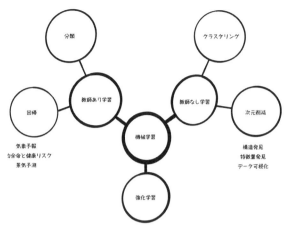

さまざまな種類の質問に答え、さまざまな状況でさまざまな目的を達成するために、さまざまな機械学習アルゴリズムが使われる

人工ニューラルネットワーク | 9

本章の内容

- 人工ニューラルネットワークの原点
- 人工ニューラルネットワークで解決できる問題の特定
- 訓練済みネットワークを使った順伝播の理解と実装
- ネットワークを訓練するための逆伝播の理解と実装
- さまざまな問題に取り組むための人工ニューラルネットワークアーキテクチャの設計

9.1　人工ニューラルネットワークとは何か

　人工ニューラルネットワーク（artificial neural network：ANN）は、機械学習ツールキットの中でも強力なツールであり、画像認識、自然言語処理、ゲームプレイングなどを目的としてさまざまな方法で使われる。他の機械学習アルゴリズムと同様に、ANN でも訓練データを使って学習を行う。ANN が最も適しているのは、特徴量間の関係を理解するのが難しい非構造化データである。本章では、ANN が登場するきっかけとなった概念を取り上げる。また、ANN の仕組みと、さまざまな問題を解くために ANN をどのように設計するのかも明らかにする。

　機械学習の全体像において ANN はどこに位置付けられるのだろうか。この点を明確にするには、機械学習アルゴリズムの構成と分類を調べてみる必要がある。**ディープラーニング**（deep learning）は、目的を達成するために ANN をさまざまなアーキテクチャで利用するアルゴリズムの呼び名である。ANN をはじめとするディープラーニングは、教師あり学習、教師なし学習、強化学習の問題を解くために利用できる。ディープラーニングと ANN との関係、そし

て機械学習の他の概念との関係は図 9-1 のようになる。

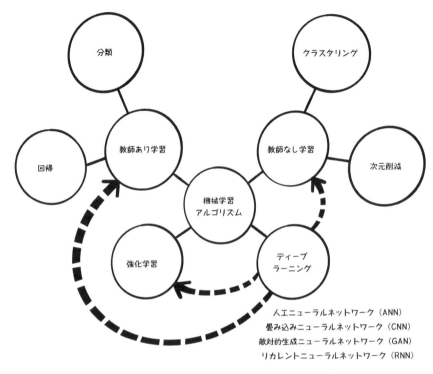

図 9-1：ディープラーニングと ANN の柔軟性

ANN については、機械学習のライフサイクルを通過するモデルの 1 つとして考えることができる（第 8 章）。機械学習のライフサイクルをもう一度見てみよう（図 9-2）。問題の特定と、そのデータの収集、理解、前処理を行う必要があることがわかる。続いて、ANN モデルをテストし、必要に応じて改善する。

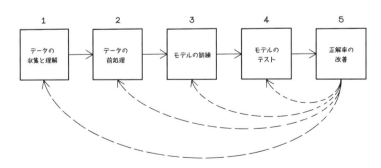

図 9-2：機械学習プロジェクトのワークフロー

　機械学習の全体像における ANN の位置付けと、ANN が機械学習のライフサイクルで訓練されるモデルの 1 つであることがわかったところで、ANN の仕組みを直観的に捉えてみることにしよう。遺伝的アルゴリズムや群知能アルゴリズムと同様に、ANN は自然現象 —— この場合は脳と神経系 —— にヒントを得ている。神経系は感覚をつかさどる生物学的構造であり、脳の働きの根幹をなしている。神経は全身を巡っており、脳内のニューロンも同じような働きをする。

　神経回路網は相互結合されたニューロンで構成されており、それらのニューロンは電気信号や化学信号を使って情報を伝達する。ニューロンは他のニューロンに情報を伝達し、特定の機能を果たすために情報を調整する。コップを持ち上げて水を飲むときには、あなたがしようとしていることの意図、その意図を満たすための身体的作用、そして意図が満たされたかどうかを判断するためのフィードバックが何百万ものニューロンによって処理される。幼い子供がコップから水を飲む方法を覚えるときのことを想像してみよう。たいてい最初のうちはうまくいかず、何度もコップを落としてしまう。そのうちにコップを両手で持つことを覚える。そしてコップを片手で持つことをだんだん覚えていき、コップから上手に飲めるようになる。子供はこれを数か月がかりで覚える。そう、子供の脳と神経系が練習や訓練を通じて学習しているのである。入力の受け取り（刺激）、神経回路網での処理、出力の提供（反応）を単純にモデル化すると、図 9-3 のようになる。

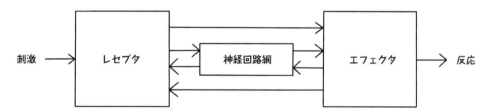

図 9-3：生物学的神経系の簡易モデル

単純に言うと、**ニューロン**は次の部分で構成されている（図 9-4）。

- **樹状突起** … 他のニューロンから信号を受け取る。
- **細胞体と細胞核** … 信号の活性化と調整を行う。
- **軸索** … 他のニューロンに信号を送る。
- **シナプス** … 次のニューロンの樹状突起に渡す前の信号を運び、その過程で調整を行う。

　人間の脳が、私たちが知る高度な知性を働かせることができるのも、およそ 900 億ものニューロンが一体となって働くからだ。

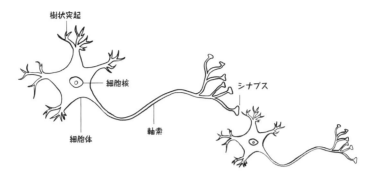

図 9-4：ニューロンの一般的な構造

　ANN は生物学的神経回路網にヒントを得ており、これらの器官に見られる概念の多くを利用するが、生物学的な神経系とまったく同じではない。脳と神経系については、学ぶべきことがまだたくさんある。

9.2　パーセプトロン：ニューロンの表現

　ニューロンは脳と神経系を構成している基本的な細胞である。先に述べたように、ニューロンは他のニューロンからさまざまな入力を受け取り、それらの入力を処理し、その結果を他の結合しているニューロンに伝達する。ANN の根底には**パーセプトロン**（perceptron）という基本概念がある。パーセプトロンは 1 単位の生体ニューロンを論理的に表現したものだ。

　パーセプトロンは入力を受け取り（樹状突起に相当）、重みを使ってそれらの入力を調整し（シナプスに相当）、重み付けされた入力を処理し（細胞体と細胞核に相当）、結果を出力する（軸索に相当）。その点では、ニューロンと似ている。大まかに言うと、パーセプトロンはニューロンに基づいている。パーセプトロンの論理的なアーキテクチャは図 9-5 のようになる。シナプスが樹状突起の後ろに描かれていて、受け取った入力にシナプスが影響を与えることに気付いたかもしれない。

　パーセプトロンの構成要素は出力の計算に使われる変数によって表される。入力は重みによって調整される。その値は隠れノードによって処理され、最終的な結果が出力として提供される。

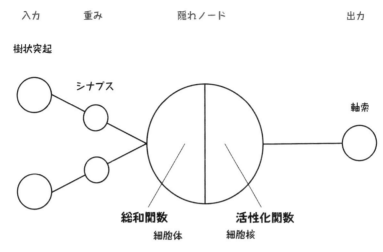

図 9-5：パーセプトロンの論理的なアーキテクチャ

パーセプトロンの構成要素を簡単に説明しておこう。

- **入力**（input）
  入力値を表す。これらの値はニューロンの入力信号に相当する。

- **重み**（weight）
  入力と隠れノードの結合ごとの重みを表す。重みは入力の強さを間接的に制御し、結果
  として入力が重み付けされる。これらの結合はニューロンのシナプスに相当する。

- **隠れノード**（hidden node）
  重み付けされた入力値を合計し、その結果に活性化関数を適用する（総和と活性化）。活
  性化関数は隠れノード／ニューロンの活性化／出力を求める。

- **出力**（output）
  パーセプトロンの最終的な出力を表す。

　パーセプトロンの仕組みを理解するために、第 8 章のアパート探しの例にパーセプトロンを
使ってみることにしよう。この例では、不動産業者があるアパートに 1 か月以内に借り手がつ
くかどうかを物件の広さと家賃に基づいて判断しようとしている。パーセプトロンはすでに訓
練されており、パーセプトロンの重みはすでに調整された状態であると仮定する。パーセプト
ロンと ANN を訓練する方法については後ほど取り上げる。ここでは、重みが入力の強さを調
整することで入力どうしの関係をコード化することだけ覚えておこう。

　訓練済みのパーセプトロンを使ってアパートの借り手がつくかどうかを分類する方法は図
9-6 のようになる。入力は物件の家賃と面積を表す。また、入力の尺度を取り直す（スケーリ

ングする）ために家賃と面積の最大値を使っている（家賃の最大値は 8,000 ドル、面積の最大
値は 80 平米）。データのスケーリングについては、次節で詳しく説明する。

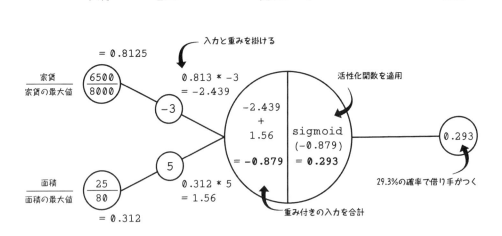

図 9-6：訓練済みのパーセプトロンの使用例

　家賃と面積が入力で、物件の借り手がつく予測確率が出力である。この予測を行う上で重み
は重要な意味を持つ。重みは入力の間の関係を学習するネットワークの変数である。重みを掛
けた入力を処理して予測値を生成するには、総和関数と活性化関数を使う。

　ここでは、活性化関数としてシグモイド関数を使っている。活性化関数はパーセプトロンと
ANN において重要な役割を果たす。この場合、活性化関数は線形問題を解く手助けをする。
次節では ANN を詳しく見ていくが、その際には、非線形問題を解くための入力の受け取りに
活性化関数がどのように役立つのかを示す。図 9-7 は線形問題の基礎を表している。

　–1 〜 1 の入力が与えられたとき、シグモイド関数は 0 〜 1 の間で S 字曲線を描く。シグモ
イド関数では、x を変更すると y がわずかに変化するため、漸進的な学習が可能になる。次節
で ANN の仕組みを詳しく見ていくときに、この関数が非線形問題を解くのにどのように役立
つのかを示す。

　ここで一歩下がって、パーセプトロンに使っているデータを見てみよう。パーセプトロンの
仕組みを理解するには、物件が成約済みかどうかに関連するデータを理解することが重要であ
る。図 9-8 は各物件の家賃と面積を含んでいるデータセットのサンプル（インスタンス）を示
している。各物件は 2 つのクラス（成約済みまたは空き物件）のどちらかでラベル付けされる。
これら 2 つのクラスを分ける直線が、パーセプトロンによって表される関数である。

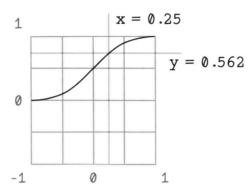

図 9-7：シグモイド関数

○　成約済み
✕　空き物件

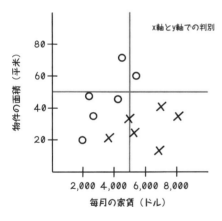

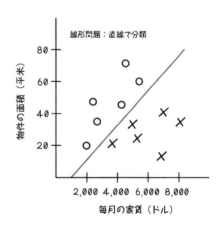

図 9-8：線形分類問題の例

　パーセプトロンは線形問題を解くのに役立つが、非線形問題を解くことはできない。データセットを直線で分類できない場合、パーセプトロンは失敗に終わる。

　パーセプトロンの概念を大規模に用いるのが ANN であり、パーセプトロンと同じようなニューロンを大量に使う。そして多くの次元で非線形問題を解くために、それらのニューロンが一体となって働く。なお、どの活性化関数を使うかによって ANN の学習能力に影響が生じることに注意しよう。

練習問題：パーセプトロンに次の入力が与えられたときの出力を求める

　パーセプトロンの仕組みに関する知識を使って次の入力に対する出力を求めてみよう。

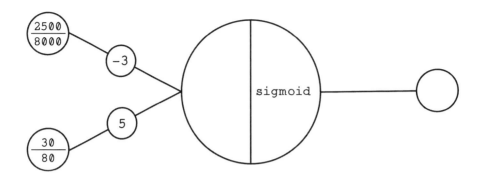

答え：パーセプトロンに次の入力が与えられたときの出力を求める

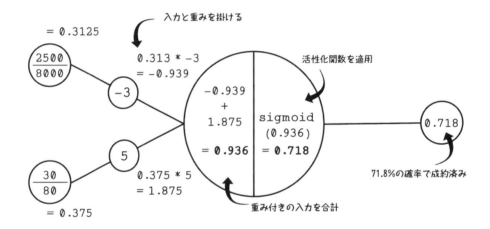

9.3 人工ニューラルネットワークを定義する

　パーセプトロンは単純な問題を解くのには役立つが、データの次元が増えるとあまり実用的ではなくなる。人工ニューラルネットワーク（ANN）はパーセプトロンの原理を利用し、1つではなく複数の隠れノードにそれらの原理を適用する。

　ここでは、車の衝突事故に関連するサンプルデータセットを使ってマルチノードの ANN の仕組みを調べることにする。さまざまな車の進路に不測の物体が進入したときのデータがあるとしよう。この衝突事故データセットには、そのときの状況と衝突が起きたかどうかに関連する次の特徴量が含まれている。

- **速度** … 物体に遭遇する前の車の走行速度
- **地形品質** … 物体に遭遇する前に車が走行していた道路の品質
- **視野** … 物体に遭遇する前のドライバーの視野
- **運転経験** … ドライバーの総運転距離
- **衝突したか？** … 衝突が起きたかどうか

　このデータをもとに、機械学習モデル（ANN）に衝突の一因となる特徴量間の関係を学習させるための訓練を行う（表 9-1）。

表 9-1：衝突事故データセット

	速度	地形品質	視野	運転経験	衝突したか？
1	65km/h	5/10	180°	80,000km	いいえ
2	120km/h	1/10	72°	110,000km	はい
3	8km/h	6/10	288°	50,000km	いいえ
4	50km/h	2/10	324°	1,600km	はい
5	25km/h	9/10	36°	160,000km	いいえ
6	80km/h	3/10	120°	6,000km	はい
7	40km/h	3/10	360°	400,000km	いいえ

　サンプル ANN アーキテクチャを使って、これらの特徴量をもとに衝突が発生するかどうかを分類してみよう。このデータセットの特徴量は ANN の入力ノードとなり、予測するクラスは ANN の出力ノードとなる。この例では、入力ノードは「速度」、「地形品質」、「視野」、「運転経験」であり、出力ノードは「衝突したか？」である（図 9-9）。

　ここまで見てきた他の機械学習アルゴリズムと同様に、ANN を使ってデータを正しく分類するには、データの前処理が重要である。何よりもまず、データを比較可能な方法で表す必要がある。人間は速度と視野の概念を理解するが、ANN はそのようなコンテキストを持ち併せていない。65km/h と 36° を直接比較することは ANN にとって何の意味も持たないが、速度の割合と視野の度合いを比較するなら話は別だ。そこで、データの尺度を取り直す（スケーリングする）必要がある。

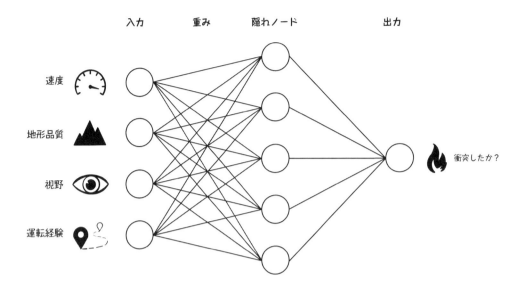

入力　　重み　　隠れノード　　　　出力

速度

地形品質

視野

運転経験

衝突したか？

図 9-9：衝突事故データセットに使うサンプル ANN アーキテクチャ

　データをスケーリングして比較できるようにするには、**min-max スケーリング**（min-max scaling）を使うのが一般的である。min-max スケーリングでは、データを 0 〜 1 の値にスケーリングする。データセット内のすべてのデータをスケーリングすると、さまざまな特徴量を比較できるようになる。ANN は素の特徴量に関するコンテキストを持たないため、大きな入力値によるバイアスも取り除いておこう。どういうことかと言うと、1,000 という数字は 65 という数字よりもずっと大きく見えるが、運転経験としての 1,000 は小さな数字に見えるし、走行速度としての 65 は大きな数字に見える。min-max スケーリングは、各特徴量に対して予想される最小値と最大値を考慮に入れることで、1 つ 1 つのデータを正しいコンテキストで表す。

　ここでは、衝突事故データセットの各特徴量に対して次の最小値と最大値を使う。

- **速度**
  最低速度は 0 で、車が動いていないことを意味する。世界中のほとんどの地域では 120km/h が法定最高速度であるため、最高速度として 120 を使う。ここでは、ドライバーが法定速度を守るものと仮定する。

- **地形品質**
  このデータはすでに等級で表されており、最小値は 0、最大値は 10。

- **視野**

  全視野が 360 度であることはわかっているため、最小値は 0、最大値は 360。

- **運転経験**

  最小値は 0（ドライバーが未経験の場合）。最大値は主観的に 400,000 とする。この例で
  は、400,000km の運転経験があるドライバーはベテランであり、それ以上の経験の有
  無は問わないものとする。

　min-max スケーリングは特徴量の最小値と最大値を使ってその特徴量の実際の値のパーセ
ンテージを求める。その式は単純で、実際の値から最小値を引き、その結果を最大値から最小
値を引いたもので割る。次に示すのは衝突事故データセットの 1 行目であり、

	速度	地形品質	視野	運転経験	衝突したか？
1	65km/h	5/10	180°	80,000km	いいえ

このデータに対する min-max スケーリングの計算は図 9-10 のようになる。

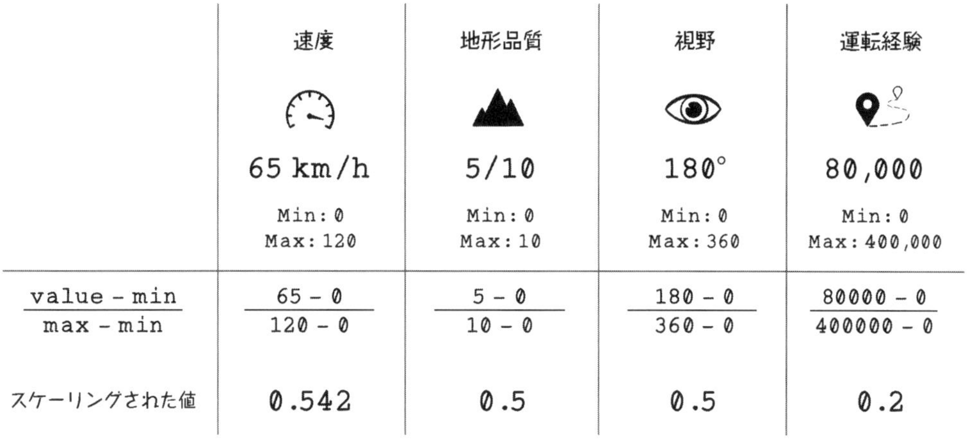

	速度	地形品質	視野	運転経験
	65 km/h	5/10	180°	80,000
	Min:0 Max:120	Min:0 Max:10	Min:0 Max:360	Min:0 Max:400,000
$\dfrac{\text{value} - \text{min}}{\text{max} - \text{min}}$	$\dfrac{65 - 0}{120 - 0}$	$\dfrac{5 - 0}{10 - 0}$	$\dfrac{180 - 0}{360 - 0}$	$\dfrac{80000 - 0}{400000 - 0}$
スケーリングされた値	0.542	0.5	0.5	0.2

図 9-10：衝突事故データセットでの min-max スケーリングの例

　すべての値が 0 ～ 1 の範囲の値になっていて、公平に比較できることがわかる。このデー
タセットのすべての行に同じ式を適用し、すべての値をスケーリングする。「衝突したか？」特
徴量の値については、「はい」が 1、「いいえ」が 0 に置き換えられることに注意しよう。スケー
リング後の衝突事故データセットの値は表 9-2 のようになる。

表 9-2：スケーリング後の衝突事故データセット

	速度	地形品質	視野	運転経験	衝突したか？
1	0.542	0.5	0.5	0.200	0
2	1.000	0.1	0.2	0.275	1
3	0.067	0.6	0.8	0.125	0
4	0.417	0.2	0.9	0.004	1
5	0.208	0.9	0.1	0.400	0
6	0.667	0.3	0.3	0.015	1
7	0.333	0.3	1.0	1.000	0

擬似コード

データをスケーリングするコードは min-max スケーリングのロジックと計算に忠実に従うものとなる。各特徴量の最小値と最大値に加えて、データセット内の特徴量の総数が必要となる。scale_dataset 関数は、これらのパラメータを使ってデータセット内のすべてのインスタンス（行）を順番に処理し、scale_data_feature 関数を使って値をスケーリングする。

```
FEATURE_MIN = [0, 0, 0, 0]
FEATURE_MAX = [120, 10, 360, 400000]
FEATURE_COUNT = 4

scale_dataset(dataset, feature_count, feature_min, feature_max):
  let scaled_data equal empty array
  for data in dataset:
    let example equal empty array
    for i in range (0, feature_count):
      append scale_data_feature(data[i], feature_min[i], feature_max[i])
        to example
    append example to scaled_data
  return scaled_data

scale_data_feature(data, feature_min, feature_max):
  return (data - feature_min) / (feature_max - feature_min)
```

　データの前処理が完了し、ANN で処理するのに適した形式になったところで、単純な ANN のアーキテクチャを調べることにしよう。先ほど述べたように、クラスの予測に使われる特徴量は入力ノード、予測されたクラスは出力ノードである。

図9-11のANNには、隠れ層が1つある。隠れ層は5つの隠れノードからなる縦の層として表されている。これらの層を**隠れ層**（hidden layer）と呼ぶのは、ネットワークの外側からは直接見えないからだ。ANNとのやり取りの手段が入力と出力だけであることから、ANNは「ブラックボックス」と見なされている。隠れ層はそれぞれパーセプトロンに似ている。隠れノードに入力と重みが渡され、総和と活性化関数が計算される。続いて、それぞれの隠れノードの結果が1つの出力ノードによって処理される。

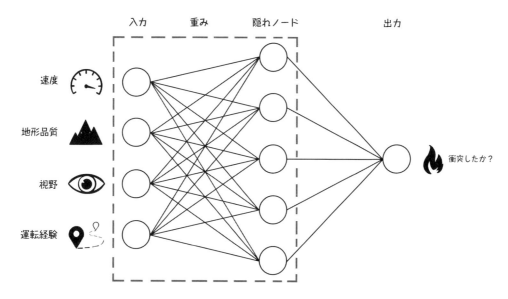

図9-11：衝突事故データセットでのANNアーキテクチャの例

　ANNの演算と計算を見ていく前に、これらの重みのだいたいの働きを感覚的につかんでおくことにしよう。隠れノードはどれもすべての入力ノードと結合しているが、結合ごとに重みが異なるため、個々の隠れノードが2つ以上の入力ノードの関係を重視することがある。

　図9-12の1つ目の隠れノードを見てみよう。この隠れノードは「地形品質」特徴量との結合と「視野」特徴量との結合の重みを大きくし、「速度」特徴量との結合と「運転経験」特徴量との結合の重みを小さくしている。つまり、この隠れノードは「地形品質」特徴量と「視野」特徴量の関係を重視している。このことから、これら2つの特徴量の関係と、その関係が衝突の発生にどのような影響を与えるのかが明らかになるかもしれない。たとえば、地形品質が低く、視野が十分ではない場合のほうが、地形品質が高く、視野が十分に広い場合よりも衝突の可能性が高くなるかもしれない。なお、入力ノードの関係はたいていこの単純な例よりも複雑である。

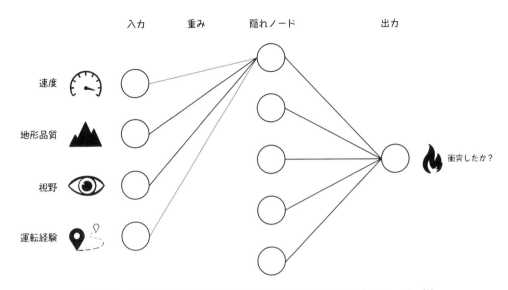

図 9-12：「地形品質」特徴量と「視野」特徴量を比較する隠れノードの例

　図 9-13 では、2 つ目の隠れノードが「地形品質」特徴量との結合の重みと「運転経験」特徴量との結合の重みを大きくしている。ひょっとしたら、さまざまな地形品質と運転経験の間に衝突の原因になるような関係が存在するのかもしれない。

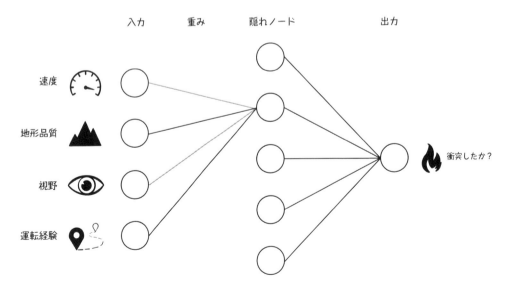

図 9-13：「地形品質」特徴量と「運転経験」特徴量を比較する隠れノードの例

　隠れ層のノードについては、第6章で説明した蟻のたとえになぞらえることができる。1匹1匹の蟻は取るに足らない小さな仕事をこなしているように見えるが、集団で行動するときは知的な振る舞いを見せる。それと同じように、隠れノードの1つ1つがANNのより大きな目標に貢献する。

　衝突事故データセットのANNの図とその中で行われている処理を分析すれば、このアルゴリズムに必要なデータ構造を明らかにできる。

- **入力ノード**

  入力ノードは特定のインスタンスの値を格納する1つの配列で表すことができる。この配列の大きさはクラスの予測に使われるデータセットの特徴量の個数に等しい。衝突事故データセットの例では、入力が4つあるので、配列のサイズは4である。

- **重み**

  各入力ノードはすべての隠れノードと結合し、それぞれ5つの結合を持つ。このため、重みを行列（2次元配列）で表すことができる。入力ノードが4つ、隠れノードが5つ、出力ノードが1つあるため、このANNでは、隠れ層に向かう重みは20個、出力層に向かう重みは5個である。

- **隠れノード**

  隠れノードはそれぞれのノードでの活性化の結果を格納する1つの配列で表すことができる。

- **出力ノード**

  出力ノードは特定のインスタンスに対して予測されたクラス（またはインスタンスが特定のクラスに所属する確率）を表す単一の値である。出力は1または0になるか（衝突が発生したかどうかを表す）、0.65などの値になる（そのインスタンスが衝突する確率が65%であることを表す）。

擬似コード

次の擬似コードはニューラルネットワークを表すクラスを定義する。それぞれの層がクラスのプロパティとして表されることに注目しよう。層を表すプロパティは配列だが、重みを表すプロパティは行列である。output プロパティは特定のインスタンスに対する予測値を表し、expected_output プロパティは訓練プロセスで使われる正解値を表す。

```
NeuralNetwork(features, labels, hidden_node_count):
  let input equal features
  let weights_input equal a random matrix, size : features * hidden_node_count
  let hidden equal zero array, size : hidden_node_count
  let weights_hidden equal a random matrix, size : hidden_node_count
  let expected_output equal labels
  let output equal zero array, size : length of labels

let nn equal NeuralNetwork(scaled_feature_data,
                           scaled_label_data,
                           hidden_node_count)
```

9.4　順伝播：訓練済みの人工ニューラルネットワークを使う

　訓練済みの人工ニューラルネットワーク（ANN）とは、インスタンスからの学習と、新しいインスタンスのクラスを最もうまく予測するための重みの調整が済んでいるネットワークのことである。訓練をどのように行い、重みをどのように調整するのだろうと考えているなら、心配はいらない。この点については次節で説明する。**順伝播**（forward propagation）を理解すれば、重みを調整する方法である**逆伝播**（backpropagation）を理解するのに役立つはずだ。

　ANN の全体的なアーキテクチャを基本的に理解し、ネットワーク内のノードの働きを直観的につかんだところで、訓練済みの ANN を使うためのアルゴリズムを詳しく見ていこう（図 9-14）。

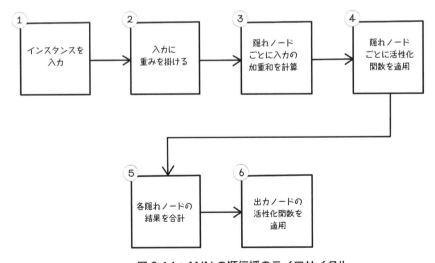

図 9-14：ANN の順伝播のライフサイクル

　先に述べたように、ANN の各ノードの結果を計算する手順はパーセプトロンのものに似ている。一体となって働く多くのノードで同じような処理が実行される。ANN はこのようにしてパーセプトロンの弱点を補うことで、多次元の問題を解く。順伝播の全体的な流れは次のようになる。

① **インスタンスを入力する**

　クラスを予測するためにデータセット内のインスタンスを 1 つ提供する。

② **入力に重みを掛ける**

　各入力に隠れノードとの結合の重みを掛ける。

③ **隠れノードごとに入力の加重和を計算する**

　隠れノードごとに入力の重み付けの結果を合計する。

④ **隠れノードごとに活性化関数を適用する**

　入力の加重和に隠れノードの活性化関数を適用する。

⑤ **各隠れノードの結果を合計する**

　すべての隠れノードで活性化関数を適用した結果を合計する。

⑥ **出力ノードの活性化関数を適用する**

　各隠れノードの結果の加重和を求め、活性化関数を適用する。

　順伝播を調べるにあたり、ANN が訓練済みで、このネットワークの最適な重みが見つかっているものと仮定する。各結合の重みは図 9-15 のとおりである。たとえば、1 つ目の隠れノードのボックスに含まれている 3.35 は「速度」入力ノードとの結合の重みであり、-5.82 は「地形品質」入力ノードとの結合の重みである。

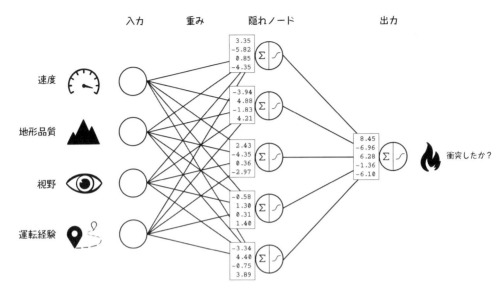

図 9-15：訓練済みの ANN の重み

　このニューラルネットワークは訓練済みであるため、インスタンスを 1 つ渡して衝突の確率を予測してみよう。表 9-3 は、ここで使っているスケーリング済みのデータセットの再掲である。

表 9-3：スケーリング済みの衝突事故データセット

	速度	地形品質	視野	運転経験	衝突したか？
1	0.542	0.5	0.5	0.200	0
2	1.000	0.1	0.2	0.275	1
3	0.067	0.6	0.8	0.125	0
4	0.417	0.2	0.9	0.004	1
5	0.208	0.9	0.1	0.400	0
6	0.667	0.3	0.3	0.015	1
7	0.333	0.3	1.0	1.000	0

　ANN を調べてみたことがある場合は、数学表記に苦手意識を持っているかもしれない。そこで、数学的に表せる概念を少し分解してみることにしよう。

　ANN の入力は x で表される。入力変数はそれぞれ添字付きの x になる。たとえば、速度は x_0、地形品質は x_1 といった具合になる。ANN の出力は y で表され、ANN の重みは w で表さ

れる。この ANN には隠れ層と出力層の 2 つの層があるため、重みのグループも 2 つある。1
つ目のグループは w_0 で表され、2 つ目のグループは w_1 で表される。そして、それぞれの重
みは結合先のノードによって区別される。「速度」入力ノードと 1 つ目の隠れノードの間の重み
は $w_{0,0}^0$ で表され、「地形品質」入力ノードと 1 つ目の隠れノードの間の重みは $w_{0,1}^0$ で表される。
この例では、これらの表記は必ずしも重要ではないが、ここでこれらの表記を理解しておけば、
今後の学習の助けになるだろう。

　ANN では、次のデータが、

	速度	地形品質	視野	運転経験	衝突したか？
1	0.542	0.5	0.5	0.200	0

図 9-16 のように表される。

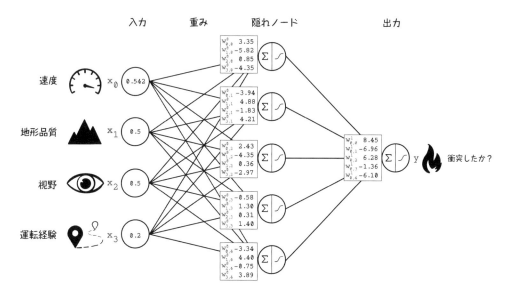

図 9-16：ANN の数学表記

隠れノードのシグマ記号 ($\sum$) は総和演算を表す。

　パーセプトロンの場合と同様に、最初に入力と各隠れノードの重みの加重和を計算する。図
9-17 では、各入力にそれぞれの重みを掛け、隠れノードごとにそれらの総和を求めている。

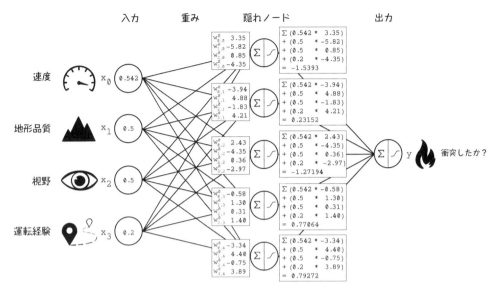

図 9-17：隠れノードごとの加重和の計算

次に、各隠れノードの活性化を計算する。活性化にはシグモイド関数を使う。この関数の入力は隠れノードごとに計算された入力の加重和である（図 9-18）。

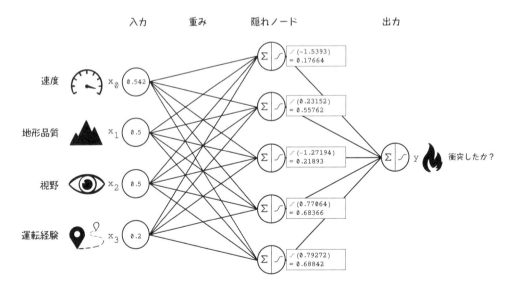

図 9-18：隠れノードごとの活性化関数の計算

　隠れノードごとに活性化の結果を計算したら、その結果をニューロンに当てはめる。活性化の結果は各ニューロンの活性化の強さを表す。さまざまな隠れノードが重みを使ってデータのさまざまな関係に比重をかけることが考えられるため、活性化関数を組み合わせることで、衝突の確率を表すニューロン全体の活性化を割り出すことができる。

　各隠れノードの活性化と出力ノードとの結合の重みは図9-19のようになる。最終的な出力を計算するために、各隠れノードの結果の加重和を計算し、その加重和にシグモイド活性化関数を適用するというプロセスを繰り返す。

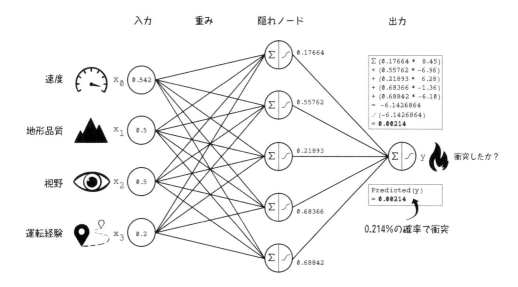

図9-19：出力ノードでの最終的な活性化関数の計算

　この例では0.00214という予測値が生成されたが、この数字は何を意味するのだろう。出力は衝突が起きる確率を表す0から1までの値である。この場合の出力は0.214%（0.00214 × 100）であり、衝突が起きる確率がほとんどゼロであることを示している。

　次の練習問題では、データセットの別のインスタンスを使う。

練習問題：次のANNを使ってインスタンスの予測値を順伝播で求める

	速度	地形品質	視野	運転経験	衝突したか？
2	1.000	0.1	0.2	0.275	1

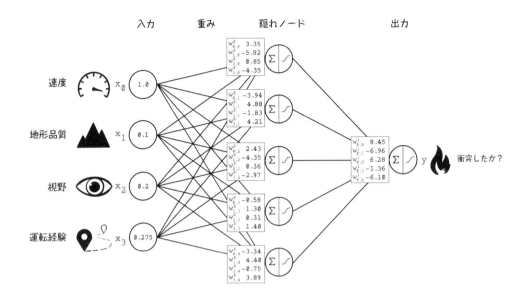

答え：次の ANN を使ってインスタンスの予測値を順伝播で求める

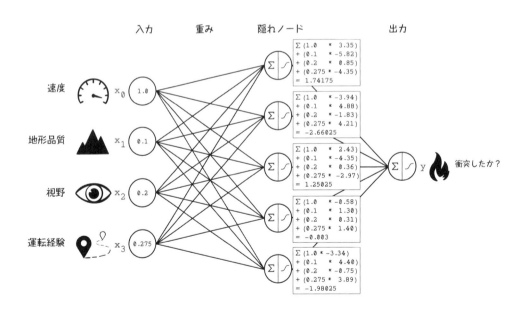

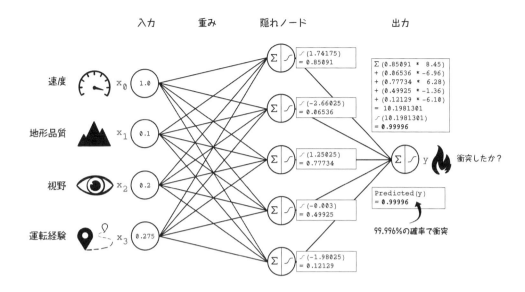

　このインスタンスを訓練済みの ANN に入力として渡すと、出力は 99.996％（0.99996）になる。したがって、衝突が起きる可能性はきわめて高い。このインスタンスに限って言えば、私たち人間には衝突が起きる理由が直観的にわかる。このドライバーは、地形品質がこれ以上ないくらい悪く、視野がきかない状態で、法定最高速度で走行していたのだ。

擬似コード

この例の活性化にとって重要な関数の 1 つはシグモイド関数である。次のメソッドは S 字曲線を描く数学関数を定義する。

```
sigmoid(x):
    return 1 / (1 + exp(-x))
```

expはオイラー数と呼ばれる数学定数（およそ2.71828）

次のコードで定義しているニューラルネットワーククラスは少し前に定義したものと同じである。今回は forward_propagation 関数が含まれている。この関数は、入力と（入力と隠れノード間の）重みの積を合計し、それぞれの結果にシグモイド関数を適用し、その出力を隠れ層の各ノードの結果として格納する。そして、隠れノードの出力と（隠れノードと出力ノード間の）重みについても同じことを繰り返す。

```
NeuralNetwork(features, labels, hidden_node_count):
  let input equal features
  let weights_input equal a random matrix, size : features * hidden_node_count
  let hidden equal zero array, size : hidden_node_count
  let expected_output equal labels
  let output equal zero array, size : length of labels

  forward_propagation():
    let hidden_weighted_sum equal input · weights_input    ## 「 · 」は行列の乗算を表す
    let hidden equal sigmoid(hidden_weighted_sum)
    let output_weighted_sum equal hidden · weights_hidden
    let output equal sigmoid(output_weighted_sum)
```

9.5　逆伝播：人工ニューラルネットワークを訓練する

　順伝播は訓練プロセスの中で使われるため、順伝播の仕組みを理解することは、人工ニューラルネットワーク（ANN）がどのように訓練されるのかを理解するのに役立つ。第8章で説明した機械学習のライフサイクルと原理は、ANN の逆伝播に取り組む上で重要である。ANN については機械学習モデルの1つとして考えることができるため、やはり質問を用意する必要がある。問題のコンテキストに従ってデータを集めて理解する点も同じであり、データの前処理を行ってモデルで処理するのに適した形式にする必要がある。

　モデルを訓練するためのデータセットと、モデルの性能がどれくらいよいかをテストするためのデータセットが必要である。また、このプロセスを繰り返しながら改善していくために、さらにデータを集めたり、前処理の方法を変更したり、ANN のアーキテクチャや設定を変更したりすることになるだろう。

　ANN の訓練は、図9-20 に示すように、主に3つのフェーズで構成される。フェーズ A では、入力層、隠れ層、出力層の設定を含め、ANN のアーキテクチャのセットアップを行う。フェーズ B は順伝播である。そして、フェーズ C の逆伝播で訓練を行う。

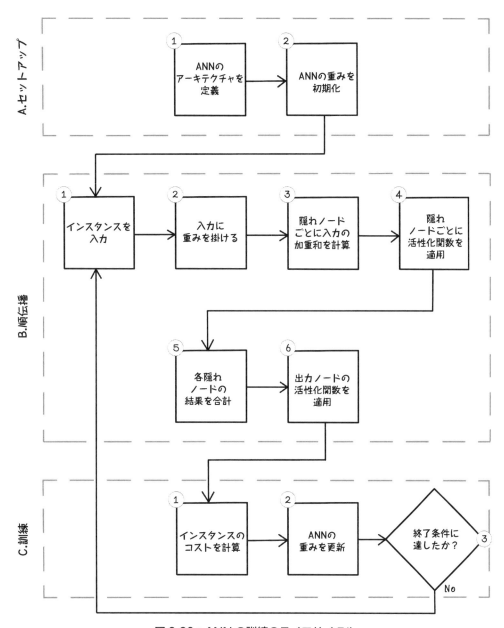

図 9-20：ANN の訓練のライフサイクル

フェーズ A、フェーズ B、フェーズ C は逆伝播アルゴリズムのフェーズと処理を定義する。

9.5.1　フェーズ A：セットアップ

① ANN アーキテクチャを定義する

このステップでは、入力ノード、出力ノード、隠れ層の個数、各隠れ層のニューロンの個数、適用する活性化関数などを定義する。

② ANN の重みを初期化する

ANN の重みを何らかの値に初期化する必要がある。そのための方法はさまざまである。ANN が訓練データから学習する過程で重みを絶えず調整することが基本原則となる。

9.5.2　フェーズ B：順伝播

このプロセスは 9.4 節で説明したものと同じであり、実行する計算も同じである。ただし、ネットワークを訓練するために、訓練データセットの各インスタンスの予測値（出力）を正解値（実際のクラス）と比較する。

9.5.3　フェーズ C：訓練

① インスタンスのコストを計算する

順伝播に続いて、訓練データセット内のインスタンスに対する予測値と正解値の差（コスト）を計算する。このコストは ANN の予測値（インスタンスのクラス）がどれくらい正しくないかの実質的な目安となる。

② ANN の重みを更新する

ネットワーク自体が調整できるのは ANN の重みだけである。フェーズ A で定義したアーキテクチャと設定は、ネットワークの訓練中は変化しない。重みは事実上、ネットワークの知能をコード化する。重みはより大きな値か小さな値に調整され、入力の強さに影響を与える。

③ 終了条件を定義する

訓練をいつまでも続けるわけにはいかない。本書で取り上げるアルゴリズムの多くと同様に、適切な終了条件を決めておく必要がある。データセットが大きい場合は、ANN の訓練に訓練データセットの 500 個のインスタンスを使い、イテレーションを 1,000 回行うことが考えられる。この例では、500 個のインスタンスがネットワークを 1,000 回通過し、イテレーションのたびに重みが調整されることになる。

　順伝播に取り組んだときはネットワークが訓練済みだったので、重みはすでに定義されていた。ネットワークの訓練を開始する前に重みを何らかの値に初期化する必要があり、訓練データに基づいて重みを調整する必要がある。重みを初期化する方法の1つは、正規分布から重みをランダムに選択することである。

　図9-21は、このANNに対してランダムに生成された重みを示している。また、訓練データが1つ与えられたときの、順伝播での隠れノードの計算も含まれている。ここでは、ネットワークでの重みの違いが出力にどのように表れるのかを明らかにするために、9.4節で最初に使った入力と同じものを使っている。

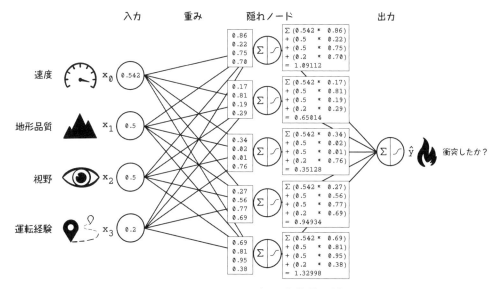

図 9-21：ANN の重みの初期化の例

　次のステップは順伝播である（図9-22）。主な変更点は、予測値（出力）と正解値（実際のクラス）の差を調べることだ。

　コストを計算するには、予測値（出力）と正解値（実際のクラス）を比較する。ここで使うコスト関数は、予測値を正解値から引くだけの単純なものだ。この例では、0.0から0.84274を引いた-0.84274がコストである。コストは予測値がどれくらい不正確だったかを表す指標であり、ANNの重みを調整するために利用できる。コストを計算するたびにANNの重みを少しずつ調整する。そして、訓練データを使ってこのプロセスを数千回繰り返すことで、正確な予測を行うためのANNの最適な重みを突き止める。なお、同じデータセットでの訓練が長すぎると、前章で説明した過学習に陥ることがある。

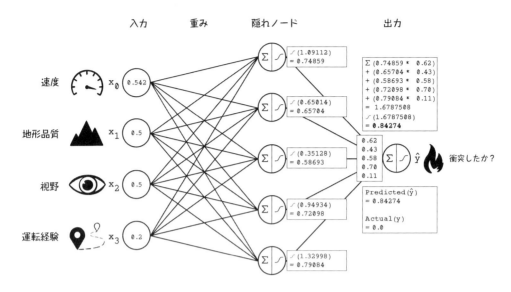

図 9-22：ランダムに初期化した重みを使った順伝播の例

　ここで登場するのが連鎖律という数学である。連鎖律とは何ぞやと思っているかもしれないが、実際に見ていく前に、重みが何を意味するのか、ANN の性能を改善するために重みをどのように調整するのかをざっと確認しておくことにしよう。

　重みとして考えられる値とそれぞれのコストをプロットすると、重みとして考えられる値を表す関数が現れる。関数が通る点によって、コストが高いこともあれば、低いこともある。ここで目標となるのは、コストが最小になる点を見つけることである（図 9-23）。

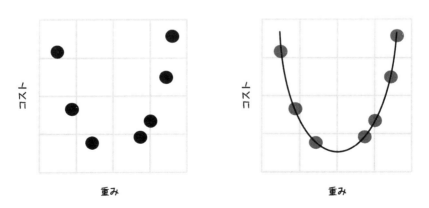

図 9-23：重みとコストのグラフ

　微積分の分野には、**勾配降下法**（gradient descent）という便利なアルゴリズムがある。勾配降下法は導関数を求めることで重みを最小値に近づけるのに役立つ。**導関数**（derivative）が重要となるのは、その関数の変化に対する感度の目安となるからだ。たとえば、速度は時間についての物体の位置の導関数であり、加速度は時間についての物体の速度の導関数である。導関数を利用すれば、関数の特定の点における傾きを求めることができる。勾配降下法はこの傾きの知識をもとに、どちらの方向にどれくらい移動すればよいかを明らかにする。図 9-24 と図 9-25 は導関数と傾きによって最小値の方向がどのように示されるのかを表している。

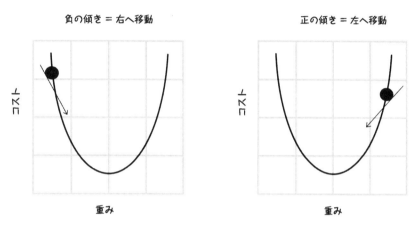

図 9-24：導関数の傾きと最小値の方向

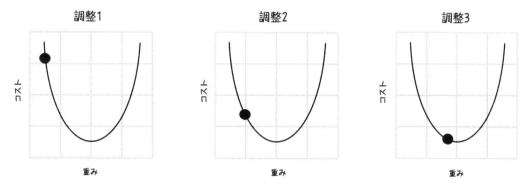

図 9-25：勾配降下法を使って重みを調整する例

　重みを 1 つだけ調べる分には、コストを最小化する値を求めるのは造作もないことに思えるかもしれない。しかし、さまざまな重みがバランスを保ちながらネットワーク全体のコストに影響を与えている。ANN の性能が十分に思えたとしても、コストを削減するのに最適な点に近い重みと、そうではない重みがあるかもしれない。

　ANN は多くの関数で構成されるため、連鎖律を使うことができる。連鎖律は微積分学の定理であり、合成関数の導関数を計算する。合成関数は、関数 g を関数 f のパラメータとして使って関数 h を合成する。要するに、関数を別の関数のパラメータとして使う。

　図 9-26 では、ANN のさまざまな層の重みの更新値を計算するために連鎖律を使っている。

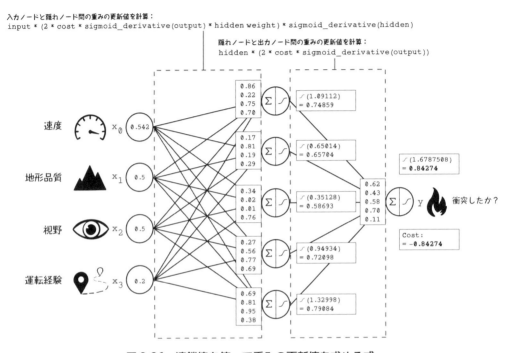

図9-26：連鎖律を使って重みの更新値を求める式

　それぞれの値を先の式に代入することで、重みの更新値を求めることができる。そう怖がらずに、この計算に使われている変数と ANN でのそれらの役割についてちょっと考えてみよう。式は複雑そうに見えるが、使われている値はすでに計算してきたものだ（図 9-27）。

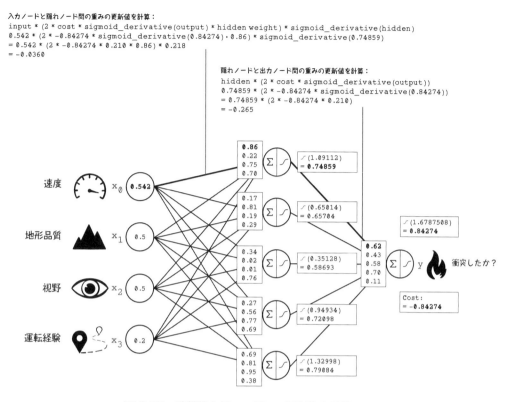

入力ノードと隠れノード間の重みの更新値を計算：
```
input * (2 * cost * sigmoid_derivative(output) * hidden weight) * sigmoid_derivative(hidden)
0.542 * (2 * -0.84274 * sigmoid_derivative(0.84274) · 0.86) * sigmoid_derivative(0.74859)
= 0.542 * (2 * -0.84274 * 0.210 * 0.86) * 0.218
= -0.0360
```

隠れノードと出力ノード間の重みの更新値を計算：
```
hidden * (2 * cost * sigmoid_derivative(output))
0.74859 * (2 * -0.84274 * sigmoid_derivative(0.84274))
= 0.74859 * (2 * -0.84274 * 0.210)
= -0.265
```

図 9-27：連鎖律を使って重みの更新値を計算する

図 9-27 で使われている計算を少し詳しく見てみよう。

隠れノードと出力ノード間の重みの更新値を計算：
```
hidden * (2 * cost * sigmoid_derivative(output))

0.74859 * (2 * -0.84274 * sigmoid_derivative(0.84274))
= 0.74859 * (2 * -0.84274 * 0.210)
= -0.265
```

入力ノードと隠れノード間の重みの更新値を計算：
```
input * (2 * cost * sigmoid_derivative(output) * hidden weight) * sigmoid_derivative(hidden)

0.542 * (2 * -0.84274 * sigmoid_derivative(0.84274) * 0.86) * sigmoid_derivative(0.74859)
= 0.542 * (2 * -0.84274 * 0.210 * 0.86) * 0.218
= -0.0360
```

　重みの更新値を計算した後は、その結果を ANN の重みに適用できる。といっても、更新値をそれぞれの重みに足すだけである。図 9-28 では、重みの更新結果をさまざまな層の重みに適用している。

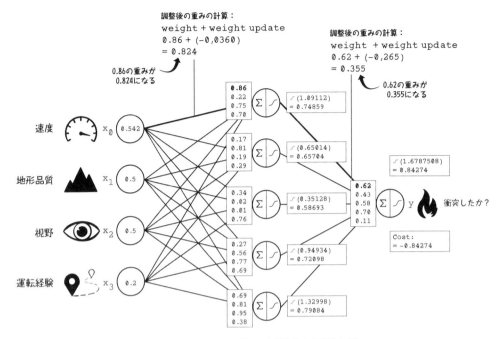

図 9-28：ANN の重みの最終的な更新の例

練習問題：太線で表されている結合の重みを更新する

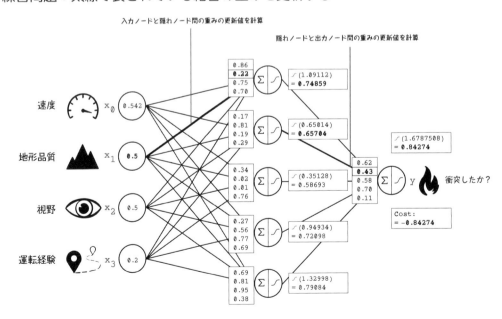

答え：太線で表されている結合の重みを更新する

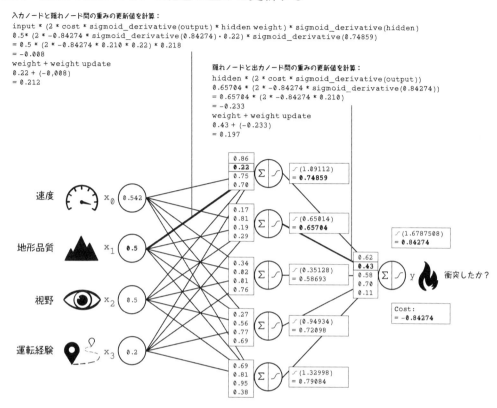

入力ノードと隠れノード間の重みの更新値を計算：
```
input * (2 * cost * sigmoid_derivative(output) * hidden weight) * sigmoid_derivative(hidden)
0.5* (2 * -0.84274 * sigmoid_derivative(0.84274)・0.22) * sigmoid_derivative(0.74859)
= 0.5 * (2 * -0.84274 * 0.210 * 0.22) * 0.218
= -0.008
weight + weight update
0.22 + (-0.008)
= 0.212
```

隠れノードと出力ノード間の重みの更新値を計算：
```
hidden * (2 * cost * sigmoid_derivative(output))
0.65704 * (2 * -0.84274 * sigmoid_derivative(0.84274))
= 0.65704 * (2 * -0.84274 * 0.210)
= -0.233
weight + weight update
0.43 + (-0.233)
= 0.197
```

連鎖律を使って問題を解いているうちに、第7章のドローンの例を思い出したかもしれない。粒子群最適化は、このような高次元空間での最適値の特定に効果がある。この場合、最適化する重みは25個もある。ANNでの重みの計算は最適化問題である。重みを最適化する方法は勾配降下法だけではない。コンテキストと解いている問題によっては、さまざまなアプローチを用いることができる。

擬似コード

導関数は逆伝播アルゴリズムにおいて重要である。次の擬似コードは再びシグモイド関数を定義しているが、重みの調整に必要な導関数の式を表している。

```
sigmoid(x):
    return 1 / (1 + exp(-x))
```

expはオイラー数と呼ばれる数学定数（およそ2.71828）

```
sigmoid_derivative(x):
    return sigmoid(x) * (1 - sigmoid(x))
```

ニューラルネットワーククラスでは、今回は逆伝播関数を使ってコストを計算し、連鎖律を使ってどの重みをどれくらい更新すればよいかを突き止め、重みの更新結果を既存の重みに加算する。このプロセスはコストに基づいて各重みの更新値を計算する。インスタンスの特徴量、予測値（出力）、正解値に基づいてコストを計算することを思い出そう。予測値と正解値の差がコストである。

```
NeuralNetowrk(features, labels, hidden_node_count):
  let input equal features
  let weights_input equal a random matrix, size : features * hidden_node_count
  let hidden equal zero array, size : hidde_node_count
  let weights_hidden equal a random matrix, size : hidden_node_count
  let expected_output equal labels
  let output equal zero array, size ; length of labels

  back_propagation():
    let cost equal expected_output - output
    let weights_hidden_update equal
      hidden · (2 * cost * sigmoid_derivative(output))   ## 「・」は行列の乗算を表す
    let weights_input_update equal
      input · (2 * cost * sigmoid_derivative(output) * weights_hidden) *
        sigmoid_derivative(hidden)
    let weights_hidden equal weights_hidden + weights_hidden_update
    let weights_input equal weights_input + weights_input_update
```

　ニューラルネットワークを表すクラス、データをスケーリングする関数、そして順伝播と逆伝播の関数が揃ったところで、このコードをつなぎ合わせてニューラルネットワークを訓練してみよう。

擬似コード

この擬似コードでは、`run_neural_network`関数を使う。この関数は引数としてエポック数（epochs）を受け取り、データをスケーリングし、スケーリングしたデータ、ラベル、隠れノードの個数を使って新しいニューラルネットワークを作成する。続いて、`forward_propagation`関数と`back_propagation`関数を指定された回数（epochs）にわたって実行する。

```
run_neural_network(epochs):
  let scaled_feature_data equal scale_dataset(feature_data,
                                              feature_count,
                                              features_min,
                                              features_max)
  let nn equal NeuralNetwork(scaled_feature_data,
                             scaled_label_data,
                             hidden_node_count)
  for epoch in range(epochs):
    nn.forward_propagation()
    nn.back_propagation()
```

9.6　活性化関数の選択肢

　本節の目的は、さまざまな活性化関数とそれらの特性を理解することにある。パーセプトロンとANNの例では、活性化関数としてシグモイド関数を使った。これらの例では、納得のいく選択だった。活性化関数はANNに非線形性を持たせる。活性化関数を使わない場合、ニューラルネットワークは前章で説明した線形回帰と同じような振る舞いをすることになる。よく使われる活性化関数は図9-29のようなものだ。

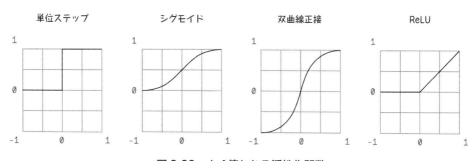

図9-29　よく使われる活性化関数

活性化関数はそれぞれ異なる状況で役立ち、それぞれ異なる利点を持つ。

- **単位ステップ関数**（unit step function）
  単位ステップ関数は二値分類器として使われ、-1 から 1 の入力が与えられたとき、0 または 1 の結果を出力する。二値分類器は隠れ層でのデータからの学習には役立たないが、出力層での二値分類に利用できる。たとえば、何かが猫か犬かを知りたい場合は、0 が猫、1 が犬を表すかもしれない。

- **シグモイド関数**（sigmoid function）
  シグモイド関数は、-1 から 1 の入力が与えられたとき、0 から 1 の間で S 字曲線を描く。x が変化するときの y の変化が小さいため、非線形問題の学習と求解に利用できる。シグモイド関数では、値が極値に近づくに従って導関数の変化が小さくなっていき、結果として十分な学習効果が得られないことがある。この問題は**勾配消失問題**（vanishing gradient problem）と呼ばれる。

- **双曲線正接関数**（hyperbolic tangent function）
  双曲線正接関数（tanh）はシグモイド関数と似ているが、-1 から 1 の値を生成する。双曲線正接関数では導関数の傾きが急であるため、より高速な学習が可能となる。シグモイド関数と同様に、やはり極値で勾配消失問題が発生する。

- **ReLU 関数**（Rectified Linear Unit function）
  ReLU 関数は、-1 から 0 の入力値に対して 0 の値を生成し、0 から 1 の入力値に対して線形に増加する値を生成する。ニューロンの数が多い大規模な ANN でシグモイド関数や双曲線正接関数を使うと、すべてのニューロンが（0 になる場合を除いて）常に活性化する。結果として、解を求めるための計算の量が膨大になり、多くの値が細かく調整される。ReLU 関数では、一部のニューロンを活性化させないことで、計算の量を減らし、解をより高速に見つけ出せることがある。

次節では、ANN を設計するときの注意点を取り上げる。

9.7　人工ニューラルネットワークを設計する

人工ニューラルネットワーク（ANN）の設計は実験的であり、ANN で解こうとしている問題に左右される。ANN の予測の性能を向上させるために、通常は ANN のアーキテクチャと設定を試行錯誤しながら変更していくことになる。ここでは、性能を改善したり、さまざまな問題に対処したりするために変更できるアーキテクチャのパラメータをざっと紹介する。図 9-30 は、本章で見てきた ANN の別の設定を示している。最も顕著な違いは、新しい隠れ層

が導入されていることと、ネットワークの出力が2つになっていることだ。

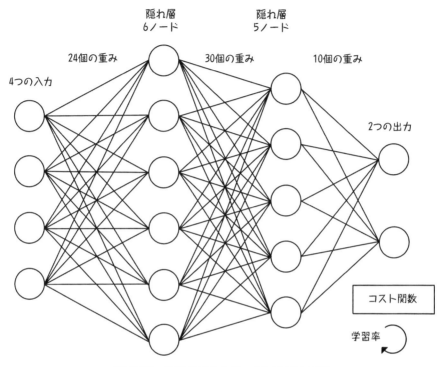

図 9-30：複数の出力を持つ多層 ANN の例

これはほとんどの科学／工学問題に言えることだが、「理想的な ANN の設計はどのようなものか」に対する答えは「場合によりけり」であることが多い。ANN を設定するには、データとそれを使って解こうとしている問題を深く理解する必要がある。アーキテクチャと設定に対する明確かつ普遍的な設計図のようなものは、今のところ存在しない。

9.7.1 入力と出力

ANN の入力と出力は ANN を使うためのパラメータの中でもごく根本的なものである。訓練済みの ANN モデルはさまざまな人々によってさまざまなコンテキストやシステムで使われる可能性がある。入力と出力は ANN のインターフェイスを定義する。本章では ANN の例として、衝突事故データセットの特徴量を表す4つの入力と、衝突の確率を表す1つの出力で構成されるネットワークを見てきた。しかし、入力と出力が異なるものを意味する場合は、これでは問題があるかもしれない。たとえば、手書きの数字を表す 16 × 16 ピクセルの画像が

ある場合は、それらのピクセルを入力として使い、それらのピクセルが表す数字を出力として使うことが考えられる。入力はピクセル値を表す 256 個のノードで構成されることになるだろう。出力は 0 から 9 の数字を表す 10 個のノードで構成され、それぞれの結果はその画像がその数字である確率を表す。

9.7.2　隠れ層と隠れノード

ANN はノードの数がそれぞれ異なる複数の隠れ層で構成できる。隠れ層の数を増やすと、分類の決定境界がより複雑な、より高次元の問題を解くことができる。図 9-8 の例では、単純な直線によってデータが正確に分類されていた。場合によっては、決定境界が直線ではないものの、かなり単純な線になることもある。しかし、この線がより複雑な関数で、いくつもの曲線が多くの次元を横切っている（可視化することさえできない）場合はどうなるのだろう。隠れ層の数を増やすと、このような複雑な分類関数を求めることが可能になる。ANN での層とノードの個数の選択は、通常は実験と反復的な改善に行き着く。同じような問題にぶつかっては同じような設定でそれらを解いているうちに、適切な設定が直観的にわかるようになるかもしれない。

9.7.3　重み

重みの初期化は重要である。重みの初期値はイテレーションを繰り返しながら重みを少しずつ調整するための出発点になるからだ。重みの初期値が小さすぎると前述の勾配消失問題を引き起こし、重みの初期値が大きすぎると**勾配発散問題**（exploding gradient problem）という別の問題を引き起こす。勾配発散問題は重みが望ましい結果を不規則に移動させるという問題である。

重みを初期化する方法はさまざまであり、それぞれに長所と短所がある。重みを初期化するときのだいたいの目安は、隠れ層の活性化（隠れノードのすべての結果）の平均が 0 になるようにすることである。また、活性化の結果の分散が同じでなければならない。つまり、各隠れノードの結果のばらつきが複数のイテレーションにわたって一貫している必要がある。

9.7.4　バイアス

ANN でバイアスを使うには、入力ノードの加重和か、他の層の加重和に値を足す。バイアスを使うと、活性化関数の結果をシフトできる。バイアスは活性化関数を左または右にシフトさせることで ANN に柔軟性を持たせる。

バイアスを理解するために、平面上の (0,0) を常に通る直線を想像してみよう。変数に +1 を足すと、この直線を動かして別の切片を通らせることができる。実際の値は ANN で解こう

としている問題に基づいて決めることになる。

9.7.5　活性化関数

前節では、ANN でよく使われる活性化関数を取り上げた。重要な原則の1つは、同じ層内のすべてのノードで同じ活性化関数を使うことである。多層 ANN では、問題によっては層ごとに異なる活性化関数を使うことがある。たとえば、ローンを承認するかどうかを判断するネットワークでは、隠れ層ではシグモイド関数を使って確率を求め、出力層ではステップ関数を使って0か1の明確な判断を下すことが考えられる。

9.7.6　コスト関数と学習率

9.5 節の例では、予測値（実際の出力）を正解値（期待される出力）から差し引く単純なコスト関数を使ったが、他にもさまざまなコスト関数が存在する。コスト関数は ANN の目標を表すものであり、ANN に大きな影響を与えるため、現下の問題とデータセットにとって正しい関数を使うことが重要となる。最も一般的なコスト関数の1つは**平均二乗誤差**（mean square error：MSE）である。MSE は前章で使った関数に似ている。しかし、コスト関数の選択は、訓練データ、訓練データのサイズ、そして望ましい適合率と再現率の知識に基づいて行わなければならない。実験を重ねながらコスト関数の選択肢を調べる必要がある。

ANN の学習率は、逆伝播の際に重みをどれくらい派手に調整するのかを表す。学習率が低い場合は、重みがほんの少しずつしか更新されないため、訓練プロセスに時間がかかってしまうことがある。学習率が高い場合は、重みが大きく変化するために訓練プロセスが無秩序化するかもしれない。解決策の1つは、最初は学習率を固定にし、訓練が停滞してコストが改善されなくなったときに学習率を調整することである。このプロセスを、訓練サイクルを通じて繰り返すことになるが、少し実験が必要である。**確率的勾配降下法**（stochastic gradient descent）は、このような問題と闘うオプティマイザを調整するのに役立つ。確率的勾配降下法は勾配降下法と同じような働きをするが、局所的最小値から抜け出してより最適な解を探索するように重みを調整できる。

本章で説明したような標準的な ANN は非線形分類問題を解くのに役立つ。多くの特徴量に基づいてインスタンスの分類を試みる場合は、この ANN スタイルを選択するとよいだろう。

とはいえ、ANN は「銀の弾丸」ではない。ANN を何にでも使えるアルゴリズムと考えるのは禁物である。多くの一般的なユースケースでは、前章で説明した従来のより単純な機械学習アルゴリズムのほうが概して性能がよい。機械学習のライフサイクルを思い出そう。イテレーションで何種類かの機械学習モデルを試しながら改善を模索していくのがよいだろう。

9.8　人工ニューラルネットワークの種類とユースケース

　人工ニューラルネットワーク（ANN）は用途が広く、さまざまな問題への対処を目的として設計することができる。ANN のアーキテクチャスタイルの中には、特定の問題を解くのに役立つものがある。ANN のアーキテクチャスタイルについては、ネットワークの基本的な構成として考えるとよいだろう。ここでは、さまざまな構成の例を紹介する。

9.8.1　畳み込みニューラルネットワーク

　畳み込みニューラルネットワーク（convolutional neural network：CNN）は、画像認識を目的として設計されている。これらのネットワークは物体の間の関係や画像内の特異な領域を見つけ出すために利用できる。**画像認識**（image recognition）では、ある 1 つのピクセルとその特定の半径にある近隣ピクセルが畳み込みの対象となる。この手法はエッジ検出、画像鮮明化、画像のぼかしに使われてきたものと同じである。CNN は畳み込みとプーリングを使って画像内のピクセルの関係を調べる。**畳み込み**（convolution）は画像から特徴量を見つけ出す。**プーリング**（pooling）は特徴量を要約することで「パターン」をダウンサンプリングする。このようにして複数の画像を学習することで、画像内の特異なシグネチャをコード化できるようになる（図 9-31）。

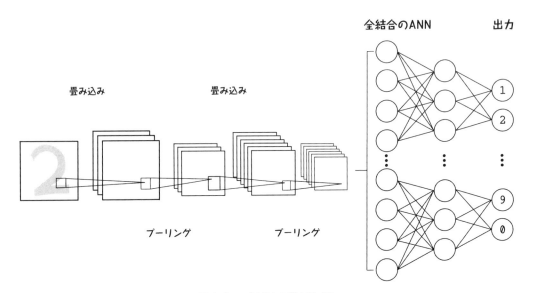

図 9-31：CNN の単純な例

CNN は画像分類に使われている。オンラインで画像検索をしたことがあれば、CNN と間接的にやり取りしていた可能性がある。これらのネットワークは画像からテキストデータを抽出するための光学式文字認識（OCR）にも役立つ。医療業界では、レントゲンなどのボディスキャンを使って異常や疾患を検出するアプリケーションで CNN を使っている。

9.8.2　リカレントニューラルネットワーク

標準的な ANN は決まった個数の入力を受け取るが、**リカレント（再帰型）ニューラルネットワーク**（recurrent neural network：RNN）が受け取る一連の入力の長さは事前に確定していない。さながら文章であるかのような入力だ。RNN には、時間を表す隠れ層で構成された「記憶」という概念がある。この概念のおかげで、RNN は一連の入力の関係についての情報を取っておくことができる。RNN を訓練しているときは、隠れ層の重みが逆伝播（1 つ前の時間刻みの隠れ層）の影響も受ける。つまり、複数の重みが異なる時点の同じ重みを表す（図 9-32）。

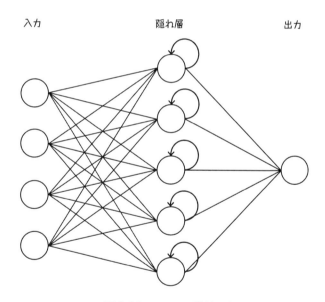

図 9-32：RNN の単純な例

RNN は音声や文字の認識と予測に関するアプリケーションに役立つ。RNN はメッセージングアプリケーションでのオートコンプリート機能、音声入力からの文字起こし、音声入力での自動通訳などに利用されている。

9.8.3　敵対的生成ネットワーク

　敵対的生成ネットワーク（generative adversarial network：GAN）は、生成器ネットワークと識別器ネットワークで構成される。たとえば、**生成器**（generator）は風景画像といった候補解を生成し、**識別器**（discriminator）は生成された風景画像のリアルさや正確さを本物の風景画像をもとに判断する。ネットワークはフィードバックとしてコストや誤差を受け取ることで、説得力のある風景を生成する能力とそれらの正確さを判断する能力に磨きをかけていく。第3章でゲームの木を使って示したように、**敵対的**（adversarial）という言葉が鍵となる。生成器と識別器はそれぞれの能力を高めるために競い合いながらそれぞれの解を徐々に改善していく（図9-33）。

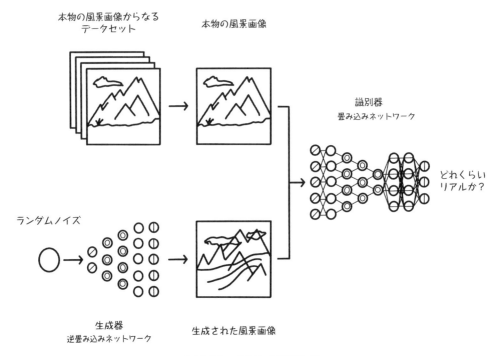

図 9-33：GAN の単純な例

　GAN は本物そっくりの有名人の偽動画（ディープフェイクとも呼ばれる）を生成するために利用されており、メディアの情報の信憑性について懸念の声が上がっている。GAN には、人の顔にさまざまな髪型を合わせてみるといった有益な用途もある。GAN は2次元の画像から3次元の椅子を生成するなど、2次元画像からの3次元オブジェクトの生成にも利用されている。それほど重要なユースケースには思えないかもしれないが、不完全なソースから情報を正確に

推測して作り出すことを考えると、AI とテクノロジ全般の発展において大きな一歩である。

　本章の目的は、機械学習のさまざまな概念を ANN というどこか謎めいた世界に結び付けることにあった。ANN やディープラーニングについてさらに学びたい場合は、『Grokking Deep Learning』（Manning Publications）[1] を読んでみよう。ANN を構築するためのフレームワークの実用的なガイドとしては、『Deep Learning with Python』（Manning Publications）[2] が参考になる。

本章のまとめ

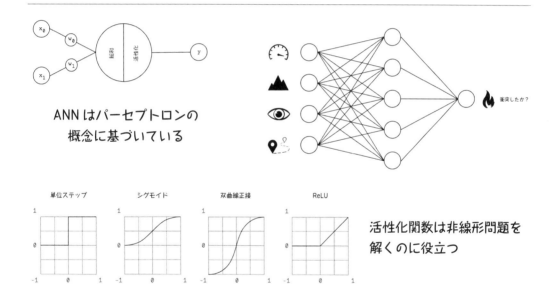

人工ニューラルネットワーク（ANN）は脳にヒントを得ており、
機械学習モデルの 1 つと見なすことができる

ANN はパーセプトロンの
概念に基づいている

単位ステップ　シグモイド　双曲線正接　ReLU

活性化関数は非線形問題を
解くのに役立つ

※1　『なっとく！ ディープラーニング』（翔泳社、2020 年）
※2　『Python と Keras によるディープラーニング』（マイナビ出版、2018 年）

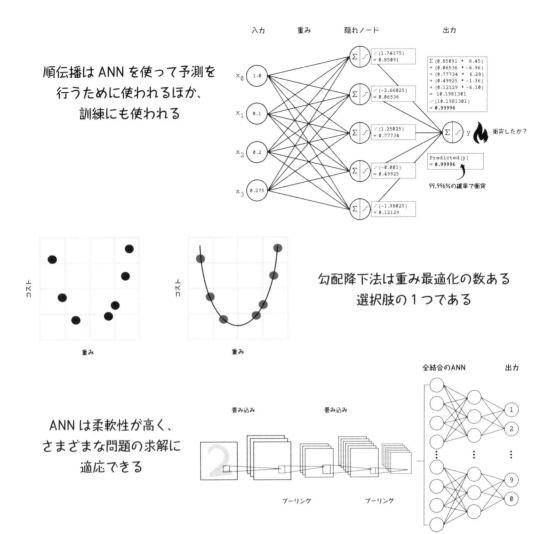

順伝播は ANN を使って予測を
行うために使われるほか、
訓練にも使われる

勾配降下法は重み最適化の数ある
選択肢の1つである

ANN は柔軟性が高く、
さまざまな問題の求解に
適応できる

Q 学習による強化学習 | 10

本章の内容

- 強化学習の原点
- 強化学習で解決すべき問題の特定
- 強化学習アルゴリズムの設計と実装
- 強化学習の手法

10.1　強化学習とは何か

　強化学習（reinforcement learning）は、機械学習の中でも行動心理学にヒントを得た領域である。強化学習の概念は、動的な環境においてエージェントがとる行動に対する累積的な報酬／ペナルティに基づいている。子犬の成長について考えてみよう。犬は環境（人間の居住空間）内のエージェントである。犬におすわりをさせたいとき、私たちはたいてい「おすわり」と言う。犬は人間の言葉を理解しないので、犬のお尻をやさしく押し下げておすわりを覚えさせることになるだろう。犬がおすわりをしたら、通常はなでたりおやつを与えたりする。このプロセスを何度か繰り返す必要があるが、しばらくすると「おすわり」という概念が肯定的に刷り込まれる。環境内のトリガーは「おすわり」という掛け声であり、学習する行動は座ることであり、報酬はなでたりおやつを与えたりすることだ。

　強化学習は**教師あり学習**や**教師なし学習**と並ぶ機械学習法の 1 つである。

- 教師あり学習は、ラベル付きのデータを使って予測や分類を行う。

- 教師なし学習は、ラベル付けされていないデータを使ってクラスタや傾向を発見する。
- 強化学習は、実行された行動からのフィードバックをもとに、さまざまなシナリオで最終目標を達成するのに有利に働く行動または一連の行動を学習する。

　強化学習が役立つのは、目標が何かはわかっているが、その目標を達成するための合理的な行動がわからないときである。図 10-1 は機械学習のさまざまな概念と強化学習の位置付けを示している。

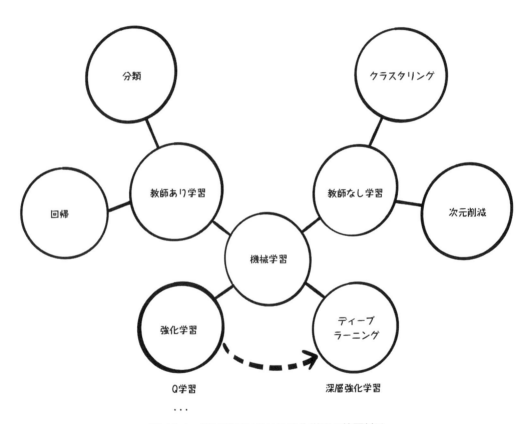

図 10-1：機械学習における強化学習の位置付け

　強化学習を実現する方法には、従来の手法と、人工ニューラルネットワークを使ったディープラーニングの 2 つがある。どちらの方法が適しているかは、強化学習で解こうとしている問題による。

　図 10-2 は、さまざまな機械学習法を利用できる状況を示している。本章では、従来の手法による強化学習を調べることにする。

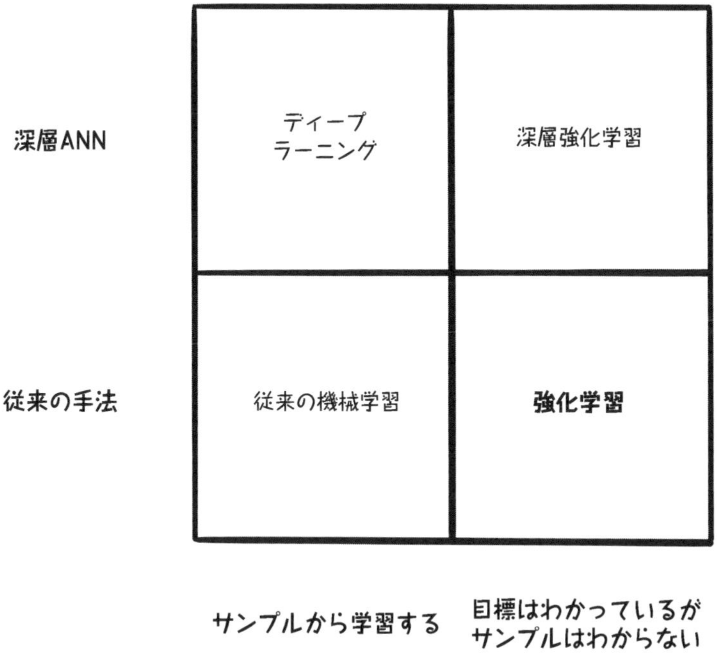

図 10-2：機械学習、ディープラーニング、強化学習の分類

10.1.1　強化学習の起源

　機械での強化学習は行動心理学に基づいている。行動心理学は人間や他の動物の行動について研究する分野である。通常、行動心理学が説明するのは、反射行動や、個人の経験から学習した行動である。後者の研究には、報酬や罰を通じた行動の強化、行動のきっかけとなるもの、行動に寄与する個人の環境のさまざまな要素を研究することが含まれる。

　進化した動物のほとんどは自分たちにとって有益なものと無益なものを学習する。その最も一般的な方法の 1 つは、試行錯誤である。試行錯誤では、何かを試しては失敗し、成功するまで別の何かを試すことになる。望ましい結果が得られるまでこのプロセスが幾度となく繰り返される。その主な原動力となるのは報酬である。

　この行動は自然界の至るところで観察できる。たとえば、生まれたばかりの鶏のヒナは地面で見つけた小さなかけらを片っ端からついばもうとする。試行錯誤の末にヒナは餌だけをついばむことを学ぶ。

　もう 1 つの例はチンパンジーであり、小枝を使うほうが自分の手を使うよりも土が掘りやすいことを試行錯誤によって学習する。強化学習では、目標、報酬、ペナルティが重要となる。チンパンジーの目標は餌を見つけることである。穴を掘った回数や穴を掘るのにかかった時間

は報酬にもペナルティにもなり得る。穴を掘るのが速ければ速いほど、餌が見つかるのも早くなる。

　図 10-3 は単純な犬の訓練に強化学習の用語を当てはめたものだ。

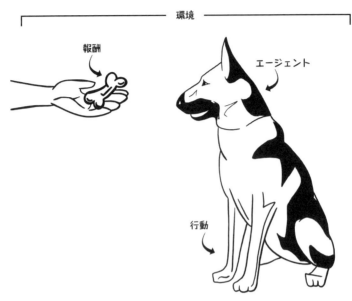

図 10-3：餌を報酬として犬におすわりを教える強化学習の例

　強化学習には負の強化と正の強化がある。**正の強化**（positive reinforcement）は、犬がおすわりをした後におやつをもらうなど、行動をとった後に報酬を受け取ることを意味する。**負の強化**（negative reinforcement）は、犬がじゅうたんを破いた後に叱られるなど、行動をとった後にペナルティを受け取ることを意味する。正の強化の目的は望ましい行動をとらせることにあり、負の強化の目的は望ましくない行動をとらせないことにある。

　強化学習には、即時的な見返りと長期的な結果のバランスという概念もある。板チョコをかじるのは糖分とエネルギーの摂取に効果的だ —— これは**即時的な見返り**である。しかし、板チョコを 30 分おきにかじっていたら将来健康上の問題を抱えることになるだろう —— これは**長期的な結果**である。短期的な利得が長期的な利得に寄与することもあるが、強化学習が目指すのは短期的な利得よりも長期的な利得を最大化することである。

　強化学習は環境内での行動の長期的な結果を重視するため、時間と一連の行動が重要となる。荒野で遭難してしまい、安全な場所が見つかることを祈ってできるだけ遠くに移動しながら何とか生き延びようとしているとしよう。私たちは川のすぐそばにいて、選択肢が 2 つある。下流にすばやく移動するために川に飛び込むか、川沿いを歩くかである。下流の川岸にはボート

がある（図 10-4）。泳いだほうが速く移動できるが、川が分岐する場所で違う方向に流されて
しまったらボートを見失ってしまう。川沿いを歩いていけば確実にボートが見つかり、残りの
旅がずっと楽になるが、それが最初からわかっていたら苦労しない。この例は、一連の行動が
強化学習においていかに重要であるかを示している。また、即時的な見返りがどのようにして
長期的な損失につながるのかもわかる。さらに、あたりを見渡してもボートが見当たらなかっ
たとしたらどうだろう。川を泳げば結果として速く移動できるが、服がびしょぬれになって
しまう。気温が下がってきたときに、このことが裏目に出るかもしれない。川沿いを歩いた場
合は移動に時間がかかるが、服はぬれずに済む。このように特定の行動が吉と出るか凶と出る
かはシナリオ次第であることがわかる。より適用範囲の広いアプローチを見つけ出すには、シ
ミュレーションを繰り返し、そこから学ぶことが重要となる。

川を泳ぐか？

川沿いを歩くか？

図 10-4：長期的な結果につながる行動の例

10.2　強化学習に適用できる問題

　要するに、強化学習が解こうとしているのは、目標はわかっているが、その達成に必要な行
動がわからない問題である。これらの問題には、環境内でのエージェントの行動を制御するこ
とが含まれる。行動ごとに報酬が異なることもあるが、最大の関心はすべての行動の累積報酬
にある。
　強化学習が最も役立つのは、個々の行動を大きな目標に向かって積み重ねていく問題である。
戦略的プランニング、産業プロセスの自動化、ロボット工学などの分野は、強化学習が使われ

るよい例である。これらの領域では、1 つ 1 つの行動は有利な結果を得る上で必ずしも最適ではない。たとえば、チェスのような戦略的ゲームを思い浮かべてみよう。現在の局面では悪手である選択が、終盤のより大きな戦略的勝利への布石になることがある。強化学習はよい解を得る上で一連の出来事が重要となる領域でうまくいく。

　強化学習アルゴリズムの手順を追っていくためのモデルとして、前章の衝突事故問題にヒントを得た例を使うことにする。ただし今回は、自動運転車のビジュアルデータを使う。この自動運転車は駐車場内をオーナーのところまで移動しようとする。自動運転車、他の車、歩行者が描き込まれた駐車場の見取り図があるとしよう。この自動運転車は東西南北の 4 つの方向に移動できる。他の車と歩行者は静止したままである。

　ここでの目標は、他の車や歩行者にできるだけぶつからないようにしながら（理想的には何にもぶつからずに）自動運転車をオーナーのところまで移動させることである。車との衝突は車両にダメージを与えるのでよくないが、歩行者との衝突はさらにまずい。この問題では、衝突を最小限に抑えたいが、車と歩行者のどちらかとの衝突を選択せざるを得ない場合は車を選択すべきである。このシナリオを図解すると図 10-5 のようになる。

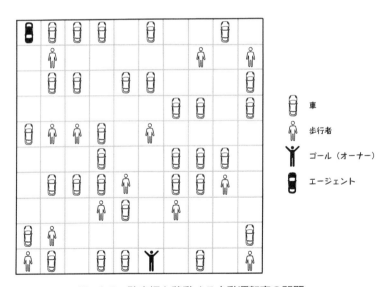

図 10-5：駐車場を移動する自動運転車の問題

　この問題を使って、強化学習の使い方を調べることにする。つまり、動的な環境でとるべき行動を、強化学習を使って学習する。

10.3　強化学習のライフサイクル

　他の機械学習アルゴリズムと同様に、強化学習モデルを使うには、まずモデルを訓練する必要がある。訓練フェーズでは、環境を探索し、特定の状況または状態で実行された行動に基づいてフィードバックを受け取ることが主軸となる。強化学習モデルの訓練のライフサイクルは**マルコフ決定過程**（Markov Decision Process）に基づいている。マルコフ決定過程は意思決定をモデル化するための数学的枠組みを提供する（図 10-6）。意思決定とそれらの結果を数値化すれば、目標に向かう行動のうちどれが最も好ましいかをモデルに学習させることができる。

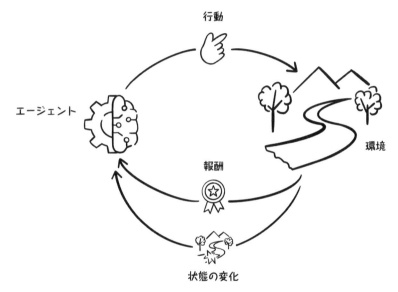

図 10-6：強化学習でのマルコフ決定過程

　強化学習を使ったモデルの訓練に取りかかる前に、問題空間をシミュレートする環境が必要である。この問題では、自動運転車がオーナーのもとにたどり着くために障害物だらけの駐車場で衝突を避けながら移動する。この環境での目標に向かう行動を数値化できる必要があるため、この問題をシミュレーションとしてモデル化する必要がある。このシミュレートされた環境は、とるべき行動を学習するモデルとは別のものである。

10.3.1　シミュレーションとデータ：環境をセットアップする

　図 10-7 は他の車と歩行者が描き込まれた駐車場シナリオを表している。自動運転車のスタート地点とオーナーの位置は黒で描かれている。この例では、環境に対して行動を起こす自動運転車を**エージェント**（agent）と呼ぶ。

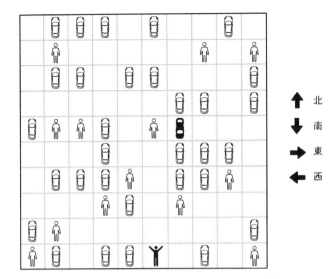

図10-7：駐車場環境でのエージェントの行動

　自動運転車（エージェント）は環境内でさまざまな行動をとることができる。この単純な例では、行動は東西南北への移動である。行動を選択すると、エージェントがその方向に1ブロック移動する。エージェントが斜めに移動することはできない。

　エージェントが環境内で行動をとると、報酬またはペナルティが発生する。図10-8は環境内での結果に基づいてエージェントに与えられる報酬スコアを示している。他の車との衝突はまずいが、歩行者との衝突はさらにまずい。何もないスペースへの移動はよい行動であり、オーナーのもとにたどり着いた場合はさらによい。図10-8で指定した報酬の目的は、他の車や歩行者との衝突を抑制し、何もないスペースやオーナーのもとへの移動を奨励することにある。なお、境界外への移動に対する報酬も考えられるが、話を単純にするために、この可能性については認めないことにする。

> ここで説明した報酬とペナルティの興味深い結果として、報酬をためるために自動運転車が何もないスペースで前後の移動を繰り返すかもしれない。この例では、その可能性はないものとする。とはいえ、このことは報酬がよいものになるように工夫することの重要性を浮き彫りにしている。

　シミュレータでは、環境、エージェントの行動、各行動の後に受け取る報酬をモデル化する必要がある。強化学習アルゴリズムによる学習は、シミュレータを使ってシミュレーション環境で行動を起こし、その結果を計測するという方法で行われる。シミュレータは少なくとも次の機能と情報を提供するものになるはずだ。

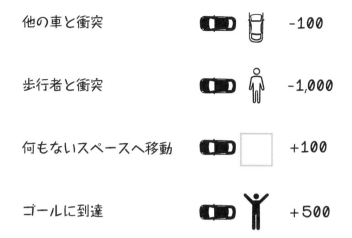

他の車と衝突　　　　　　　　　　　-100

歩行者と衝突　　　　　　　　　　　-1,000

何もないスペースへ移動　　　　　　+100

ゴールに到達　　　　　　　　　　　+500

図 10-8：行動をとったことによって発生する環境内のイベントとその報酬

- **環境を初期化する**

  この関数は環境（エージェントを含む）を初期状態にリセットする。

- **環境の現在の状態を取得する**

  この関数は環境の現在の状態を提供する。現在の状態は行動を起こすたびに変化する。

- **行動を環境に適用する**

  この関数はエージェントの行動を環境に適用する。環境がこの行動による影響を受けた結果として報酬が発生することがある。

- **行動の報酬を計算する**

  この関数は環境に対する行動の適用に関連しており、行動に対する報酬と環境への影響を計算する必要がある。

- **目標を達成したかどうかを判断する**

  この関数はエージェントが目標を達成したかどうかを判断する。目標は is complete として表されることもある。目標を達成できない環境では、必要と認められたときにシミュレータが完了を合図する必要がある。

　図 10-9 と図 10-10 は自動運転車の例で考えられる経路を示している。図 10-9 では、エージェントは境界にぶつかるまで南に進み、そこからゴールに到達するまで東に進む。ゴールには到達するが、他の車と 5 回、歩行者と 1 回衝突しており、理想的な結果とは言えない。図 10-10 では、目標に向かう経路がもう少し細かくなるため、1 回も衝突することなく見事ゴールに到達する。ここで重要となるのは、図 10-8 で指定した報酬では、エージェントが最短経

路を通るという保証がないことだ。これらの報酬は障害物を避けることを強く働きかけるもの
になっており、エージェントは障害物さえなければどの経路を通ってもよいからだ。

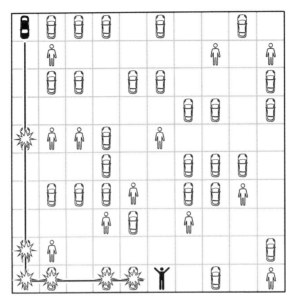

図 10-9：駐車場問題に対する不適切な解

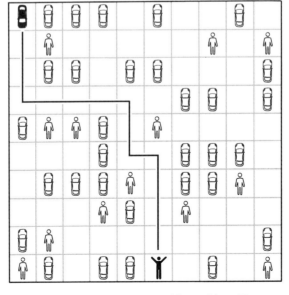

図 10-10：駐車場問題に対する適切な解

　現時点では、シミュレータに行動を指示する部分は自動化されていない。ゲームをしているときのようなもので、入力を提供するのは AI ではなく人である。次項では、自律エージェントを訓練する方法を見てみよう。

擬似コード

シミュレータの擬似コードには、ここで説明した関数が含まれている。シミュレータクラスは環境の初期状態に関連する情報で初期化される。

move_agent 関数は、行動に基づいてエージェントを東西南北に移動させる。移動が境界内かどうかを判断し、エージェントの座標を調整し、衝突が起きたかどうかを判断し、結果に基づいて報酬スコアを返す。

```
Simulator(road, road_size_x, road_size_y,
          agent_start_x, agent_start_y, goal_x, goal_y):

  move_agent(action):
    if action equals COMMAND_NORTH:
      let next_x equal agent_x - 1
      let next_y equal agent_y
    else if action equals COMMAND_SOUTH:
      let next_x equal agent_x + 1
      let next_y equal agent_y
    else if action equals COMMAND_EAST:
      let next_x equal agent_x
      let next_y equal agent_y + 1
    else if action equals COMMAND_WEST:
      let next_x equal agent_x
      let next_y equal agent_y- 1
    if is_within_bounds(next_x, next_y) equals True:
      let reward_update equal cost_movement(next_x, next_y)
      let agent_x equal next_x
      let agent_y equal next_y
    else:
      let reward_update equal ROAD_OUT_OF_BOUNDS_REWARD
    return reward_update
```

この擬似コードには次の関数が含まれている。

- cost_movement 関数は、エージェントの移動先のターゲット座標にあるオブジェクトを突き止め、関連する報酬スコアを返す。
- is_within_bounds 関数はユーティリティ関数であり、ターゲット座標が境界内にあることを確認する。

- is_goal_achieved 関数は、ゴールに到達したかどうかを判断し、ゴールに到達した場合はシミュレーションを終了できる。
- get_state 関数は、エージェントの位置に基づいて現在の状態を表す番号を返す。状態はそれぞれ一意でなければならない。他の問題空間では、状態が実際のネイティブな状態によって表されることもある。

```
cost_movement(next_x, next_y):
  if road[next_x][next_y] equals ROAD_OBSTACLE_PERSON:
    return ROAD_OBSTACLE_PERSON_REWARD
  else if road[next_x][next_y] euqlas ROAD_OBSTACLE_CAR:
    return ROAD_OBSTACLE_CAR_REWARD
  else if road[next_x][next_y] equals ROAD_GOAL:
    return ROAD_GOAL_REWARD
  else:
    return ROAD_EMPTY_REWARD

is_within_bounds(next_x, next_y):
  if road_size_x > next_x >= 0 and road_size_y > next_y >= 0:
    return True
  return False

is_goal_achieved():
  if agent_x equals goal_x and agent_y equals goal_y:
    return True
  return False

get_state():
  return(road_size_x * agent_x) + agent_y
```

10.3.2　シミュレーションと訓練：Q 学習を使う

　Q 学習（Q-learning）は、環境内の状態と行動を使って、あるテーブル（表）をモデル化する強化学習法である。このテーブルには、特定の状態に基づいて有利な行動を説明する情報が含まれている。Q 学習については、ディクショナリ（辞書）として考えることができる。この場合、ディクショナリのキーは環境の状態であり、値はその状態でとるべき最も有利な行動である。

　Q 学習では、**Q テーブル**（Q-table）という報酬表を使う。Q テーブルは、環境において考えられる行動を表す列と、考えられる状態を表す行で構成される。Q テーブルの目的は、目標へ向かうエージェントにとって最も有利な行動を明らかにすることにある。有利な行動を表す値を学習するには、その環境において考えられる行動をシミュレートし、その結果と状態の変化を調べる。ここで注意しなければならないのは、図 10-13 で示すように、エージェントがランダムな行動を選択するか、Q テーブルに含まれている行動を選択する可能性があることだ。「Q」は環境内での行動の報酬 —— つまり、品質（quality）を提供する関数を表す。

　図 10-11 は訓練済みの Q テーブルと考えられる 2 つの状態を示している。これら 2 つの状態は、それぞれの状態に対する行動の価値で表すことができる。これらの状態は、ここで解こうとしている問題に関連している —— 別の問題では、エージェントが斜めに移動できるかもしれない。状態の個数が環境によって異なることと、新しい状態が発見された場合は環境に追加できることに注意しよう。状態 1 では、エージェントは左上に位置し、状態 2 では、エージェントはその下のブロックに移動している。Q テーブルはそれぞれの状態に基づいて最も有利な行動をコード化する。最も数字が大きい行動が最も有利な行動である。図 10-11 では、Q テーブルの値がすでに訓練を通じて特定されている。これらの値を計算する方法は後ほど見ていく。

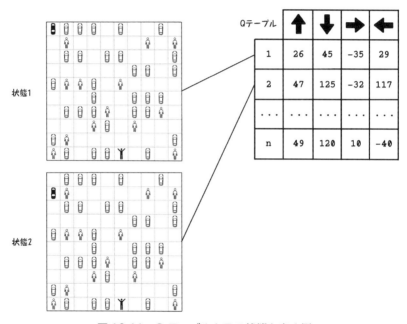

図 10-11：Q テーブルとその状態を表す例

　地図全体を使って状態を表すことには、他の車や歩行者の設定がこの問題に特化してしまうという大きな問題がある。Q テーブルが学習するのは、この地図でのみ最適な選択である。
　この問題において状態をもっとうまく表す方法は、エージェントの隣にあるオブジェクトを調べることである（図 10-12）。このようにすると、ここで学習している駐車場設定に状態がそれほど特化しなくなるため、この Q テーブルを他の駐車場設定にも適用できるようになる。取るに足らないことのように思えるかもしれないが、こう考えてみよう。ブロックは他の車や歩行者を含んでいるかもしれないし、空きブロックや境界外のブロックかもしれないので、1 つのブロックに対して 4 つの可能性が考えられる。結果として、合計 65,536 通りの状態があ

る。これだけの多様性があることを考えると、短期的に有利な行動の選択肢を学習するだけでも、さまざまな駐車場設定でエージェントを何度も訓練する必要があるだろう。

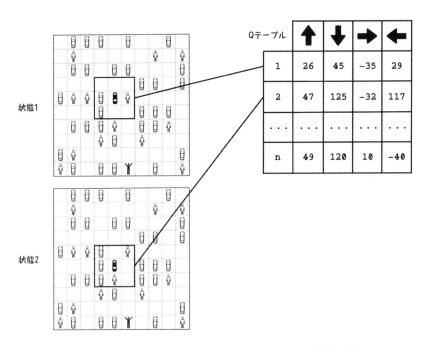

図 10-12：前の図よりもよい Q テーブルとその状態の例

Q 学習を使った訓練のライフサイクルを調べるときには、報酬表（Q テーブル）の概念を頭に入れておこう。報酬表はその環境でエージェントがとる行動のモデルになる。

訓練時のステップを含め、Q 学習アルゴリズムのライフサイクルを見てみよう。ここでは、アルゴリズムの初期化と、アルゴリズムが学習するときのイテレーションという 2 つのフェーズを調べることにする（図 10-13）。

初期化

初期化ステップでは、必要なパラメータと Q テーブルの初期値を設定する。

① Q テーブルを初期化する

Q テーブルを初期化する。Q テーブルの各列は行動を表し、各行は考えられる状態を表す。環境内の状態の個数を最初から把握するのは難しいことがあるため、状態が発見されたときに Q テーブルに追加できることに注意。各状態に対する行動の価値は 0 で初期化する。

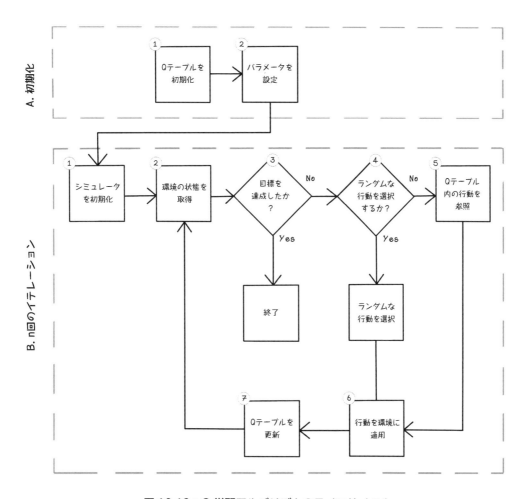

図10-13：Q学習アルゴリズムのライフサイクル

② パラメータを設定する

このステップでは、Q学習アルゴリズムのさまざまなハイパーパラメータを設定する。

- **ランダムな行動を選択する可能性**

   行動をQテーブルから選択するのではなく、ランダムな行動を選択するための閾値。

- **学習率**

   教師あり学習の学習率と同じように、アルゴリズムがさまざまな状態の報酬をどれくらいすばやく学習するのかを表す。学習率が高いとQテーブルの値が不規則に変化する。学習率が低いと値は少しずつ変化するが、適切な値を見つけ出すのにより多くのイテレーションが必要になる可能性がある。

- **割引率**

  割引率は将来の報酬の価値を表す。つまり、即時的な利得と長期的な利得のどちらを優先するのかを表す。小さい値は即時的な利得を優先することを表し、大きい値は長期的な利得を優先することを表す。

n 回のイテレーション

同じ状態を繰り返し評価することで、これらの状態において最も有利な行動を見つけ出す。すべてのイテレーションにわたって同じ Q テーブルを更新する。エージェントの行動の順番は重要であり、どの状態でも行動に対する報酬が以前の行動によって変化することがあるので注意しよう。イテレーションの繰り返しが重要となるのはそのためだ。イテレーションについては、目標の達成に 1 回挑戦することとして考えるとよいだろう。

① **シミュレータを初期化する**

このステップでは、環境を初期状態にリセットし、エージェントを中立的な状態に置く。

② **環境の状態を取得する**

このステップでは、環境の現在の状態を取得しなければならない。環境の状態はエージェントが行動をとるたびに変化する。

③ **目標を達成したか？**

目標を達成したかどうかを判断する（あるいは、探索が完了したとシミュレータが判断する）。この例の目標は自動運転車のオーナーを迎えに行くことである。この目標を達成した場合、アルゴリズムは終了する。

④ **ランダムな行動を選択するか？**

ランダムな行動を選択すべきかどうかを判断する。その場合、ランダムな行動として東西南北のいずれかの方向への移動が選択される。ランダムな行動は、範囲の限られたサブセットを学習するのではなく、環境内の可能性を広く探るのに役立つ。

⑤ **Q テーブル内の行動を参照する**

ランダムな行動を選択しないことにした場合は、現在の環境の状態を Q テーブルに当てはめ、Q テーブル内の値に基づいて該当する行動を選択する。Q テーブルについては後ほど詳しく説明する。

⑥ **行動を環境に適用する**

このステップでは、選択した行動がランダム行動か、Q テーブルから選択した行動かにかかわらず、その行動を環境に適用する。行動は環境に影響を与え、報酬を発生させる。

⑦ **Q テーブルを更新する**

Q テーブルの更新に関する概念と実行する手順については、この後すぐに説明する。

　Q 学習の重要な要素の 1 つは、Q テーブルの値を更新するために使われる方程式である。この方程式は**ベルマン方程式**（Bellman equation）に基づくもので、特定の時点で下される決定の価値を、その決定を下すことに対する報酬またはペナルティから割り出す。Q 学習の方程式はベルマン方程式を応用したものだ。Q 学習の方程式では、Q テーブルの値を更新するための最も重要な特性は「現在の状態」、「行動」、「この行動をとったときの次の状態」、そして「報酬」である。学習率は教師あり学習のものと似ており、Q テーブルの値を更新する度合いを決める。割引率は将来見込まれる報酬の重要性を示すことで、即時的な利得と長期的な利得のどちらをどれくらい優先するのかを明らかにする。

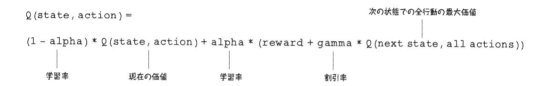

　Q テーブルは 0 で初期化されるため、環境の初期状態は図 10-14 のようになる。

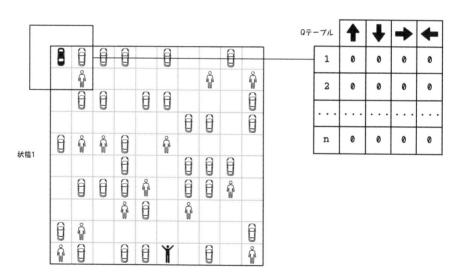

図 10-14：初期化された Q テーブルの例

　次に、Q 学習の方程式を使って Q テーブルを更新する方法を見てみよう。この方程式は、さまざまな報酬値を持つさまざまな行動に基づくものとなる。学習率（alpha）と割引率（gamma）には、次の値を使う。

- 学習率（alpha）：0.1
- 割引率（gamma）：0.6

　図 10-15 は、エージェントが最初のイテレーションで初期状態から東へ移動する行動を選択した場合に、Q 学習の方程式を使って Q テーブルを更新する方法を示している。Q テーブルが初期状態では 0 で埋まっていることを思い出そう。学習率（alpha）、割引率（gamma）、現在の行動の価値、報酬、次の最も有利な状態を方程式に代入し、この行動をとったときの新しい価値を求める。東へ移動する行動をとった場合は、別の車と衝突することになり、報酬は -100 になる。新しい価値を計算すると、状態 1 の東の値は -10 になる。

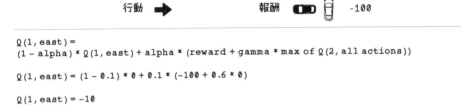

行動　➡　　　　報酬　🚗 🧍　-100

$Q(1, east) =$
$(1 - alpha) * Q(1, east) + alpha * (reward + gamma * max\ of\ Q(2, all\ actions))$

$Q(1, east) = (1 - 0.1) * 0 + 0.1 * (-100 + 0.6 * 0)$

$Q(1, east) = -10$

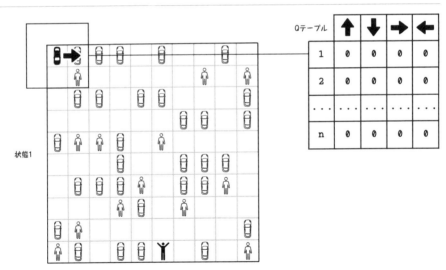

図 10-15：Q テーブルの状態 1 の更新計算

　この行動をとった後、環境の次の状態に対して次の計算を行う。南へ移動する行動を選択すると、歩行者と衝突するため、報酬は -1,000 になる。新しい価値を計算した後、状態 2 の南の値は -100 になる（図 10-16）。

行動 ⬇   報酬 🚗 👤 -1,000

```
Q(2, south) =
(1 - alpha) * Q(2, south) + alpha * (reward + gamma * max of Q(3, all actions))

Q(2, south) = (1 - 0.1) * 0 + 0.1 * (-1000 + 0.6 * 0)

Q(2, south) = -100
```

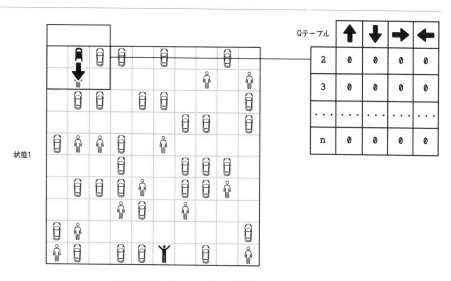

図 10-16：Q テーブルの状態 2 の更新計算

　ここでは 0 で初期化された Q テーブルを使っている。すでに値が設定されている Q テーブルでの計算はどのように異なるのだろうか。図 10-17 はイテレーションを何回か繰り返した後の Q 学習の方程式の例である。シミュレーションを何回か実行すると、複数のイテレーションから学習できる。つまり、すでにイテレーションが何回か実行され、Q テーブルの値が更新されている。東へ移動する行動をとると、別の車と衝突し、報酬は -100 になる。新しい価値を計算した後、状態 1 の東の値は -34 に変化する。

```
Q(1,east) =
(1 - alpha) * Q(1,east) + alpha * (reward + gamma * max of Q(2,all actions))

Q(1,east) = (1 - 0.1) * -35 + 0.1 * (-100 + 0.6 * 125)

Q(1,east) = -34
```

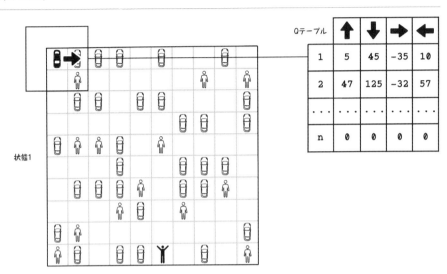

図10-17：イテレーションを何回か繰り返した後のQテーブルの状態1の更新計算

練習問題：Qテーブルの値の変化を計算する

Q学習の方程式と次のシナリオを使って、選択した行動の新しい価値を計算してみよう。最後の行動は東への移動で、その価値は -67 であるとする。

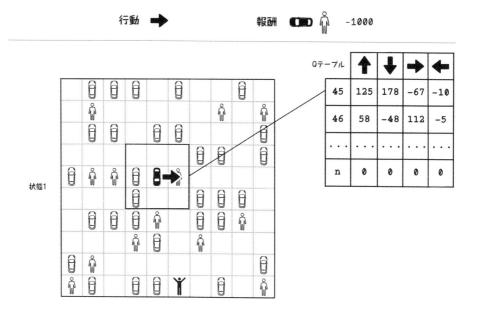

答え：Q テーブルの値の変化を計算する

ハイパーパラメータと状態の価値を Q 学習の方程式に代入すると、Q(1, east) の新しい価値が得られる。

- 学習率（alpha）：0.1
- 割引率（gamma）：0.6
- Q(1, east)：-67
- max of Q(2, all actions)：112

```
Q(1, east) =
(1 - alpha) * Q(1, east) + alpha * (reward + gamma * max of Q(2, all actions))

Q(1, east) = (1 - 0.1) * -67 + 0.1 * (-100 + 0.6 * 112)

Q(1, east) = -64
```

擬似コード

次の擬似コードは Q 学習を使って Q テーブルを訓練する関数を定義する。いくつかの単純な関数に分割することもできたが、このほうが読みやすいと考えた。この関数は本章で説明した手順に従う。

Q テーブルを 0 で初期化した後、学習ロジックを繰り返し実行する。イテレーションが目標達成への 1 回の挑戦であることを思い出そう。

目標が達成されるまで、次のロジックを実行する。

1. 環境内の可能性を探るためにランダムな行動を選択すべきかどうかを判断する。ランダムな行動を選択しない場合は、現在の状態に対する価値が最も大きい行動を Q テーブルから選択する。

2. 選択した行動をシミュレータに適用する。

3. シミュレータから情報を集める。この情報には、報酬、この行動をとったときの次の状態、そして目標を達成したかどうかが含まれる。

4. シミュレータから集めた情報とハイパーパラメータに基づいて Q テーブルを更新する。このコードでは、ハイパーパラメータがこの関数に引数として渡されることに注意しよう。

5. この行動の結果として得られた状態を現在の状態として設定する。

これらのステップを目標が達成されるまで繰り返す。目標が達成され、イテレーションが目的の回数に達した時点で Q テーブルの訓練は完了し、他の環境でのテストに利用できるようになる。次項では、Q テーブルのテストについて説明する。

```
train_with_q_learning(observation_space, action_space, number_of_iterations,
                      learning_rate, discount, chance_of_random_move):
 let q_table equal a matrix of zeros[observation_space, action_space]
 for i in range(number_of_iterations):
   let simulator equal Simulator(DEFAULT_ROD, DEFAULT_ROAD_SIZE_X,
                                 DEFAULT_ROAD_SIZE_Y, DEFAULT_START_X,
                                 DEFAULT_START_Y, DEFAULT_GOAL_X,
                                 DEFAULT_GOAL_Y)
   let state equal simulator.get_state()
   let done equal False
   while not done:
     if random.uniform(0, 1) > chance_of_random_move:
       let action equal get_random_move()
     else:
       let action max(q_table[state])

     let reward equal simulator.move_agent(action)
```

```
    let next_state equal simulator.get_state()
    let done equal simulator.is_goal_achieved()

    let current_value equal q_table[state, action]
    let next_state_max_value equal max(q_table[next_state])

    let new_value equal(1 - learning_rate) * current_value + learning_rate *
                    (reward + discount * next_state_max_value)

    let q_table[state, action] equal new_value
    let state equal next_state

return q_table
```

10.3.3 シミュレーションとテスト：Qテーブルを使ってテストする

　Q学習を使っている場合、Qテーブルは学習した内容を網羅するモデルである。このアルゴリズムはQテーブルで該当する状態を参照し、最も価値が高い行動を選択する。Qテーブルはすでに訓練済みであるため、目標が達成されるまで、行動を選択するために環境の現在の状態を取得し、Qテーブルで該当する状態を選択するというプロセスを繰り返すことになる（図10-18）。

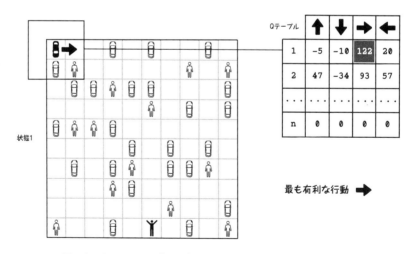

図10-18：Qテーブルを参照してとるべき行動を決める

　Qテーブルの学習済みの状態は、エージェントの現在の位置のすぐ隣にあるオブジェクトを考慮する。このため、Qテーブルは短期的な報酬にとって有利な移動と不利な移動を学習して

いる。したがって、この Q テーブルを図 10-18 に示したものと同じような別の駐車場設定で使うことも可能である。ただし、エージェントが長期的な利得よりも短期的な利得を優先するという欠点がある。というのも、それぞれの行動をとっている時点では、地図の残りの部分のコンテキストまではわからないからだ。

　強化学習をさらに調べていくうちに、おそらく**エピソード**（episode）という用語に出くわすだろう。エピソードとは、初期状態から目標達成までのすべての状態のことである。目標を達成するために 14 の行動をとる場合、エピソードの個数は 14 である。目標がいつまでも達成されない場合、そのエピソードは**無限**（infinite）と呼ばれる。

10.3.4　訓練の性能を計測する

　一般的に見て、強化学習アルゴリズムを計測するのは難しいことがある。環境や目標によって報酬やペナルティはさまざまであり、問題のコンテキストに与える影響の大きさが異なることもある。駐車場の例では、歩行者との衝突に重いペナルティを科している。別の例では、人型のエージェントがいて、できるだけ自然に歩くために筋肉をどのように使うのかを学習しようとするかもしれない。このシナリオでは、ペナルティの対象となるのは転倒かもしれないし、（あるいはもっと具体的に）歩幅が大きすぎることかもしれない。性能を正確に計測するには、問題のコンテキストが必要だ。

　性能を計測する一般的な方法の 1 つは、試行回数を決めてペナルティをいくつ受け取ったかを調べることである。行動をとった結果として環境内で発生するイベントのうち、ペナルティが回避したいイベントであることは十分に考えられる。

　強化学習の性能を計測するもう 1 つの手段は、「行動あたりの平均報酬」である。行動あたりの報酬を最大化することで、目標を達成したかどうかに関係なく、不適切な行動を回避することを目指す。この指標は累積報酬を行動の総数で割ることによって計算できる。

10.3.5　モデルフリー学習とモデルベース学習

　強化学習には、**モデルベース**（model-based）と**モデルフリー**（model-free）の 2 つのアプローチがある。これらのアプローチを理解しておくと、強化学習をさらに学ぶのに役立つ。モデルベースとモデルフリーは本書で説明してきた機械学習モデルとは異なるものだ。「モデル」については、エージェントが活動している環境の抽象表現であると考えてみるとよいだろう。

　ここで次のようなモデルを思い浮かべたかもしれない —— こことそこに建造物があり、直観的に方角はこっちで、その周辺のだいたいこのあたりを道路が走っている。このモデルが浮かんだのはいくつかの道路を通ったことがあるからだが、頭の中でシナリオをシミュレートすれば、すべての選択肢を試さなくても決定を下すことができる。たとえば、通勤ルートを決め

るときに、このモデルを使うことができる。このアプローチはモデルベース学習である。モデルフリー学習は本章で説明したQ学習に似ている。つまり、試行錯誤しながら環境とのさまざまな相互作用を探索し、さまざまなシナリオにおいて有利な行動を選択する。

　図10-19はカーナビの2つのアプローチを示している。モデルベースの強化学習の実装にはさまざまなアルゴリズムを利用できる。

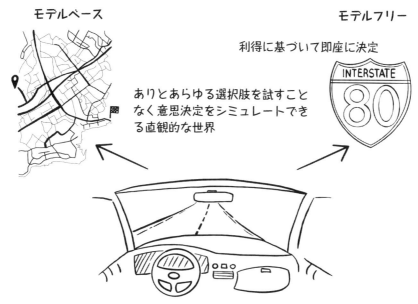

モデルベース

モデルフリー

利得に基づいて即座に決定

INTERSTATE
80

ありとあらゆる選択肢を試すことなく意思決定をシミュレートできる直観的な世界

図10-19：モデルベースの強化学習とモデルフリーの強化学習の例

10.4　ディープラーニングによる強化学習

　Q学習は強化学習に対するアプローチの1つである。Q学習の仕組みをしっかり理解しておけば、同じ論理的思考と全体的なアプローチを他の強化学習アルゴリズムに応用できる。強化学習に対するアプローチはいくつかあるが、どれを選択するかは、強化学習で解こうとしている問題による。よく知られている選択肢の1つは**深層強化学習**（deep reinforcement learning）であり、ロボット工学、ビデオゲームのプレイング、画像や動画に基づく問題に役立つ。

　深層強化学習では、人工ニューラルネットワーク（ANN）を使って環境の状態を処理し、行動を生み出すことができる。行動を学習するには、報酬のフィードバックや環境の変化に基づいてANNの重みを調整する。強化学習では、畳み込みニューラルネットワーク（CNN）の機能を使って、さまざまな問題領域のさまざまなユースケースの問題を解くこともできる。もち

ろん、他の特別な ANN アーキテクチャを使うこともできる。

　ANN を使って本章の駐車場問題を解く方法は、大まかには図 10-20 のようになる。ニューラルネットワークに対する入力は状態であり、出力はエージェントにとって最も有利な行動の確率である。報酬と環境への影響は、ネットワークの重みを調整するために、逆伝播を使ってフィードバックできる。

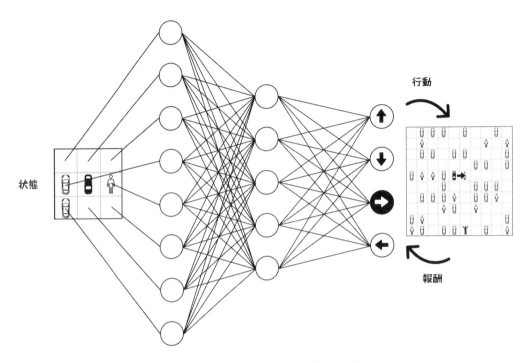

図 10-20：駐車場問題に ANN を使う例

　次節では、強化学習の現実的なユースケースのうち最もよく知られているものをいくつか紹介する。

10.5　強化学習のユースケース

　学習に用いるための過去のデータがほとんどあるいはまったくない状況では、強化学習にさまざまな使い道がある。学習は「よい性能」に対するヒューリスティクスを持つ環境とやり取りするという方法で行われる。強化学習のユースケースを挙げていたらきりがないので、ここでは強化学習がよく使われる状況をいくつか紹介する。

10.5.1　ロボット工学

ロボット工学では、現実の環境とやり取りしながら目標を達成する機械を作る。さまざまな地表面、障害物、傾斜面がある険しい地形を移動するために使われるロボットもあれば、研究室でアシスタントとして使われ、科学者の指示に従って正しい道具を手渡したり、装置を操作したりするロボットもある。大規模な動的環境では、すべての行動の結果を何もかもモデル化することは不可能である。そのような場合に役立つのが強化学習である。環境内でより大きな目標を定義し、報酬とペナルティをヒューリスティクスとして導入することにより、強化学習を使って動的な環境でロボットを訓練できる。たとえば地形ナビゲーションロボットの場合は、険しい地形をうまく移動するために、どの車輪を動かし、そのサスペンションをどのように調整するのかを学習するかもしれない。この目標は多くの試行のすえに達成される。

環境の重要な要素をコンピュータプログラムでモデル化できる場合は、これらのシナリオを仮想的にシミュレートできる。一部のプロジェクトでは、自動運転車の訓練を公道で行う前のベースライン実験としてコンピュータゲームを使っている。強化学習を使ってロボットを訓練する目的は、より汎用的なモデルを作成することにある。つまり、人間が相互作用を学習しながら新しいさまざまな環境に適応していくように、より一般的な相互学習を学習しながらさまざまな環境に適応できるモデルを訓練することが目標となる。

10.5.2　レコメンデーションエンジン

レコメンデーションエンジンは私たちが使っているデジタル製品の多くで導入されている。動画ストリーミングプラットフォームはレコメンデーションエンジンを使って動画コンテンツの個人の好き嫌いを学習し、視聴者に最適なコンテンツを勧めようとする。音楽ストリーミングプラットフォームやオンラインショップでも同じようなアプローチが採用されている。強化学習モデルは、お勧めの動画を観るかどうかの決断を迫られたときの視聴者の反応に基づいて訓練される。お勧め動画が選択され、最後まで視聴された場合は、その動画がレコメンデーションとして適切だったと見なして、強化学習モデルに強い報酬を与える。逆に、お勧め動画が一度も選択されない、あるいはほんの少ししか視聴されなかった場合は、その動画が視聴者の好みに合わなかったと想定するのが妥当である。結果として弱い報酬かペナルティを与えることになるだろう。

10.5.3　金融取引

金融取引商品には、さまざまな企業の株、暗号通貨、その他のパッケージ投資商品が含まれる。金融取引は難しい問題である。アナリストは価格変動や世界情勢に関するニュースのパターンに目を光らせ、投資の保有、一部売却、または買い増しを独自の判断で決める。強化学

習では、収益や損失に基づく報酬とペナルティを使ってこのような決定を下すモデルを訓練できる。金融取引をうまく行う強化学習モデルの開発は試行錯誤の繰り返しであり、エージェントの訓練中に多額の資金を失うこともあり得る。ありがたいことに、過去のほとんどの公開金融データは自由に入手できるようになっており、実験用のサンドボックスを提供している投資プラットフォームもある。

　強化学習モデルは高い投資利益を上げるのに役立つ可能性があるが、興味深い疑問がある。すべての投資家が自動化され、完全に合理化され、金融取引から人的要素が取り除かれた場合、市場はどうなるのだろう？

10.5.4　ゲームプレイング

　よく知られている戦略的コンピュータゲームは長年にわたってプレイヤーの知力を鍛えてきた。これらのゲームでは、敵を倒すために短期的・長期的戦術を組み立てながら、さまざまな種類のリソースを管理することになる。これらのゲームには大勢のプレイヤーがおり、一流のプレイヤーたちがちょっとしたミスで多くの対戦に敗れている。強化学習はこれらのゲームをプロやそれ以上のレベルでプレイするために使われている。これらの強化学習実装では、通常はエージェントが人間のプレイヤーと同じように画面を眺め、パターンを学習し、行動を起こす。報酬とペナルティはゲームに直接関連している。さまざまなシナリオでさまざまな敵との対戦を繰り返した後、強化学習エージェントはゲームに勝つという長期的な目標に向かう上で最も有利な戦術を学習する。この領域での研究の目標は、より汎用的なモデルの探索に関連している。つまり、抽象的な状態や環境からコンテキストを獲得する能力を持ち、論理的に戦術を立てることが不可能なものを理解できるモデルである。たとえば子供だって、何回もやけどをしなければ熱い物体が潜在的に危険であることを学習できないわけではない。人間の直観力は年齢とともに鍛えられ、検証される。それらの検証により、熱い物体とその潜在的な利害に関する知識が強化されていく。

　最後に、AI の研究と開発が目指す先にあるのは、人間がすでにうまく行っている方法で問題を解くことをコンピュータに学習させることである。一般的には、目標を念頭に置いて抽象的なアイデアや概念をつなぎ合わせた上で、問題に対する適切な解を求めることになるだろう。

本章のまとめ

強化学習を適用できるのは、目標が何かはわかっているが、
学習するサンプルはわからない場合である

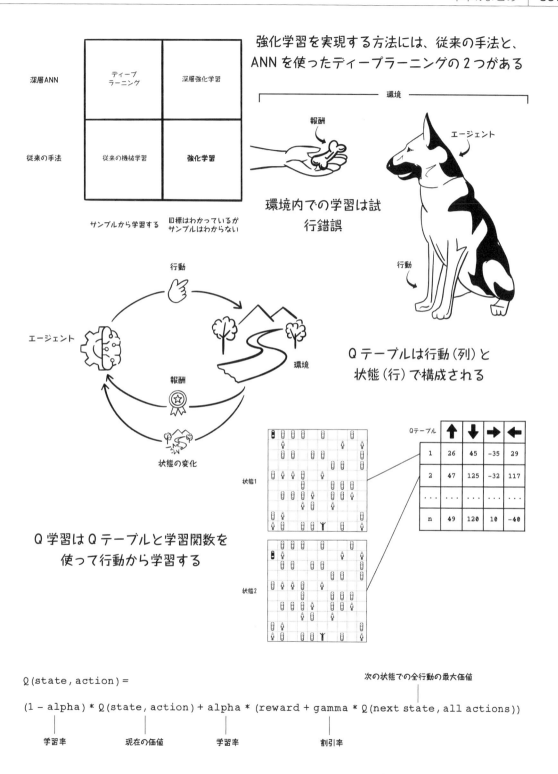

強化学習を実現する方法には、従来の手法と、
ANN を使ったディープラーニングの 2 つがある

	深層ANN	ディープ ラーニング	深層強化学習
従来の手法	従来の機械学習	強化学習

サンプルから学習する　目標はわかっているが
サンプルはわからない

環境内での学習は試
行錯誤

Q テーブルは行動（列）と
状態（行）で構成される

Qテーブル	↑	↓	→	←
1	26	45	-35	29
2	47	125	-32	117
...	...	...	...	...
n	49	120	10	-40

Q 学習は Q テーブルと学習関数を
使って行動から学習する

次の状態での全行動の最大価値

Q(state, action) =

(1 - alpha) * Q(state, action) + alpha * (reward + gamma * Q(next state, all actions))

学習率　　現在の価値　　学習率　　割引率

索引

◆ A

A* 探索 65-74
ACO (Ant Colony Optimization)
　　→蟻コロニー最適化 (ACO)
AI (Artificial Intelligence) 1-21
Alignment (整列) 190
ANN (Artifi cial Neural Network)
　　→人工ニューラルネットワーク (ANN)
Ant 擬似クラス 162

◆ B

back_propagation 擬似関数........................312-313
BFS (Breadth-First Search) →幅優先探索 (BFS)
Big O 記法 25-26
Booth 関数 215
build_tree 擬似関数 269

◆ C

calculate_cognitive 擬似関数...................................216
calculate_cognitive_acceleration 擬似関数.......216
calculate_cost 擬似関数 74
calculate_distance 擬似関数....................................216
calculate_fitness 擬似関数.....................................205
calculate_gini 擬似関数..............................268
calculate_individual_fitness 擬似関数 112
calculate_inertia 擬似関数.....................................216
calculate_information_gain 擬似関数..................269
calculate_social 擬似関数.......................................216
calculate_social_acceleration 擬似関数 216
CART (Classification and Regression Tree) 260

◆ C (cont.)

CNN (Convolutional Neural Network)
　　→畳み込みニューラルネットワーク (CNN)
Cohesion (結合) 190
Connect Four ゲーム 75-76, 79-80, 82-85, 87
cost_movement 擬似関数....................................333

◆ D

DDoS (Distributed Denial of Service) 攻撃........ 16
DFS (Depth-First Search) →深さ優先探索 (DFS)

◆ F

FIFO (First In, First Out) →先入れ先出し (FIFO)
find_best_split 擬似関数 269
find_unique_label_counts 擬似関数 268
fit_regression_line 擬似関数 250
forward_propagation 擬似関数.................302, 313

◆ G

generate_initial_population 擬似関数 110
generate_swarm 擬似関数...................................202
get_best 擬似関数 184, 205
get_distance_traveled 擬似関数 162
get_move_cost 擬似関数 74
get_state 擬似関数 334

◆ I

is_goal_achieved 擬似関数 334
is_within_bounds 擬似関数...........................333-334

◆ K

k 最近傍法 236

◆ L

LIFO (Last In, First Out) →後入れ先出し (LIFO)

◆ M

min-max スケーリング.....................................288-290
min-max 探索 (アルゴリズム) 77-84, 86-90
minmax 擬似関数... 87
minmax_ab_pruning 擬似関数 90
move_agent 擬似関数 333
mutate_individual 擬似関数...............................122

◆ N

NeuralNetwork 擬似クラス.............. 294, 302, 312

◆ O

one-hot エンコーディング 237-238
one_point_crossover 擬似関数...............................118

◆ P

Particle 擬似クラス...198
PSO (Particle Swarm Optimization)
　　　→粒子群最適化 (PSO)

◆ Q

Q 学習 334, 336-337, 339-345, 347
Q テーブル 334-346

◆ R

ReLU (Rectified Linear Unit) 関数........................314
RNN (Recurrent Neural Network)
　　　→リカレントニューラルネットワーク (RNN)
roulette_wheel_selection 擬似関数
　　　..112, 162, 176
run_astar 擬似関数 73
run_bfs 擬似関数 46
run_dfs 擬似関数 54
run_ga 擬似関数 125
run_neural_network 擬似関数 313

◆ S

scale_data_feature 擬似関数 290
scale_dataset 擬似関数 290
Separation (分離) 190
set_probabilities_of_population 擬似関数........112

setup_ants 擬似関数 168
Simulator 擬似クラス...333
solve 擬似関数 185
split_examples 擬似関数 268

◆ T

train_with_q_learning 擬似関数............................344

◆ U

update_fitness 擬似関数...205
update_particle 擬似関数 217
update_pheromones 擬似関数 183

◆ V

visit_attraction 擬似関数.......................................162
visit_probabilistic_attraction 擬似関数..............175
visit_random_attraction 擬似関数 162

◆ あ

新しい AI...11-12
後入れ先出し (LIFO) 48-49, 69
蟻コロニー最適化 (ACO) 13, 91, 155,
　　　159, 161, 164-165, 167, 169-170, 184-187
アルゴリズム 4-6
アルファ 172
アルファベータ法 87-90
暗号..128

◆ い

位置..........198-201, 206, 208, 211-212, 216-218
一様交叉...119-120
一点交叉...117-118
遺伝子.....................93-96, 103-105, 107-110, 112,
　　　116-122, 127, 132, 139-141, 143-144, 150
遺伝子型...104, 150
遺伝性.. 95
遺伝的アルゴリズム 101-104, 109,
　　　111, 113, 115, 123-128, 131-133, 148-149
遺伝的プログラミング 149
移動遊園地問題...156-186
インスタンス 227-229,
　　　233-237, 239, 241, 250-251, 255,
　　　257, 259-260, 262-264, 268, 270-274
陰性適合率...274

◆ え

エージェント 77, 80,
　　　329-336, 338, 340, 345-346, 348, 350
エッジ................................... 31-32, 35, 156
エピソード 346
エリート選択 136-137
エントロピー 260-261, 263-265

◆ お

重み...282-284,
　　　291-301, 304-312, 316-317, 319
重み付きグラフ 56-57
親　　... 34
親ノード 35

◆ か

回帰 (問題) 429, 239, 256-257
回帰直線......................241-244, 247-251
階層.. 34
過学習............................. 255, 270, 305
学習不足..270
学習率....................317, 337, 339-340, 342-343
確率的勾配降下法...............................317
確率的モデル 9
隠れ層............. 291, 293, 297, 301, 315-316, 319
隠れノード
　　　..........282-283, 286, 291-301, 305-306, 316
傾き...243, 307
活性化関数
　　　..........283-284, 295, 298-299, 313-314, 317
活用.. 123, 150, 219
環境...323,
　　　325-331, 333-336, 338-340, 344-350
慣性....................208-211, 213, 216-218
完全グラフ.......................................56-57
完全 2 部グラフ................................56-57
感度...274

◆ き

木　　........................... 34, 146, 148-149
偽陰性 (FN) 273-274
記憶...161, 319

◆ き (右列)

機械学習................................. 13, 225-230,
　　　232-233, 239, 248, 254, 270, 274-277,
　　　279-281, 287, 302, 317, 321, 323-325
木交叉...146-147
木構造エンコーディング.......................146, 148-149
逆伝播.............. 294, 302-313, 317, 319
境界突然変異.......................................140
強化学習........................ 14, 227, 229, 323-350
教師あり学習.................................. 13, 227-229, 323
教師なし学習.............. 14, 227, 229, 275, 323-324
偽陽性 (FP).....................................273-274
兄弟ノード 35
局所最適解......................8, 101-102, 136, 219
距離行列...159-160

◆ く

クラスタリング問題 9
グラフ...............................31-33, 55-59
群知能 (アルゴリズム) 13, 153, 155

◆ け

経験則... 61
経路最適化問題.........................91, 143, 187
欠損値...233-236, 239
決定木 (アルゴリズム)
　　　.....................257-261, 264, 267-271, 274
決定係数 (R^2) 251-253
決定ノード 260, 262-265
決定論的モデル 9

◆ こ

交叉...96,
　　　116-121, 125, 127, 139-140, 143, 146-147
合成関数...308
行動........................161, 323-331, 333-350
勾配降下法...307
勾配消失問題.................................314, 316
勾配発散問題.......................................316
コスト.................................. 44, 304-307, 312
コスト関数........................70, 73, 305, 317
個体......................93-96, 103, 109-120, 122-124,
　　　126-127, 132-136, 139, 147, 149-150

個体群
....95-96, 103-105, 109-111, 113-116, 120, 122-127, 132-136, 150, 164, 167-168, 199
子ノード...34-35
混同行列..272-274

◆ さ

再現率..274
最小二乗法..................242, 244, 247-248
最適化問題................8, 155, 191-194, 215
最頻値..235
細胞核..281-282
細胞体..281-282
先入れ先出し (FIFO) 38, 40-41
算術交叉..139-140
算術突然変異...141
サンプル......................................227, 233

◆ し

識別器..320
軸索..281-282
シグモイド関数
.................284-285, 298-299, 301, 312-314
試行錯誤..325
次数... 35
自然淘汰.. 94
子孫... 35
実数値エンコーディング... 117, 119, 138-141, 144
質的データ 3-4
シナプス..281-283
ジニ不純度....................262-264, 268
社会性.......................208-213, 216-218
重回帰..253
従属変数....................................240, 243
終了条件
.... 124, 127, 164, 184, 199, 218-219, 304
樹状突起..281-282
出力 (ノード)
..........283-284, 287, 290-301, 305-306, 315
出力層..297
巡回セールスマン問題 17
順序エンコーディング 143-144
順序突然変異.......................................144

順伝播..294-306
順列エンコーディング 117, 143
状態..104
衝突事故データセット 286-293, 296-299
蒸発係数..178
情報... 3, 30
情報利得............................263-266, 269
自律的... 1
真陰性 (TN) 273-274
進化...93-96
進化的アルゴリズム
.................13, 96-97, 99, 101, 104, 150-151
進化的プログラミング 149
人工知能 (AI)................................. 1-21
人工ニューラルネットワーク (ANN)
.................150, 221, 279-321, 347-348
深層強化学習............................347
真陽性 (TP)............................272-273
真陽性率..274

◆ す

スケーリング..........................241, 287-290

◆ せ

正解率..........................250-251, 253-254, 273
生成器..320
性能..101
正の強化..326
世代..103, 111, 114-115, 122-127, 132, 134, 150
世代交代モデル............................115
接続行列... 58
説明変数..240
線形回帰..........................239-240, 243, 248, 250-251, 253, 255, 274
線形問題..284-285
染色体......104-105, 107-109, 115, 117-122, 126, 133, 135, 139-141, 143-144, 146, 148, 150
全体最適解................................8, 101-102, 136

◆ そ

双曲線正接関数..314
即時的な見返り..326

速度.................. 198, 200-201, 206, 208-213, 218
祖先..35

◆ た

大域的最小値..193
ダイヤモンドデータセット
.............231-242, 245-256, 262-268, 271-274
対立遺伝子...................................104-105, 150
畳み込みニューラルネットワーク (CNN)
....318-319, 347
多様性...95, 102
単位ステップ関数...314
探索......................................24, 123, 150, 219
探索アルゴリズム............................. 12, 27-30
探索問題...8

◆ ち

知識..3
知識あり探索...............................61, 65-75, 91
知識なし探索............................... 36, 55, 74
中央値..234
駐車場 (自動運転車) 問題
...............................328-336, 339-343, 345, 348
長期的な結果...326
超知能...10-11
頂点...31

◆ て

ディープラーニング 14, 275, 279-280, 324-325
定常状態モデル..115
定数...124
停滞...124
データ...30
データ構造..31
適応力..1
適合度...............95, 103, 111-116, 132-135, 143,
149, 176, 183, 199, 201-205, 210, 212
適合度関数...103,
111-112, 132, 143, 150, 196, 203-205, 215
適合率..274
適者生存..95
敵対探索 (アルゴリズム) 75-92
敵対的生成ネットワーク (GAN) 320

◆ と

導関数...307, 312
淘汰..95
トーナメント選択..............................135-136
特異度..274
特徴量...............226-227, 229, 232-241, 245-246,
254-264, 269, 274, 287-293, 317-318
独立変数...240, 243
特化型知能..10-11
突然変異.....................95-96, 103, 116, 120-122,
125-127, 132-133, 139-141, 143-144, 148
ドローン問題...................... 195-198, 203, 215, 220
貪欲探索..65

◆ な

ナップサック問題...........................97-101, 104-107,
109, 111-112, 114, 125, 133-134, 137-145

◆ に

二点交叉..119
入力 (ノード)
...........282-284, 287, 290-301, 305-306, 315
ニューロン......................... 281-283, 285, 299, 314
認知性...208-213, 216-218

◆ の

脳深部刺激療法......................................220-221
ノード....................................... 31-32, 34, 148, 156
ノード変更突然変異.......................................148

◆ は

パーセプトロン..........................282-286, 291, 295
バイアス...316
バイナリエンコーディング.......................105-108,
117, 119, 121-122, 137, 139, 144
ハイパーパラメータ..............................337, 343-344
配列..31
パス..35
発見的探索...65
葉ノード...................................... 35, 260, 270
幅優先探索 (BFS) 36, 38-46, 65-66, 74
繁殖..96
汎用知能...10-11

◆ ひ

非巡回グラフ 56-57
ヒューリスティクス
...............................61-65, 74, 77, 167, 169-172
ヒューリスティック探索............................ 65
表現型...104, 150
非連結グラフ 56-57

◆ ふ

プーリング..318
フェロモン............................153-155, 161,
　　163-167, 169, 171-172, 177-183, 186-187
不確実性...260-262
深さ... 35
深さ優先探索 (DFS) 36, 47-54, 65-66, 73-74
プッシュ 49
負の強化..326
古い AI...11-12
分類...229
分類問題.......................................9, 255-257

◆ へ

平均値...234-235,
　　238-239, 241-242, 245-247, 249, 252-253
平均二乗誤差 (MSE) 317
ベータ..172
ペナルティ
.... 323, 325-326, 330, 339, 346, 349-350
ベルマン方程式......................................339
変異確率...120, 127

◆ ほ

報酬..323,
　　325-327, 330-334, 337-341, 346-350
ポップ.. 49

◆ ま

前処理.......................... 233, 238, 255, 275, 287
マップ..260
マルコフ決定過程 329

◆ む

無向グラフ...56-57

◆ め

迷路問題.....................27-30, 36-40, 44-46, 53-54

◆ も

目的関数..150
目的変数..240
モデルフリー学習 346-347
モデルベース学習 346-347

◆ ゆ

有向グラフ..56-57

◆ よ

予測問題..9

◆ ら

ラベルエンコーディング..........................237-238
ランク選択..134-135

◆ り

リカレントニューラルネットワーク (RNN) 319
離散値..256
粒子..194, 197-220
粒子群最適化 (PSO) 13, 189, 191, 194,
　　197-199, 201, 203, 206, 215, 220-222, 311
量的データ..3-4
隣接ノード...33, 35
隣接リスト 58-59

◆ る

ルートノード 34-35, 38
ルーレット選択...........114-116, 133-134, 175-175

◆ れ

レシピ..5
連結非巡回グラフ 34
連鎖律.........................306, 308-309, 311-312
連続値..239

◆ わ

割引率...338-340, 343-343

装丁　山口了児（zuniga）

なっとく！AI アルゴリズム

（えーあい）

2021 年 06 月 16 日　　初版第 1 刷発行

著　者　　Rishal Hurbans（リシャル・ハーバンス）
監　訳　　株式会社クイープ
発行人　　佐々木幹夫
発行所　　株式会社翔泳社（https://www.shoeisha.co.jp/）
印刷・製本　三美印刷株式会社

本書へのお問い合わせについては、ii ページに記載の内容をお読みください。

落丁・乱丁はお取り替え致します。03-5362-3705 までご連絡ください。

ISBN978-4-7981-7017-6　　　　　　　　　　　　　　　Printed in Japan